高等学校电子信息类教材

U0210414

通信对抗原理及应用

Principles and Applications of Communications Countermeasures

邓 兵 张 韫 李炳荣 编著

电子工业出版社

Publishing House of Electronics Industry

北京·BEIJING

内 容 简 介

本书系统地阐述了通信对抗侦察、通信干扰的基本原理。主要内容包括：通信侦察天线与接收机、通信对抗信号处理、通信侦察信号特征提取、通信侦察信号分析识别、通信辐射源测向与定位、通信干扰原理、基本通信干扰方式、通信干扰方程与通信干扰压制区、对新体制通信系统的侦察和干扰等。

本书既可作为高等院校信息对抗相关专业本科生、研究生的教学用书，也可作为电子信息领域科研人员和部队信息对抗岗位任职人员的参考用书。

本书电子教学课件（PPT 文档）可从华信教育资源网（www.hxedu.com.cn）免费注册后下载，或者通过与本书责任编辑（zhangls@phei.com.cn）联系获取。

图书在版编目（CIP）数据

通信对抗原理及应用/邓兵，张锟，李炳荣编著. —北京：电子工业出版社，2017.1
高等学校电子信息类教材
ISBN 978-7-121-30448-4

Ⅰ. ①通⋯　Ⅱ. ①邓⋯　②张⋯　③李⋯　Ⅲ. ①通信对抗－高等学校－教材　Ⅳ. ①TN975

中国版本图书馆 CIP 数据核字（2016）第 282963 号

责任编辑：张来盛（zhangls@phei.com.cn）
印　　刷：三河市君旺印务有限公司
装　　订：三河市君旺印务有限公司
出版发行：电子工业出版社
　　　　　北京市海淀区万寿路 173 信箱　邮编　100036
开　　本：787×1 092　1/16　印张：16.25　字数：426 千字
版　　次：2017 年 1 月第 1 版
印　　次：2022 年 11 月第 10 次印刷
定　　价：49.80 元

凡购买电子工业出版社的图书有缺损问题，请向购买书店调换。若书店售缺，请与本社发行部联系。联系及邮购电话：（010）88254888，88258888。

质量投诉请发邮件至 zlts@phei.com.cn，盗版侵权举报请发邮件至 dbqq@phei.com.cn。

本书咨询联系方式：（010）88254467；zhangls@phei.com.cn。

前　言

通信对抗是夺取信息化战场电磁频谱控制权的主要手段，也是信息对抗研究的重要领域。为适应信息对抗相关专业人才培养需求，在总结多年通信对抗领域科研和教学成果，并汲取国内外优秀研究成果的基础上，我们完成了本书的编写工作。

作为面向信息对抗相关专业本科学员的教学用书，本书在内容设置上突出通信对抗理论知识的系统化、条理化，强调理论与应用的紧密结合。它围绕通信信号的截获、信号参数测量与特征提取、信号分选与识别、通信辐射源测向与定位，系统地阐述通信对抗侦察的基本原理；围绕电磁波传播特性、通信技术体制分析、通信干扰样式、通信干扰方程等方面，系统地阐述通信干扰的基本原理；针对新体制通信的侦察与干扰进行了系统的介绍。通过合理的内容设置，既立足通信对抗的理论基础，又紧跟通信对抗的理论前沿；既揭示通信对抗的客观规律，又突出通信对抗的理论分析方法。

本书内容共分 12 章。第 1 章，系统地阐述通信对抗的基本概念和通信对抗系统的基本组成、一般功能及典型战技要求；第 2 章至第 8 章，以通信对抗侦察为主线，系统地阐述侦察接收机的类型、原理和技术特点，通信对抗侦察数字信号处理的关键技术，通信信号参数测量、特征提取、信号分选、分析识别的流程与方法，通信侦察测向天线特性、通信辐射源测向与定位的基本方法；第 9 章至第 11 章，以通信干扰为主线，系统地阐述了通信干扰的干扰体制、干扰方法，进行了通信干扰样式、通信干扰方程和通信有效干扰压制区分析；第 12 章介绍了对新体制通信系统进行侦察和干扰的方法。

本书由邓兵、张韫和李炳荣共同编著。其中，张韫编写了第 11、12 章，李炳荣编写了第 8、9 章，邓兵编写了其余各章并对全书进行统稿。在编写过程中，田文飚老师参与了部分图表的仿真和绘制工作，在此表示衷心的感谢。

本书的出版得到了国家自然科学基金（No.61571454、No.60902054）和海军院校重点建设课程及海军航空工程学院百门精优课程立项培育的资助。

由于资料和时间的限制，书中难免出现不完善之处，诚请使用单位和读者批评指正。

编著者
2016 年 10 月

目　　录

第1章 通信对抗概述

1.1 基本概念

1.1.1 通信对抗的含义与基本内容

通信对抗是为削弱、破坏敌方无线电通信系统的作战使用效能和保障己方无线电通信系统正常发挥使用效能所采取的战术技术措施和行动的总称。其实质是敌对双方在无线电通信领域内为争夺无线电频谱控制权而开展的电磁波斗争。

在无线电通信过程中，通信发射机向空间辐射载有信息的无线电信号，而作为通信对象的接收机，则从复杂的电磁环境中检测出有用的信息。这种开放式的发射和接收通信信号的特点是实施无线电通信对抗的基础。无线电通信对抗涉及军用无线电通信的所有波段、所有通信体制和通信方式。

通信对抗的实施应包括技术措施和对技术装备的作战应用两个方面。技术装备是实施通信对抗的物质基础；而合理的战术组织和运用，则可以更加充分地发挥技术装备的作用。

从广义上讲，通信对抗的基本内容包括三部分：无线电通信对抗侦察（简称通信对抗侦察）、无线电通信干扰（简称通信干扰）和无线电通信电子防御（简称通信电子防御）。

通信对抗侦察是使用通信侦察设备探测、搜索、截获敌方无线电通信信号，对信号进行测量、分析、识别和监视，并对敌方通信设备测向和定位，以获取信号频率、电平、调制方式等技术参数，以及电台位置、通信方式、通联特点、通信网结构和属性等情报。

通信干扰是使用无线电通信干扰设备发射专门的干扰信号，破坏或扰乱敌方的无线电通信，是通信对抗中的进攻手段。

通信电子防御是采用反侦察与反干扰措施来保障己方无线电通信系统的正常工作。

1.1.2 通信对抗的作用与发展

1. 通信对抗的作用

从通信对抗在以往历次战争和军事冲突中的应用可以发现，通信对抗在战争中可以发挥多种不同的作用，主要有：

（1）获取有价值的军事情报。在通信对抗应用的早期，由于无线电通信技术和通信保密技术比较落后，通过侦听敌方无线电通信以及对敌方通信电台的测向定位，可以获得敌方兵力部署、活动规律甚至隶属关系、行动企图等有价值的军事情报。在很长一段时间内，通信侦察成为获取敌方军事情报的一种重要手段。随着通信技术和保密技术的不断进步，利用通信对抗侦察获取军事情报变得越来越困难，而破坏和扰乱敌方的无线电通信则显得越来越重要。

（2）使敌方失去关键性战机。战争带有很强的时间性。经过周密计划，在关键时刻对敌方主要通信网和通信专向突然实施集中的通信干扰，破坏敌方的通信指挥系统，使敌方失去关键性战机，往往会对己方战役或战斗的胜利产生决定性影响。

（3）在主要方向上使敌方指挥失灵。有效发挥通信干扰的作用，通常是在主要方向上集中使用通信干扰设备，选择有利时机，突然实施强大的压制性干扰，破坏敌方无线电通信，使敌方通信瘫痪，指挥失灵。在己方进攻时，可以在主攻方向上破坏敌方的无线电通信；在己方防御作战时，集中压制破坏敌方指挥通信，使敌方无法协同有效进攻。

（4）用通信干扰迷惑敌方，使之产生错误判断或接收虚假情报。可以进行假通信（又称佯信），传送虚假情报，以迷惑敌人；也可以选择适当时机，对敌方某一地域突然实施强烈干扰，以制造将要对该地域发动进攻的假象。

（5）制造反侦察的通信屏障，以防止敌方对我方通信的侦察。为了反侦察，我方干扰设备可以在己方的通信频率上，采用方向性天线，向靠近的敌方地域施放干扰，形成通信屏障，使敌方无法对我方通信实施侦察。这种干扰也称"烟幕"干扰。

（6）利用通信对抗所获得的情报资料，分析判断敌台的威胁等级，对威胁等级高的敌台进行测向定位，在定位精度足够高的条件下，可以为使用火力摧毁敌台提供依据。

总之，通信对抗在战争中可以发挥多方面的作用，这与通信对抗设备本身的战术技术性能、设备的使用环境以及设备在战术上的巧妙运用程度有关。

通信对抗问世之后，在很长的一段时期内，利用通信对抗侦察获取敌方的军事情报方面发挥了重要作用。随着通信技术和通信保密技术的发展，尤其是猝发通信、直接序列扩频通信、跳频通信等通信新技术的应用，利用通信对抗侦察获取军事情报已变得越来越困难。另外，随着科学技术的迅速发展，武器装备技术越来越先进，使得战争的节奏不断加快，机动性和灵活性不断增强，这些变化导致利用通信对抗侦察获取军事情报的意义逐渐下降，通过干扰破坏敌方通信而获得的作战效益不断提高。

2. 通信对抗的发展

目前，通信对抗从理论、技术到装备，仍然继续向深度和广度发展。

（1）通信对抗范围的拓宽。随着军事通信技术的发展进步，通信对抗范围也不断拓宽，对跳频、直接序列扩频等新通信体制的对抗和对 C^3I 系统的对抗成为国内外研究的重点。此外，对卫星通信的对抗，对军用地域通信网的对抗，伴随计算机病毒而出现的计算机（病毒）对抗等，也成为通信对抗领域研究的重要课题。

（2）扩展工作频段，提高干扰功率。扩展工作频段包括两个方面，一是扩展通信对抗的频段范围，二是增大通信对抗单机设备的频率覆盖范围。干扰机的发射功率，目前基本上是采用固态功率合成技术产生的，工作频率越高，合成大功率的难度就越大。因此，研制射频大功率器件和研究射频大功率合成技术，是提高发射干扰功率需要不断解决的问题。

（3）发展不同类型、不同层次的通信对抗系统，提高设备和系统的快速反应能力。

（4）开发和运用新技术、新器件，以提高通信对抗装备的性能。

1.2 通信对抗系统

1.2.1 概述

1. 通信对抗系统的含义、分类和特点

通信对抗系统是为完成特定的通信对抗任务，由多部通信对抗设备在采用计算机或多个

微处理器以及通信设备后组成的统一、协调的整体，统一指挥，协调工作，能在密集复杂的信号环境下，实施对目标通信信号的侦察，测向和干扰。

根据作战使用对象的不同，通信对抗系统分为战术通信对抗系统和战略通信对抗系统。根据运载工具的不同，通信对抗系统分为地面固定通信对抗系统、移动通信对抗系统、车载通信对抗系统、机载通信对抗系统、舰载通信对抗系统和星载通信对抗系统。还有的通信对抗系统综合运用各种运载工具，如某大型通信对抗系统，通过车载、机载侦察站获得目标信号的通联特征、技术参数和方位信息，传到固定或可移动的指挥控制中心进行综合分析、判断、决策，根据作战需要，指挥和控制车载和机载干扰站对目标信号实施干扰。

通信对抗系统的主要特点是它具有以下能力：

（1）统一协调的管理、指挥控制能力——系统是一个有机的整体，对系统内的设备进行最佳的设计组合，统一协调系统内各种通信对抗设备的工作，按照通信对抗作战指挥程序和原则，处理好设备之间的相互联系，并提高其自动化程度，充分发挥系统的整体效益。

（2）自动快速的反应能力——系统采用高速计算机和微处理器，从而提高分析处理能力和自动化程度，加快系统的反应速度。

（3）机动灵活的适应能力——系统采用通用化、系列化设计和模块化结构，可以根据使用目的和使用对象合理调整系统的规模和组成，如增减侦察测向站和干扰站的数量，或增减各站内设备的数量。

2. 通信对抗系统的主要性能指标

不同的通信对抗系统，其组成存在很大的差异，所以其性能指标所包含的内容也不同。就典型的地面通信对抗系统而言，一个系统往往包含多个"站"，每个"站"由不同的设备组成，从而构成侦察站、测向站、干扰站、中心控制站等。系统的性能指标大多分两个层次表述：一是系统的总体性能指标；二是"站"的性能指标。后者主要反映"站"内设备的性能指标。

不同的通信对抗系统所给出的总体性能指标各不相同，其中主要有：

（1）系统的用途、作用范围或战术部署规范，通常指地面系统部署的战区正面和纵深地理范围。

（2）频率范围，通常指侦察、测向和干扰的频率范围。在一个系统中，受设备性能的限制，这三种频率范围往往是不同的；一般侦察频率范围最宽，测向频率范围次之，干扰频率范围最小。

（3）系统能力和反应时间。系统能力主要描述系统的侦察能力、测向能力、干扰压制能力、信号处理与存储能力、数据传输能力等；系统反应时间通常指系统某些重要功能的反应时间，如信号识别时间、干扰反应时间等。

（4）系统的环境使用条件。电子产品在储存、运输和使用过程中，经常受到周围环境的各种有害影响，如影响电子产品的工作性能、使用可靠性和寿命等。影响电子产品的环境因素有：温度、湿度、大气压力、太阳辐射，雨、风、冰雪、灰尘和沙尘、盐雾、腐蚀性气体、霉菌、振动、冲击等。在实际产品考核中，通常用温度、湿度、冲击和振动的指标来衡量。

（5）系统的开设和撤收时间。在由多个"站"组成的移动式系统中，通常以"站"的开设和撤收时间来衡量。开设时间是从选择好地形、架设天线到开通设备可以开展工作的总时间；撤收则是与开设相反的过程。开设和撤收时间越短越好，通常撤收时间比开设时间短。

（6）系统可靠性和可维修性。可靠性是反映设备质量的综合性指标，可按不同目的和要求采用相应的可靠性定量指标来衡量。平均寿命是衡量可靠性的定量指标之一，对于不可修复产品来说它是指失效前平均时间（MTTR），对于可修复产品来说它是指平均无故障时间（MTBF）。MTBF 的度量方法是：在规定的条件下和规定的时间内，产品寿命单位总数与故障总次数之比。可维修性又称平均修复时间（MTTR），它是产品维修性的一种基本参数，其度量方法是：在规定的条件下和规定的时间内，产品在任一规定的维修级别上，修复性维修总时间与在该级别上被修复产品的故障总数之比。

（7）系统的电磁兼容性，指电子产品和设备以规定的安全系数在指定的电磁环境中按照设计要求工作的能力，它是电子设备的重要指标之一。电磁兼容性的含义包括两个方面：一是电子系统或设备之间的电磁环境中的相互兼容；二是电子系统或设备在自然界电磁环境中，按照设计要求能正常工作。在电磁兼容性方面，一般对接收设备的反向辐射提出要求。

在第二个层次的性能指标中，一般是根据各个"站"内配置的设备给出，例如：侦察站的性能指标主要有频率范围、接收灵敏度、频率搜索速度、动态范围、截获概率、参数测量精度、信号识别种类与时间、信号显示方式和带宽、信号存储能力等；测向站的主要性能指标有频率范围、测向灵敏度、测向精度、测向速度、示向度显示方式及显示分辨率等；干扰站的主要性能指标有频率范围、干扰发射功率、干扰反应速度、同时干扰的最大目标数、干扰样式、间隔观察时间等。

3. 通信对抗系统的应用与发展

多功能一体化综合通信对抗系统，把通信对抗的新概念、新技术、新器件、新工艺等融于一体，这是通信对抗系统发展的大趋势。其突出的特点是使通信对抗侦察、测向、干扰有机地结合在一起，组成一个既功能强大，自动化程度高，又灵活多变、适应性强的大系统。

今后相当一段时间内，通信对抗系统应向一体化、智能化方向发展，即发展成为集多种传感器、多种运载平台和多种对抗手段于一体的综合通信对抗系统，其核心是计算机智能系统。其中发展重点主要有：

（1）战场全辐射源综合探测系统；

（2）信息分布处理的计算机专家系统或计算机神经网络智能系统；

（3）能根据信号形式自动选择最佳干扰样式的自适应干扰调制源；

（4）超大功率、超宽带干扰发射机技术及升空平台（机载、无人机载、星载等），既可干扰卫星上的转发器，又可干扰卫星地面站；

（5）集通信对抗与反对抗通信诸功能于一身的一体化系统设备；

（6）对扩频、跳频、高速数据通信等先进通信体制对抗的新技术研究；

（7）模块化、通用化和智能化的系统组成，系统应具有方便重新组合的灵活性，应根据战技指标要求而具有快速反应能力，并能够根据作战需求通过通用或专用软件扩充功能。

1.2.2　通信对抗侦察系统

1. 基本组成

通信侦察的任务由通信侦察设备完成。典型的通信侦察设备由天线、接收机、通信侦察信号处理和分析设备、通信情报分析设备、测向设备、显示存储设备、控制设备等组成，其原理框图如图 1-1 所示。

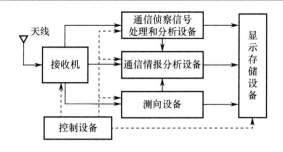

图 1-1　通信对抗侦察设备原理框图

（1）天线：通常使用宽频段、宽波束天线，也使用不同结构形式的多元天线阵。

（2）接收机：用于对信号的滤波、放大、混频等处理，为后续设备提供所需的各种信号。

（3）通信侦察信号处理和分析设备：完成对通信侦察信号的参数测量和分析，获取通信信号的频率、带宽、调制参数等基本技术参数，实现调制类型识别、网台分选，以及对通信信号的解调、解扩、监听和监测等功能。

（4）通信情报分析设备：利用得到的通信信号技术参数和到达方向参数，进行综合分析处理，得到通信情报。

（5）测向设备：完成对通信辐射源信号到达方向的测量。测向设备可以独立工作，也可以与侦察分析设备协同工作。当多个测向设备协同工作时，还可以实现对通信辐射源的定位。

（6）显示存储设备：通信情报在被传送到上级指挥中心的同时，也在本地记录和显示。

（7）控制设备：向其他部分设备提供控制信号，起到协调、开关、控制等作用。

2. 主要功能

（1）对通信信号的搜索截获和全景显示功能。随着战场电磁环境的日益密集复杂和 DS、FH 等特殊通信信号的日益增多，在要求系统保持高的截获概率下，对搜索截获速度的要求越来越高。

（2）对信号的测向功能和对目标网台的定位功能。提高测向定位精度是对侦察子系统的主要要求。

（3）信号技术参数测量和信号分析识别功能。测量信号技术参数，提取信号特征，信号分选，信号识别，通联特征分析，对信号技术特征、通联特征及网台方位的综合分析等，都是侦察信号处理与分析中的重要内容。不仅对 DS、FH 等特殊信号，就是对常规信号，目前仍存在很多技术难点。

（4）对疑难信号的记录、存储功能，将不能分析识别的信号进行记录和存储。

（5）综合情报处理和态势显示功能。系统对全源信息进行分类和相关处理，对目标信号建立跟踪文件。对情报进行综合处理，得到敌方通信装备的技术状况、网台组成、位置部署等信息，形成通信对抗态势显示图，为指挥人员决策提供依据。

（6）具有时间统一和自定位功能。在系统内部必须有统一的时间基准，对于移动系统，必须具备自定位功能。

（7）系统具有统一的指挥控制功能，即统一指挥控制系统内的信息交换、综合处理和各部分的协同工作。

3. 主要性能和特点

（1）宽频段接收。要求侦察系统具有宽的频率覆盖范围。

（2）高灵敏度。对通信信号的侦察不同于通信双方对信号的接收，侦察系统的接收天线一般不会处在通信发射天线的最大辐射方向上，所接收到的信号往往比较微弱。这就要求接收机具有高灵敏度。侦察接收设备的灵敏度与接收机的内部噪声密切相关。

（3）大动态范围。动态范围是指保证侦察接收设备正常工作条件下，接收机输入信号的最大变化范围。通常有以下两种定义：一是饱和动态范围；二是无虚假响应动态范围。在侦收的过程中，经常会遇到很强的信号，可能发生大信号阻塞和出现交调、互调，形成虚假信号，影响侦收效果。因此，侦察设备的前端应具有大的动态范围。目前，一般要求动态范围大于 70～80 dB。

（4）可测信号种类多。随着通信技术的不断发展，通信体制也日趋复杂，各种体制的通信信号越来越密集，通信侦察面临密集、复杂的信号环境。因此，侦察系统必须是多功能的，具有高度的适应性，能适应对不同体制通信信号的接收。

（5）实时性好。为了避免被敌方侦收截获，通信的速度越来越快，通信时间非常短暂，侦察系统应具有高搜索截获速度、高分析处理速度和多功能等特点。侦察接收设备的反应速度包括搜索速度、对信号的分析处理速度等。

（6）信号处理能力强。为了能迅速测量侦收范围内信号的参数，对信号进行分选识别，要求侦察系统具有强的信号处理能力。目前，信号处理主要是采用 DSP 技术实现。

（7）系统的协调控制能力和综合分析处理能力强。整个系统统一协调工作，资源共享，优势互补，提高系统的自动快速反应能力和灵活机动的适应能力，充分发挥系统的整体效益。

1.2.3 无线电通信干扰系统

1. 组成

无线电通信干扰系统主要由天线、通信侦察引导设备、干扰信号产生设备、功率放大器、控制设备等组成，其原理框图如图 1-2 所示。

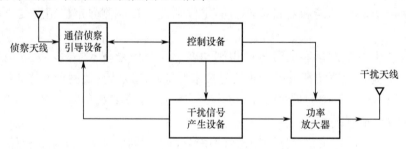

图 1-2　无线电通信干扰系统原理框图

（1）天线：可分为侦察天线和干扰天线，分别担负为侦察引导设备提供输入信号和为功率放大器提供对外辐射的功能；二者既可共用天线，也可分别采用独立天线。其中，干扰天线把功率放大器的输出电信号转换为电磁波能量，向指定空域辐射。通信干扰系统的天线要求具有宽的工作频段、大的功率容量、小的驻波比、高的辐射效率和高的天线增益。

（2）通信侦察引导设备：主要用于对目标信号进行侦察截获，分析其信号参数，为干扰信号产生设备提供干扰样式和干扰参数，进行方位引导，并在干扰过程中对被干扰目标信号进行监视，检测其信号参数和工作状态的变化，即时调整干扰策略和参数。

（3）干扰信号产生设备：根据干扰样式和干扰参数产生干扰激励信号。它既可以产生基带干扰信号，然后经过适当的变换（如变频、放大等），形成射频干扰激励信号，也可以直接产生射频干扰激励信号。干扰激励信号的电平通常为 0 dBm 左右，被送给功率放大器，以形成具有一定功率的干扰信号。

（4）功率放大器：将小功率的干扰激励信号放大到足够大的功率电平。功率放大器是干扰子系统中的大功率设备，其输出功率一般为几百瓦至数千瓦，在短波波段可以到达数十千瓦。受大功率器件性能的限制，在宽频段干扰时，功率放大器是分频段实现的。

（5）控制设备：根据侦察引导设备提供的被干扰目标参数，形成干扰决策，对干扰资源进行优化和配置，选择最佳干扰样式和干扰方式，控制干扰功率和辐射方向，以最大限度地发挥干扰机的性能。

2. 主要特点

（1）工作频带宽。通信干扰设备随着现代军用通信技术的发展，需要覆盖的频率范围已经相当宽，已从几兆赫、几十兆赫发展到几十吉赫。在这样宽的工作频率范围内，不同频段上电子技术和电磁波的辐射与接收都有不同的特点和要求。

（2）反应速度快。在跳频通信、猝发通信飞速发展的今天，目标信号在每一个频率点上的驻留时间已经非常短促，而通信干扰设备必须在这样短的时间内完成对整个工作频率范围内目标信号的搜索、截获、识别、分选、处理、干扰引导和干扰发射。可见，通信干扰系统的反应速度必须十分迅速。

（3）干扰难度大。为实现有效干扰，在通信干扰技术领域中需要解决的技术难题相当多。例如，与雷达对抗相比较：第一，雷达是以接收目标回波进行工作的，回波很微弱；而通信是以直达波方式工作的，信号较强，所以对通信信号的干扰和压制比雷达干扰需要更大的功率。第二，雷达是宽带的，一般雷达干扰机所需的频率瞄准精度为几兆赫数量级；而通信是窄带的，通信干扰所需的频率瞄准精度为几赫到几百赫，即频率瞄准精度要求更高。第三，通信系统的发射机和接收机通常是在异地配置，通信干扰设备通常只能确定通信发射机的位置，而难以确切地知道通信接收机的位置；因此，要实现对通信系统的定向干扰十分困难，要实现对通信系统的有效干扰，需要的干扰功率更大。

（4）对通信网的干扰。随着通信系统的网络化，对通信干扰系统面临着更大的挑战。现代通信网是多节点、多路由的，破坏或者扰乱其中一个或几个节点或者链路，只能使其通信效率下降，不能使其完全瘫痪或者失效。因此，对通信网的干扰与对单个通信设备的干扰有着显著的差别。对通信网的干扰目前还处于起步阶段，有大量的工作需要研究。

3. 主要性能

（1）干扰频率范围。干扰频率范围一般小于或等于传统通信侦察频率范围，其覆盖范围是 0.1 MHz～3 GHz。现代通信干扰系统的频率范围已经向微波和毫米波扩展，高端需要覆盖到 40 GHz。

（2）空域覆盖范围。空域覆盖范围反映了通信干扰系统方位和俯仰角覆盖能力。通信干扰系统的俯仰覆盖通常是全向的，方位覆盖范围是全向或者定向的。

（3）干扰信号带宽。干扰信号带宽是指干扰系统的瞬时覆盖带宽。干扰信号带宽与干扰体制和干扰样式有关：拦阻式干扰的干扰信号带宽最大，可以达到几十到几百兆赫；瞄准式干扰带宽最小，一般为 25～200 kHz。

（4）干扰样式。干扰样式反映了通信干扰系统的适应能力。干扰样式应依据被干扰目标的信号种类、调制方式、使用特点以及通信干扰装备的战术使命和操作使用方法等多方面因素来选取。为了能适应对多种体制的通信系统进行干扰，除常用的带限音频高斯白噪声调频外，通信干扰装备一般还有多种干扰样式备用，如单音、多音、蛙鸣、线性调频等。

（5）可同时干扰的信道数，指在实施干扰过程中干扰信号带宽可以瞬时覆盖的通信信道数目 N，它与干扰信号带宽 B_j 和通信信道间隔 Δf_{ch} 有关，且满足：

$$N \leqslant B_j / \Delta f_{ch} \qquad (1-1)$$

（6）干扰输出功率。为保证一定的干扰能力，增大干扰发射机输出功率与减小干扰带宽（在一定限度内）和降低频率瞄准误差是一样可取的。因此，在设计通信干扰装备时应该在这些技术参数之间权衡利弊，折中选取。一般情况下，干扰发射机的输出功率根据任务的不同可以有几瓦、几十瓦、几百瓦、几千瓦或更大。

1.2.4　综合通信对抗系统

1. 组成

综合通信对抗系统亦称一体化通信对抗系统。它是指把无线电通信对抗侦察、测向和干扰通过指挥控制中心有机结合在一起的系统，一般包括指挥控制中心、侦察子系统、干扰子系统和内部通信子系统。根据系统的规模和完成功能的不同，综合通信对抗系统的组成和配置是不尽相同的。在典型的现代通信对抗系统中，作为前端探测器（传感器）的是技术侦察子系统和方位侦察子系统，作为中心控制器的是以情报数据库和知识库为核心的多传感器数据智能融合处理与决策生成和控制子系统，而对目标实施干扰压制的则是干扰子系统。如果把用于对目标进行火力摧毁的武器系统也包括在内，那么一个完整的通信对抗作战框架结构模型如图 1-3 所示。

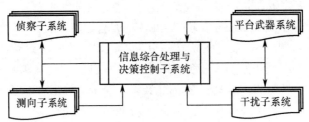

图 1-3　通信对抗作战框架结构模型

综合通信对抗系统是具有侦察、测向与干扰三种功能的综合系统，不同系统的具体组成各不相同。图 1-3 所示的综合通信对抗系统组成方案，主要由侦察测向系统、干扰系统和指挥控制中心三部分组成。其中，侦察测向系统完成侦察和测向功能，干扰系统完成干扰功能，指挥控制中心实施对全系统的指挥和控制。

实际系统中，也有的将指挥控功能和侦察功能集于一体，构成侦察控制站，与多个测向站和干扰站构成一个综合系统，如图 1-4 所示。其中测向站和干扰站的数量可以根据需要增加或减少，使系统具有灵活的组群能力。

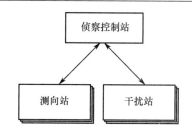

图 1-4　综合通信对抗系统的组成框图

1）侦察控制站

侦察控制站是综合通信对抗系统的侦察指挥控制中心，主要用于控制系统各站的协调一致工作，进行情报收集和综合处理。其本身具有侦察、控制和数据处理能力，能够辅助指挥员实现作战决策，给各测向站和干扰站提供情报支援。根据工作任务，侦察控制站内一般设置指挥控制席位、信号搜索席位和信号分析席位。侦察控制站内主要设备有：搜索接收机、分析接收机、计算机系统、无线通信设备、控制显示设备、天线设备等。

2）测向站

测向站主要用于对目标网台的测向。测向站内主要设备有：测向机、分析接收机、控制显示设备、通信电台和定位接收机。有的测向站具有交会定位功能，一般用计算机实现控制和对测向数据据的处理（需两个以上测向站交会定位）。

3）干扰站

干扰站主要用于对目标信号的干扰。干扰站内主要设备有：引导接收机、干扰机、控制显示设备、通信电台等。

2. 对综合通信对抗系统的要求

对综合通信对抗系统的要求如下：
（1）具有强的侦察处理能力；
（2）具有强的干扰能力；
（3）具有快速反应能力；
（4）具有强的指挥控制能力；
（5）具有强的通信保障能力。

小结

通信对抗是以通信对抗侦察、通信干扰和通信电子防御为主体的电子对抗技术与战术体系。运用通信对抗侦察手段，获取通信信号"外在"信号特征和"内在"信息内容是识别敌方通信网台属性、分析敌方指挥控制关系、判断敌方作战企图、查明敌方兵力部署、评估战场电磁态势、保障无线电通信干扰和组织通信电子防御的重要情报来源；运用无线电通信干扰手段，压制和欺骗敌方的通信设备/系统，破坏敌方指挥通信、引导通信、协同通信、报知通信和武器控制通信的能力，是削弱敌方作战能力和实施军事欺骗的重要手段；运用通信电子防御手段，实施反侦察和反干扰，避免和消除自扰与互扰，是保障己方通信网台正常工作，实现有效的指挥控制和兵力协同，充分地发挥己方机动力与火力优势，隐蔽己方作战企图、作战行动的重要途径。

通信对抗作为首先用于实战的电子对抗手段，历经了一个多世纪的发展。随着军事需求的牵引和科学技术的推动，通信对抗装备的配置形式与配置规模多种多样，综合化（平台综合、功能综合）程度和标准化（模块化、通用化、系列化）水平越来越高，空频覆盖能力、快速反应能力、环境适应能力越来越强，这为夺取通信领域电磁频谱的控制权奠定了良好的物质基础。

习题

1. 什么是通信对抗？其实质是什么？
2. 通信对抗的作用是什么？
3. 通信对抗系统的主要特点是什么？
4. 通信对抗系统的发展重点是什么？
5. 通信对抗侦察系统的主要功能是什么？
6. 一个典型的无线电通信干扰系统包括哪些基本组成部分？

第 2 章　通信侦察接收机

2.1　通信对抗侦察

2.1.1　通信对抗侦察的含义、任务及特点

通信对抗侦察是指探测、搜索、截获敌方无线电通信信号，对信号进行分析、识别、监视，并获取其技术参数、工作特征和辐射源位置等情报的活动。它是实施通信对抗的前提和基础，也是电子对抗侦察的重要分支。

通信对抗侦察的主要任务是：

（1）对敌方无线电通信信号特征参数、工作特征的侦察；

（2）测向定位；

（3）分析判断。

通信对抗侦察的特点是：

（1）侦察距离远。在远距离侦察时，侦察设备可以配置在战区之外，受战场态势变化的影响小。

（2）隐蔽性好。这是由于侦察设备不辐射电磁波，不易被敌方无线电侦察设备所发现。

（3）侦察范围广。从地域、空域上都可以在十分广阔的范围内实施侦察；从频域上，凡是无线电通信工作的频段范围，都是通信对抗侦察的频段范围。由于侦察范围广，通信对抗侦察所获取的情报资料量也大。

（4）实时性好。这主要表现在侦察设备可以长时间、不间断地连续工作。此外，信号处理技术与计算机技术在通信对抗侦察设备中的广泛应用，使信号分析处理的实时性大大增强。

（5）受敌方无线电通信条件的制约大。敌方无线电通信条件包括敌方无线电通信设备的性能、电波传播条件、通信联络时间、应用场合等。如果我方侦察设备不具备侦察敌方信号所需的条件，则无法侦察敌方的通信信号。

2.1.2　通信对抗侦察的分类和基本步骤

1. 通信对抗侦察的分类

通信对抗侦察可以有不同的分类方法。

（1）按通信体制划分，有对短波单边带通信的侦察、对微波接力通信的侦察、对卫星通信的侦察、对跳频通信的侦察、对直接序列扩频通信的侦察等。

（2）按通信对抗设备是否移动和运载平台的不同，可以分为地面固定侦察站、地面移动侦察站、侦察卫星、侦察飞机、侦察船等。在后三种运载平台上，除通信对抗侦察设备外，一般还包括其他侦察设备，如雷达侦察设备、照相设备等。

（3）按作战任务和用途划分，通常分为通信对抗情报侦察和通信对抗支援侦察。

通信对抗情报侦察属于战略侦察的范畴，主要是在平时和战前进行，又称预先侦察。通

信对抗情报侦察是通过对敌方无线电通信长期或定期地侦察监视，详细搜集和积累有关敌方无线电通信的情报，建立和更新敌方指挥控制通信系统（C^3I 系统）的情报数据库，评估敌方无线电通信设备的现状和发展趋势，为制定通信对抗作战计划、研究通信对抗策略和研制发展通信对抗装备提供依据。

通信对抗支援侦察是通信干扰的支援措施，属于战术侦察的范畴，是在战时进行的，又称直接侦察。通信对抗支援侦察是在战役战斗过程中，对敌方无线电通信信号进行实时搜索、截获，并实时完成对信号的测量、分析、识别和对辐射源的测向定位，判明通信辐射源的性质、类别及威胁程度，为实施通信干扰、通信欺骗提供有关的通信情报。

2. 通信对抗侦察的基本步骤

通信对抗侦察的基本步骤如下：

（1）对通信信号的搜索与截获。截获信号必须具备三个条件：一是频率对准；二是方位对准；三是信号电平不小于侦察设备的接收灵敏度。

（2）测量通信信号的技术参数。通信信号有许多技术参数，有些是各种通信信号共有的参数，有些是不同通信信号特有的参数。

（3）测向定位。利用无线电测向设备测定信号来波的方位，并确定目标电台的地理位置。测向定位可以为判定电台属性、通信网组成、引导干扰和特定条件下实施火力摧毁提供重要依据。

（4）对信号特征进行分析、识别。信号特征包括通联特征和技术特征。其中技术特征是指信号的波形特点、频谱结构、技术参数以及辐射源的位置参数等。分析信号特征可以识别信号的调制方式，判断敌方的通信体制和通信装备的性能，判断敌方通信网的数量、地理分布以及各通信网的组成、属性和应用性质等。

（5）控守监视。控守监视是指对已截获的敌通信信号进行严密监视，及时掌握其变化和活动规律。在实施支援侦察时，控守监视尤为重要，必要时可以及时转入引导干扰。

（6）引导干扰。在实施支援侦察时，依据确定的干扰时机，正确选择干扰样式，引导干扰机对预定的目标电台实施干扰压制，并在干扰过程中观察信号变化情况；也可以对需要干扰的多部敌方通信电台按威胁等级排序进行搜索监视，一旦发现目标信号出现，便及时引导干扰机进行干扰。

2.1.3 通信对抗侦察的关键技术和发展趋势

1. 通信侦察的关键技术

1）密集信号环境下的快速分选和识别技术

随着现代电子技术的高速发展，民用通信、军事通信、广播、电视、业余通信、工业干扰、天电干扰相互交错和重叠，使得通信频段内的信号密度很大，同时进入侦察接收机的信号数量多、强弱差异大。另外，在军事通信中往往采用猝发通信等快速通信方式以及各种低截获概率的通信体制，进一步使得通信侦察变得十分困难和复杂。因此，必须从技术上解决在密集信号环境下对通信信号的快速截获、稳健分选和准确识别问题。

2）高速跳频信号的侦察技术

随着通信对抗技术的发展，世界各国竞相发展反侦察/抗干扰能力强的跳频通信技术，而且跳速越来越高，跳频范围越来越宽。这就要求通信侦察系统必须采用新体制、新技术，以解决对高速跳频通信信号的截获和侦收问题。目前，对中、低速跳频信号采用的数字FFT 处理方法、压缩接收机方法、模拟信道化接收方法等技术途径，尚不能应付高速跳频通信。

3）直扩通信信号的侦察技术

直接序列扩频通信是另一种重要的反侦察/抗干扰的低截获概率通信体制。目前常用的直扩通信侦察技术，有平方倍频检测法、周期谱自相关检测法、空间互相关检测法以及倒谱检测法等，但都不很理想。

4）超低相位噪声的快速频率合成技术

几乎在所有的现代电子接收设备中都需要用到数字式频率合成器，而且通信侦察接收设备侦收信号的质量在很大程度上取决于所用频率合成器的性能。频段宽、步进间隔小、换频速度快、频谱纯度高（相位噪声低）是通信侦察系统对新型频率合成器的最基本要求。

5）新体制通信信号侦察技术

随着通信技术的快速发展，诸如正交跳频、变跳速跳频、跳频/直扩结合之类的通信及其他新型数字通信等已开始应用于军事通信，必须尽快解决对这些新体制通信信号的侦察技术。

2. 通信侦察的发展趋势

通信侦察的发展趋势完全取决于通信的发展趋势。为了反侦察/抗干扰的目的，新的通信体制和通信战略都向着高频段、宽频带、数字化、网络化的方向发展。因此，通信侦察的发展趋势也应针对通信技术发展采取相应的对策。

（1）高频段和宽频带。现代通信频率范围极大扩展，已从长波扩展到可见光范围。

（2）数字化和网络化。数字化和网络化是现代通信发展最快和最重要的技术，也是实现全球个人通信的基础。通信侦察系统同样必须走数字化和网络化的道路，深入研究对 C⁴ISR 系统中通信网的侦察方法。

（3）软件无线电侦察技术。在高科技的现代战争中，为了更好地适应多变的信号环境，通信侦察必须充分利用计算机软件技术，特别是基于软件无线电理论来发展软件无线电侦察技术，即构建软件接收机。软件接收机是当前广泛采用的数字接收机的发展目标。

（4）多平台、多手段综合一体化侦察技术。面对无线电通信的多体制、多频段工作，只靠单一的侦察手段已不能完全截获所需的信息；只有将陆、海、空、天各种平台以及各种手段的通信侦察技术予以综合利用，才有可能获得全面、准确的情报信息。

2.2　频率测量的技术指标和分类

通信侦察接收机的基本任务之一，就是对通信信号的频率进行测量，这通常与通信信号的截获和分析一起完成。通信信号的频域参数包括载波频率、带宽、码元速率、扩频/跳频速率等。其中载波频率是通信信号的基本特征，具有相对稳定性，也是通信对抗系统进行信号分选、识别、干扰的基本参数之一。

2.2.1 频率测量的主要技术指标

1. 测频时间、截获时间

测频时间 T_{fm} 是指从接收机截获信号至测频输出测频结果所需的时间。对于通信侦察系统，希望测频时间越短越好。测频时间直接影响到侦察系统的截获概率和截获时间。

截获时间是指达到给定的截获概率所需的时间。如果采用非搜索测频接收机，则信号的截获时间为

$$T_{IF1} = T_{th} + T_{fm} \tag{2-1}$$

式中：T_{th} 是侦察系统的通过时间；T_{fm} 是测频时间。

2. 测频范围、瞬时带宽、频域截获概率、频率分辨率和测频精度

测频范围是指测频系统最大的可测信号频率范围；瞬时带宽是指测频系统在任一瞬间可以测量的信号频率范围 Δf_r；频域截获概率即频率搜索概率，定义为 $P_{IF1} = \Delta f_r / (f_2 - f_1)$，其中 f_1、f_2 是测频范围（即侦察频率范围）的上下限；频率分辨率是指测频系统所能分开的两个同时到达信号的最小频率差；测频精度是指测频误差的均方根值。

不同的测频系统，其测频范围、瞬时带宽、频率分辨率差异很大。传统的宽带测频接收机的瞬时带宽很宽，频率截获概率高；但频率分辨率很低，等于瞬时带宽。而窄带搜索接收机的瞬时带宽很窄，频率截获概率很低；但频率分辨率很高。例如：当 $\Delta f_r = 10\ \text{kHz}$，$f_2 - f_1 = 1000\ \text{MHz}$ 时，频率截获概率为 $P_{IF1} = 1 \times 10^{-5}$。传统搜索接收机的最大测频误差为 $\delta f_{max} = \pm \Delta f_r / 2$，瞬时带宽越宽，测频误差越大。

3. 可测频信号类型

通信信号可以分成常规通信信号和扩频（特殊）通信信号。常规通信信号包括：模拟调制信号，如 AM、FM；数字调制信号，如 2ASK、2PSK、QPSK、2FSK、8FSK 等。扩频（特殊）通信包括 DS-SS、FH-SS、FDMA、CDMA、TDMA 等。一般而言，常规通信信号的测频要比特殊通信信号的测频容易。扩频通信信号的测频比较困难，特别是跳频和跳时扩频通信信号、猝发通信信号等。

4. 灵敏度和动态范围

灵敏度是指测频接收机正常工作时接收天线上所需的最小感应电动势。它是保证正确发现和测量信号的前提，与接收机体制和接收机的噪声电平有关。

动态范围是指保证测频接收机精确测频条件下信号功率的变化范围，它包括：

（1）工作动态范围：保证测频精度条件下的强信号与弱信号的功率之比，也称为噪声限制动态范围或饱和动态范围；

（2）瞬时动态范围：保证测频精度条件下的强信号与寄生信号的功率之比，也称为无虚假响应动态范围。

2.2.2 频率测量技术分类

频率测量（简称测频）通常是在侦察系统的前端完成的。按照测频系统采用的技术原理，可以把测频技术分为直接测频和变换测频两类，如图 2-1 所示。

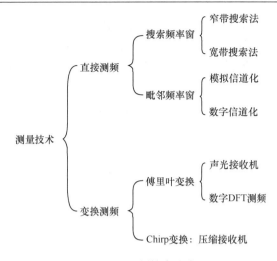

图 2-1 测频技术分类

　　直接测频方法使用某种形式的频率窗口，对进入频率窗口内的信号进行测频。如果使用单个频率窗口在整个频率范围内进行搜索，则称为搜索频率窗；如果使用多个频率窗口，则称为毗邻频率窗或者滤波器组。

　　变换测频方法则使用某种变换，将信号变换到相应的变换域，再间接地进行测频，其常用的变换形式是傅里叶变换和 Chirp 变换。

　　值得注意的是，通信侦察的频率范围一般是很宽的，通常通信侦察接收机只能工作在其中的某个频段内。在实际的通信侦察系统中，侦察接收机采用的是外差接收机，通过改变本振频率，在侦察频率范围内进行频率搜索，而在瞬时带宽内可以采用直接测频或者变换测频方法。

2.3 常规超外差搜索接收机

2.3.1 全景显示搜索接收机

全景显示搜索接收机采用的是搜索频率窗技术，即窄带搜索法，其基本功能有两个：
（1）在预定的频段内自动进行频率搜索、截获，并实时测量被截获信号的频率和相对电平；
（2）将被截获信号在频率轴上的分布、频率和相对电平参数同时显示在显示器上。

1. 工作原理

下面以图 2-2 说明全景显示搜索接收机实现频率搜索和全景显示的原理。

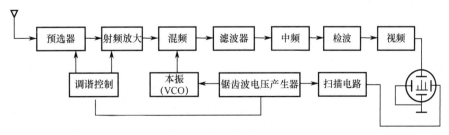

图 2-2 全景显示搜索接收机原理框图

图 2-2 所示为一次变频超外差接收机，混频器取差频，即：$f_i = f_L - f_s$。本振采用压控振荡器（VCO），锯齿波电压产生器输出的锯齿波电压作为 VCO 的控制电压。锯齿波电压又通过调谐控制电路，对预选器回路和射频放大器回路进行调谐，使回路中心频率与本振输出频率 $f_L(t)$ 同步变化。

如果锯齿波电压是理想线性的，并且忽略 VCO 控制特性的非线性，那么 VCO 输出频率 $f_L(t)$ 也是随时间线性变化的。设 VCO 的控制灵敏度为 K_L，锯齿波电压变化幅度为 U_m，则 $f_L(t)$ 的扫频范围为：

$$\Delta f_{LM} = K_L U_m \tag{2-2}$$

$f_L(t)$ 的扫频速度为：

$$V_f = \Delta f_{LM}/T = K_L U_m/T \tag{2-3}$$

式中：T 为锯齿波的变化周期。

当 $f_L(t)$ 加到混频器后，随着锯齿波电压的变化，即可实现对输入信号 f_s 的频率搜索。搜索的频率范围及搜索速度则完全决定于 $f_L(t)$ 的扫频范围和扫频速度。

若在频率搜索范围内存在两个信号频率 f_{s1} 和 f_{s2}，则只有当 $f_L(t)$ 分别与 f_{s1} 和 f_{s2} 的差频落入混频器后的滤波器通带时，滤波器才有输出信号。该信号经过中放、检波和视频放大，加到显示器上。两个信号频率不同，经混频后出现的时间就不同，在显示器上出现的位置也不同。时间和频率成对应关系，因而可以直接在显示器的横坐标上标注频率值。

2. 主要技术指标

（1）全景显示带宽：指全景显示器上同时显示的整个频率范围，也称全景观察带宽。在显示器确定的情况下，显示器屏幕上表示频率范围的扫描长度是一定的。目前应用的全景显示搜索接收机，一般都有几种可选择的显示带宽。

（2）全景搜索时间：指搜索全景显示带宽所需的时间。全景搜索时间与搜索的频率范围、步进频率间隔、换频时间和在每个搜索频率上的驻留时间有关。

（3）频率分辨率：指全景显示搜索接收机能够分辨同时存在的两个不同频率信号之间的最小频率间隔。

为了分辨两个相邻的频率，对频率分辨率有以下两种定义：

定义 2.1 对于两个等幅度正弦信号，接收机显示器所显示的双峰曲线的谷值为峰值一半时两信号的频率差，称为该接收机的频率分辨率。

定义 2.2 对于两个幅度相差 60 dB 的正弦信号，接收机显示器显示出双峰曲线的谷值为小的峰值一半时两信号的频率差，称为该接收机的频率分辨率。

以上两种定义中，定义 2.2 是以不等幅信号作为依据，与实际情况较为接近，但不便于分析计算；而定义 2.1 用于分析计算就比较方便。对于同一部接收机，按定义 2.1 得出的频率分辨率高于按定义 2.2 得出的频率分辨率。

（4）频率搜索速度：指每秒搜索的频率范围或信道数目。

（5）动态范围：是指全景显示搜索接收机正常工作条件下，输入信号幅度的最大变化范围。动态范围的单位通常用 dB 表示，即

$$动态范围 = 20\lg\frac{E_{s,max}}{E_{s,min}} \quad (dB) \tag{2-4}$$

式中：$E_{s,max}$ 和 $E_{s,min}$ 分别为输入信号电压的最大值和最小值。

（6）灵敏度：指在满足全景显示所需的额定电压和额定信噪比的条件下，接收天线上所需的最小感应电动势。全景显示灵敏度一般都是微伏量级。

3. 扫频速度和频率分辨率

全景显示搜索接收机的频率分辨率不仅与接收机的频率特性有关，而且与频率搜索速度有关。在滤波器确定的条件下，提高频率搜索速度将导致频率分辨率下降。

1）静态频率响应和动态频率响应

在一个谐振系统的输入端加恒定振幅的正弦信号，缓慢改变输入信号的频率，在每一个频率点上都能在谐振系统中建立起稳定的振荡，这样测出的谐振系统输出电压随频率变化的关系曲线，即是该谐振系统的静态频率响应曲线。在一般的接收机中，通常都是用静态频率响应曲线来反映接收机的频率特性的。

如果谐振系统的输入端加入恒定振幅的扫频信号，那么，谐振系统输出电压随频率变化的关系曲线即为动态频率响应曲线。

动态频率响应曲线与静态频率响应曲线有所不同，它不仅与静态频率响应有关，而且与扫频信号的扫频速度有关。动态频率响应与静态频率响应不同的原因是由于谐振系统的惰性造成的。因为惰性的存在，快速扫频信号在经过谐振系统时，谐振系统来不及建立稳定的振荡，谐振系统中所储存的电磁能量需经过一定的延迟时间才逐渐衰减掉。当正弦信号加到谐振系统时，需要经过一定的建立时间 T_r 才能达到稳态值，如图 2-3 所示。建立时间是指达到稳态值的 90％所需的时间。

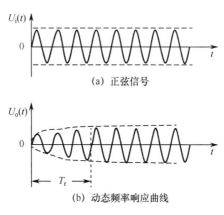

图 2-3　正弦信号加到谐振系统响应图

对比动态频率响应曲线和静态频率响应曲线，可以发现：

（1）动态频率响应曲线的最大值小于静态频率响应曲线的最大值，而且扫频速度越高，动态曲线的最大值越小。

（2）动态曲线的通带大于静态曲线，并且随着扫频速度的增加，动态曲线的通带将变得愈来愈宽。

（3）动态曲线的最大值不是在谐振角频率 ω_0 处，而是向扫频信号频率变化的方向移动：扫频速度越高，动态曲线最大值偏离 ω_0 越远。

由此可见，动态频率响应对全景显示搜索接收机的影响表现为：使接收机灵敏度下降；使接收机的频率分辨率下降；使被测量的信号参数误差增大。扫频速度越高，上述影响则越严重。

2）全景显示搜索接收机的扫频速度

扫频速度的选择原则是在不牺牲接收机灵敏度的情况下，选择合适的扫频速度。在全景显示搜索接收机中，如果扫频信号扫过接收机通带（主要由中频带宽决定）的时间不小于信号的建立时间，就可以认为接收机的灵敏度基本不受影响。

假设接收机的通带为 B_r，在工程上一般认为信号的建立时间为：

$$T_r \approx 1/B_r \text{ (s)} \tag{2-5}$$

在保证接收机灵敏度基本不受影响的条件下，接收机允许的最大扫频速度为：

$$V_f = B_r/T_r = B_r^2 \text{ (Hz/s)} \tag{2-6}$$

例如：若 B_r=10 kHz，则

$$V_f = B_r^2 = 100\,\text{MHz/s}$$

因此，在实用的全景显示搜索接收机中，通常设置不同的中频带宽和不同的扫频速度。在选用窄带工作时，应选择低的扫频速度，这样既可保证不降低接收机的灵敏度，又可比宽带工作（选用高的扫频速度）获得高的频率分辨率。

可以看出：在不牺牲接收机灵敏度的条件下，要求高的扫频速度和要求高的频率分辨率是相矛盾的。这是因为在高的扫频速度下，为了不降低接收机的灵敏度，必须增加接收机的带宽；而带宽的增加必然导致接收机频率分辨率的降低。在对跳频信号进行侦察的情况下，这一矛盾表现得尤为突出。

2.3.2　监测侦听分析接收机

监测侦听分析接收机主要用于对目标信号信息的监听，信号参数的测量、记录与存储，信号特征分析与信号识别。它一般和全景显示搜索接收机结合应用，当后者截获到某一感兴趣的信号时，输出该信号的频率码，此时将监测侦听分析接收机自动预置到该信号频率上，对该信号进行精确分析测量。

1. 基本组成

虽然用于不同场合和不同功能的监测侦听分析接收机有所差异，但其基本组成是大致相同的。这种接收机与普通通信接收机非常相似，主要有以下不同：

（1）由于侦察信号的形式是多种多样的，故在电路中设置带通滤波器组和解调器组以及相应的控制电路，以适应对不同通信信号的解调。

（2）信号的频谱结构是识别通信信号形式的重要依据，在实施瞄准式干扰时，也是选择干扰参数的重要依据。所以，接收机中一般都有频谱显示电路，通常是显示中频信号的频谱。

（3）接收机设置多个信号输出端口，一般都设有中频和低频输出端口。

（4）接收机在微机（或微处理机）的控制下，可以进行自动频率搜索，以实现在频段内搜索、截获通信信号。

2. 主要功能

监测侦听分析接收机可用于不同的场合，要求具有的功能也不相同。综合来看，其主要功能如下：

（1）具有解调多种通信信号的能力。不论在哪一个频段，都拥有不同调制方式的通信信号，这就要求接收机具有解调不同调制方式通信信号的能力。在信号经解调后，它可以从基带信号分析信号特征，进行技术参数测量，实施录音记录，监听敌方通信信息等。

（2）具有信号频谱和波形的显示分析功能。信号频谱是目前通信对抗侦察中识别信号的重要依据，从信号频谱还可测量信号带宽、中心频率等参数。另外，当该接收机用作干扰机的引导接收机时，根据接收信号频谱和干扰频谱可以检查干扰与信号频谱的重合程度。因此，现代监测侦听分析接收机一般都具有对信号频谱的显示与分析功能。

除了显示信号的频谱外，有些接收机还可以显示信号的瞬时波形。其显示方式有两种：模拟显示方式；数字化显示方式。

（3）具有测量信号技术参数、对信号进行分析识别的功能。测量通信信号的技术参数是监测侦听分析接收机基本的重要功能。测量技术参数有的利用接收机内部电路完成，有的通过外接终端设备完成。目前，监测侦听分析接收机大都具有自动提取信号特征、对信号进行自动分析识别的能力。

（4）接收机的频率预置和频率搜索功能。频率预置和频率搜索既可以人工进行，也可以自动实现。人工频率预置方式一般有两种：利用键盘输入需要预置的频率；通过调谐旋钮预置频率。接收机的频率搜索在自动搜索时一般可以进行人工干预。常用的自动搜索方式有以下两种：

- 步进自动搜索。当采用步进自动搜索方式时，可以设置保护频率，搜索过程中自动跳过保护频率。
- 按预置频率选频搜索。假设事先预置 N 个频率，搜索时按频率的高低顺序或按优先等级（由编程确定）在 N 个频率上进行搜索。这种搜索方式一般用于对已知敌台通信信号的监视。

（5）具有对信号波形、频谱参数与其他技术参数的存储与记录功能。

2.4 压缩接收机

压缩接收机是一种性能先进的测频接收机，广泛应用于现代电子侦察设备之中。

2.4.1 问题的提出

1. 为什么要引入压缩接收机的概念？

搜索式测频是一种传统的测频技术，原理简单，易于实现，可以用于很多要求不太高的场合。但是，从工作机理来看，它存在截获概率与分辨率之间的矛盾：搜索式测频虽然具有一定的测频精度，但其测频速度不能适应现代战场上信息稍纵即逝的情报侦察要求。为此，出现了比相式瞬时测频接收机，它利用双通道延时相关的技术，将频率转化为相位，通过测相来实现测频。尤其是采用多路鉴相器并行运用，可以大大拓宽测频范围，同时也保证了较高的分辨率。但是，这种技术一般只能对付传统通信信号，而对于跳频之类的信号，则无法得到较好的测频结果，而且采用的器件也较复杂、繁多。

与以上技术相比，压缩接收机有着其独特的优点，最突出的是它可以对付跳频信号等较复杂的信号形式，而且灵敏度高，动态范围大，测频范围宽、速度快等，设备也相对简单、小型化，因而受到普遍重视。

2. 什么是压缩接收机？

压缩接收机究竟是怎样一种接收机，它是如何实现测频的呢？简而言之，压缩接收机就是建立在一种特殊的傅里叶变换——Chirp 变换基础之上的接收机。这就是核心所在。后面我们将以此为起点，逐渐揭开压缩接收机的面纱。需要明确的是：这里所讲的"压缩"不是指机械压缩，它不是形体或尺寸上的压缩，而是指脉冲压缩，即脉冲宽度的压缩，由此引出了一系列的独特优势。压缩接收机又称脉冲压缩接收机。

2.4.2 压缩接收机的基本原理

1. 如何实现测频？

压缩接收机是通过怎样的途径来解决测频问题的呢？它是通过将频率量转换为时间量，利用测量不同调频宽脉冲的出现时刻来实现测频的。

压缩接收机的基本原理框图如图 2-4 所示。其中，扫描本振（LO）产生线性调频信号；压缩滤波器用以实现卷积运算，从信号波形上看，它将调频宽脉冲信号压缩成窄脉冲信号。接收机收到的射频信号经宽带射频放大器放大后送入混频器，与扫描本振（LO）输出的线性扫频信号（即线性调频信号）相混频，则混频器输出亦为调频信号。

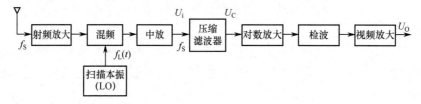

图 2-4 压缩接收机原理框图组成

假设射频信号是频率为 f_{s1} 的连续波信号（CW），LO 输出为正斜率线性调频信号[见图 2-5(a)]，混频后取差频，即

$$f_i' = f_L(t) - f_{s1} \tag{2-7}$$

则混频器输出亦为正斜率线性调频信号。此信号送入中频放大器，若中放带宽为 B_i，中心频率为 f_i，只有满足下式条件的信号：

$$(f_i - B_i / 2) < f_L(t) - f_{s1} < (f_i + B_i / 2) \tag{2-8}$$

才能进入中频通带被放大。因此，中放输出信号为调频宽脉冲信号［见图 2-5（b）］，且该调频宽脉冲信号的持续时间取决于信号频率 f_{s1}。

中放输出的调频宽脉冲信号，经压缩滤波器后被压缩成窄脉冲信号［见图 2-5（c）］。此窄脉冲经过对数放大、检波变为视频脉冲，再经视频放大输出［见图 2-5（d）］。采用对数放大器的目的在于增大接收机的动态范围。视频放大器输出的窄脉冲经高速 A/D 变换器后送入信号处理器进行处理，然后对信号进行分析，并送显示器进行显示。由于压缩后窄脉冲的所处时刻与压缩前宽脉冲的截止时刻一致，也与信号频率 f_{s1} 成线性关系，因此，可以根据窄脉冲的所处时刻来确定信号频率。窄脉冲的幅度则反映输入信号的能量大小。

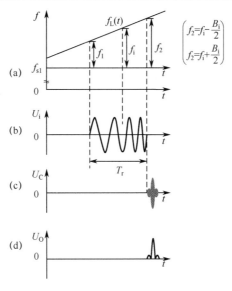

图 2-5　线性调频脉冲信号的压缩

2. 如何实现调频宽脉冲的压缩？

1）Chirp 变换

实现压缩的基础是 Chirp 变换。对傅里叶变换做变量代换，从而得到一种特殊的傅里叶变换——Chirp 变换。

已知输入信号为 $f(t)$，其谱函数可以通过傅里叶变换求得：

$$F(\omega) = \int_{-\infty}^{+\infty} f(t)\exp(-\mathrm{j}\omega t)\mathrm{d}t \tag{2-9}$$

将式（2-9）做变量代换，令 $\omega = u\tau$，其中 u 为常数，τ 为时间，因

$$-\omega t = -u\tau t = \frac{u(t-\tau)^2 - ut^2 - u\tau^2}{2} \tag{2-10}$$

所以

$$F(u\tau) = \int_{-\infty}^{+\infty} f(t)\exp\left\{\frac{\mathrm{j}}{2}\Big[u(t-\tau)^2 - ut^2 - u\tau^2\Big]\right\}\mathrm{d}t$$

$$= \exp\left(-\frac{\mathrm{j}}{2}u\tau^2\right)\int_{-\infty}^{+\infty} f(t)\exp\left(-\frac{\mathrm{j}}{2}ut^2\right)\exp\left[\frac{\mathrm{j}}{2}u(t-\tau)^2\right]\mathrm{d}t \tag{2-11}$$

利用卷积关系，式（2-11）表示为

$$F(\omega) = F(u\tau) = \exp\left(-\frac{\mathrm{j}}{2}u\tau^2\right)\left[f(t)\exp\left(-\frac{\mathrm{j}}{2}ut^2\right) * \exp\left(\frac{\mathrm{j}}{2}ut^2\right)\right] \tag{2-12}$$

式中，" $*$ "表示卷积运算。根据式（2-12）可以得 Chirp 变换的原理图如图 2-6 所示。

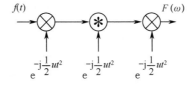

图 2-6　Chirp 变换原理图

可见，Chirp 变换的算法模型可以概括为：M-C-M，其中"M"表示乘法，"C"表示卷积。从幅度谱的角度来看，Chirp 变换对 $f(t)$ 的不同频率成分先进行线性频率调制，然后与斜率相同、符号相反的线性调频信号进行卷积，将不同频率成分所形成的线性调频信号压缩在不同频率位置，通过这样的方式来进行频谱分析，这与前述压缩接收机的测频方式类似。因此，可用同样方式来实现压缩接收机中的线性调频宽脉冲的压缩。

在实际工作中，常常不需要被测信号的相位谱，因此，上述结构的后一个乘法器可以省去。这样，利用声表面波（SAW）器件所构成的 Chirp 变换简化框图如图 2-7 所示。其中，脉冲展宽延时线（PEL）产生 Chirp 信号，乘法器由下变频器构成，卷积运算由脉冲压缩延时线（PCL）构成。PEL 与 PCL 的时频特性斜率可正可负，但为匹配起见，它们的斜率特性必须相反。

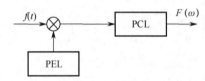

图 2-7　基于 SAW 器件的 Chirp 变换简化框图

2）实现

压缩滤波器是压缩接收机的关键部件，目前一般采用声表面波色散延时线（SAW–DDL）。SAW–DDL 对不同的频率具有不同的延迟时间，即是这种延时线的"色散"特性。DDL 要把输入的调频宽脉冲信号压缩为窄脉冲信号，就要求其色散时延特性必须与输入的调频信号相匹配。所谓匹配，是指 DDL 的线性时延—频率特性的斜率与调频信号的线性调频特性的斜率必须符号相反，而绝对值大小相等。例如：调频信号具有正斜率的线性调频特性如图 2-8（a）所示，调频特性的斜率为 K_F；与之相匹配的 DDL 时延—频率特性则如图 2-8（b）所示，其斜率为 $-K_F$。另外，在压缩接收机中，用作压缩滤波器的 DDL 的带宽与中频带宽（用 B_i 表示，$B_i = f_2 - f_1$）是一致的，其带宽可从几十兆赫到上千兆赫。可见，压缩接收机是一种宽带接收机。图 2-8 中 $T_p = (t_2 - t_1)$ 表示在带宽 B_i 内的最大延时差，又称色散时延。

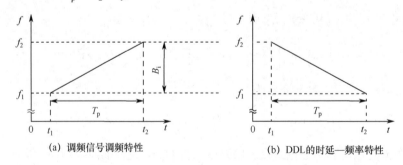

图 2-8　调频信号调频特性（a）和 DDL 的时延—频率特性（b）

只有在 DDL 的时延—频率特性与调频信号的调频特性相匹配的情况下，才能把调频信号压缩为窄脉冲。当然，DDL 输出窄脉冲是有一定宽度的，其宽度主要决定于 DDL 的带宽。

在压缩接收机中，产生线性调频信号的扫描本振（LO）可以用 SAW–DDL 实现，也可以用压控振荡器（VCO）实现。如前所述，当中放输出调频宽脉冲的宽度等于色散时延 T_p 时，就能经压缩滤波器压缩为窄脉冲，这种情况称为全压缩。只有在全压缩的情况下，窄脉冲的出现时间才能与频率保持线性关系。为了保证在接收机射频带宽边缘上的信号也能进行全压缩，要求 LO 输出线性调频信号的带宽 B_e（即扫频范围）需满足以下条件：

$$B_e = B_R + B_i \tag{2-13}$$

式中，B_R 为混频器的输入信号带宽，B_i 为中频带宽。

2.4.3　压缩接收机的主要特点

压缩接收机的主要特点如下：

（1）压缩接收机在很高的频率搜索速度下，仍具有很高的频率分辨率。常规超外差搜索接收机，其频率搜索速度和频率分辨率受接收机带宽的直接制约，二者存在无法克服的矛盾；而压缩接收机不受带宽的直接制约，因此能大大缓解高频率搜索速度和高频率分辨率的矛盾。下面通过粗略的概算来说明这个问题。

对于常规超外差搜索接收机，在不降低接收机灵敏度的情况下，最大频率搜索速度为 $V_f = (B_r)^2$，其中 B_r 为接收机带宽。接收机的频率分辨率主要决定于接收机的带宽 B_r 和频率搜索速度。在频率搜索速度不大于上述最大频率搜索速度的情况下，可以近似认为频率分辨率等于接收机带宽，即 $\Delta f \approx B_r$，于是便得到：$V_f \approx (\Delta f)^2$。

压缩接收机的频率搜索速度为 $V_f{}' = B_i / T_p$，即等于 DDL 时延—频率特性曲线斜率的绝对值。压缩接收机的频率分辨率则主要取决于 DDL 输出脉冲的宽度 τ_p。在此取 4 dB 脉宽作为输出脉冲宽度，即 $\tau_p = 1/B_i$。因为 DDL 的时延—频率特性曲线是线性的，时域脉宽 τ_p 对应的频域宽度即代表接收机的频率分辨率，于是得到频率分辨率的表达式为：

$$\Delta f' = \frac{B_i}{T_p} \cdot \tau_p = \frac{1}{T_p} \tag{2-14}$$

将式（2-14）代入 $V_f{}'$ 表达式，可以得到

$$V_f{}' = \frac{B_i}{T_p} = B_i \cdot \Delta f' = \left(B_i \cdot T_p\right) \cdot \left(\Delta f'\right)^2 = G_c \cdot \left(\Delta f'\right)^2 \tag{2-15}$$

可见，在保持相同频率分辨率的情况下，理论上压缩接收机的频率搜索速度为普通超外差搜索接收机的 G_c 倍。如果这两种接收机保持相同的带宽，不难证明，压缩接收机的频率分辨率将是普通超外差搜索接收机的 G_c 倍。

在接收机带宽相同的条件下，由于压缩接收机的频率分辨率比普通超外差搜索接收机高得多，因此，前者截获和处理同时到达信号的能力比后者强得多。

（2）压缩接收机对猝发通信信号和跳频通信信号具有极高的截获概率。这一特点是由上述特点（1）所决定的。由于压缩接收机具有很高的频率搜索速度和频率分辨率，在接收脉冲信号时，只要频率扫描时间小于脉冲的驻留时间，接收机就能以接近 100% 的概率截获此信号。

（3）在接收机带宽相同的条件下，压缩接收机比普通超外差搜索接收机具有更高的接收灵敏度。设压缩接收机的压缩增益为 G_c，压缩滤波器输出与输入脉冲幅度之比为 $\sqrt{G_c}$，若以接收机输入电压的大小来衡量其灵敏度，则在接收机带宽相同的条件下，理论上的压缩接收机的灵敏度应为普通超外差搜索接收机的 $\sqrt{G_c}$ 倍。但是，由于压缩滤波器本身存在的损耗以及滤波器失配引起的信噪比损失，实际的灵敏度低于上述理论值。

（4）压缩接收机的动态范围较小。压缩接收机的动态范围主要决定于压缩滤波器。由于

DDL 输出比较高的旁瓣电平而导致接收机动态范围的减小。抑制旁瓣电平常用的方法是在 DDL 前（或之后）设置加权滤波器，也可以通过改变 DDL 的结构，使制作出的 DDL 具有所需的某种加权函数特性，从而达到加权的目的。

（5）压缩接收机存在由压缩滤波器引起的虚假信号。虚假信号也称寄生信号，主要有以下几种：直通信号；基片端面和侧面反射的杂波；三次行程杂波。

（6）压缩接收机中检波器输出的是压缩后脉冲的包络，使接收信号的调制信息丢失。因此，不能从输出信号中直接获得接收信号所携带的信息，同时这也给信号某些技术参数的测量带来困难。

（7）压缩接收机以串行形式输出信号，需要用高速逻辑器件和电路处理接收机的输出。压缩接收机的频率搜索速度比普通超外差搜索接收机高得多；而且当接收机带宽很宽的情况下，输出脉冲很窄，例如当 DDL 带宽为 100 MHz 时，其输出脉冲宽度只有 10 ns。这些情况，都要求用高速逻辑器件和电路来处理接收机输出。

2.5 信道化接收机

信道化接收机是一种具有快速信息处理能力的非搜索式超外差接收机。它既具有超外差接收机灵敏度高和频率分辨率高的优点，又具有快速搜索接收机截获概率高的优点，并且具有很强的处理同时到达的多个信号的能力。

信道化接收机是按照多波道接收机的设计思想发展起来的。为此，下面先介绍多波道接收机，然后介绍信道化接收机及其特点和应用。

2.5.1 多波道接收机工作原理

多波道接收机的原理框图如图 2-9 所示。在接收机的侦察频段 $(f_A \sim f_B)$ 内，用 m 个带通滤波器划分为 m 个分波段，并构成 m 个波道，各个滤波器的中心频率分别为 $f_1, f_2, \cdots, f_m$，滤波器带宽相同，并且各分波段的频率是相互衔接的。各波道的电路均包括变频、中放、解调、低频放大等电路，由于各波道具有相同的中频，所以中放、解调和低频放大可采用相同的电路。各波道的输出信号均送入信号处理器进行处理，然后送至终端设备，进行测量、显示、存储、记录。由于各波道并行输出，所以处理器需进行并行处理。

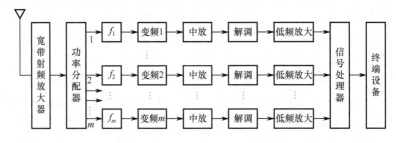

图 2-9　多波道接收机原理框图

由图 2-9 可以看出：

（1）多波道接收机是一种频分制（按频率划分波道）的非搜索式接收机，只要在侦察频段 $(f_A \sim f_B)$ 内有信号，并且信号强度不小于接收机的灵敏度电平，都能被接收机实时截获。所以，多波道接收机具有极高的截获概率。

（2）多波道接收机的每一个波道都为超外差体制，故具有超外差接收机灵敏度高的优点。接收机的频率分辨率为：

$$\Delta f_{\mathrm{D}} = \left| f_{\mathrm{B}} - f_{\mathrm{A}} \right| / m \tag{2-16}$$

在接收机工作频段一定的情况下，只要增加波道数 m，减小各波道的带宽，就可以获得很高的频率分辨率。

（3）多波道接收机的设备量随波道数目的增大而增加，进而导致接收机体积、重量和成本的增加。减小设备量是这种接收机需要解决的重要问题之一。

2.5.2 信道化接收机分类

按信道化接收机的结构形式，可以划分为三类：纯信道化接收机、频带折叠式信道化接收机和时分制信道化接收机。

1. 纯信道化接收机

按照多波道接收机的思路，纯信道化接收机将整个侦察波段 $\left(f_{\mathrm{A}} \sim f_{\mathrm{B}} \right)$ 用相互邻接的带通滤波器划分为 m 个分波段，每个分波段的带宽为 $B_1 = \left| f_{\mathrm{B}} - f_{\mathrm{A}} \right| / m$。在每个分波段内进行变频、放大处理，使各分波段输出变换到相同的频率范围上，这是接收机中的第一次波道划分。第二次波道划分是将各分波段的输出用带通滤波器划分为 n 个子波段，每个子波段的带宽为 $B_2 = B_1 / n = \left| f_{\mathrm{B}} - f_{\mathrm{A}} \right| / (mn)$，子波段数共计 mn 个。在每个子波段同样进行变频、放大处理，使各子波段输出变换到相同的频率范围上。第三次波道划分是实现信道划分，将每个子波段的输出划分为 k 个信道，在每个信道内进行变频、放大、解调，各个信道输出的信号送至信号处理器进行处理。其原理框图如图 2-10 所示。

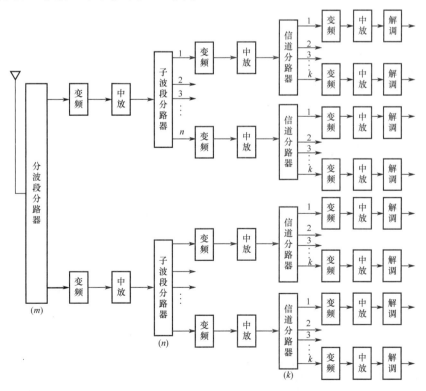

图 2-10　纯信道化接收机原理框图

在整个侦察波段内的信道总数为 $m \cdot n \cdot k$，接收机的频率分辨率为 $\Delta f_{\mathrm{D}} = |f_{\mathrm{B}} - f_{\mathrm{A}}| / (m \cdot n \cdot k)$，接收机的最大测频误差为：

$$\Delta f_{\mathrm{D}} = \pm |f_{\mathrm{B}} - f_{\mathrm{A}}| / (2m \cdot n \cdot k) \tag{2-17}$$

纯信道化接收机的优点是可以达到很高的灵敏度和频率分辨率，具有接近100%的截获概率；其主要缺点是在侦察频段宽和信道数很多的情况下，需要的设备量很大。

2. 频带折叠式信道化接收机

频带折叠式信道化接收机的原理框图如图2-11所示。

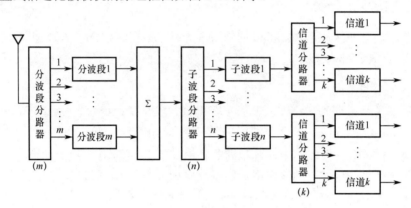

图 2-11　频带折叠式信道化接收机原理框图

与图2-10比较可以看出：在图2-11中，对 m 个分波段通道的输出进行了"折叠"，即把 m 个分波段通道的输出叠加在一起，然后送至子波段分路器。由于折叠的结果，子波段通道的数目变为 n 个，比图2-10减少了 $(m-1)n$ 个。经过信道分路器分路后，信道的数目变为成 $n \cdot k$ 个，比图2-10减少了 $(m-1) \cdot n \cdot k$ 个。如果把 n 个子波段通道的输出也进行"折叠"，则信道的数目将减少为 k 个。由此可见，频带折叠式信道化接收机的设备量比纯信道化接收机大大减少，这是这种结构接收机的突出优点。

但是，频带折叠式信道化接收机存在以下3个缺点：

（1）造成信道输出的模糊性。当某一个信道有输出信号时，该信号属于哪一个分波段是不确定的。为了消除这种模糊性，必须在接收机中设置一些辅助电路。例如，在每个分波段中设置检测电路和指示器，用以确定信号的分波段归属问题。

（2）造成信道输出信号的混叠。在分波段通道输出折叠的情况下，不同分波段所接收到的信号有可能最后落入同一个信道输出，这便造成信道输出信号的混叠。在这种情况下，不能将混叠的信号分离开来进行分析和识别。

（3）使接收机的灵敏度下降。由于频带折叠，使折叠通道的噪声彼此叠加，接收机输出的总噪声功率增大，从而导致接收机灵敏度的下降。

3. 时分制信道化接收机

时分制信道化接收机的结构形式有两种：时分访问式信道化接收机；搜索式信道化接收机。

1）时分访问式信道化接收机

时分访问式信道化接收机的原理框图如图2-12所示。与图2-11比较可以看出，它是用时分访问开关代替了频带折叠式信道化接收机中的相加电路。时分访问开关轮流与各分波段的输出相连接，把被接通的分波段输出信号送至子波段分路器。

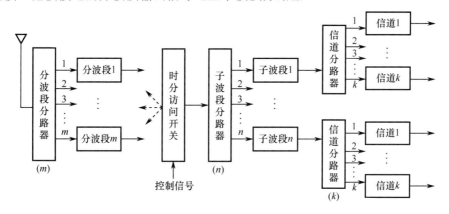

图 2-12　时分访问式信道化接收机原理框图

时分访问式信道化接收机依然保持了频带折叠式信道化接收机设备量少的优点，由于它每一瞬时只与一个分波段接通，所以它不存在后者的上述三个缺点。但是，它的截获概率比频带折叠式信道化接收机低；这是因为，任何一个分波段只有在被时分访问开关接通的时间内才能接收该分波段内的信号，而在未接通的时间内，即使出现该分波段范围内的信号也不能截获之。划分的分波段数越多，其截获概率越低。可见，这种接收机是以降低截获概率为代价换取设备量减少的。

2）搜索式信道化接收机

搜索式信道化接收机的原理框图如图 2-13 所示，它是以步进频率搜索和信道化相结合的一种结构形式。

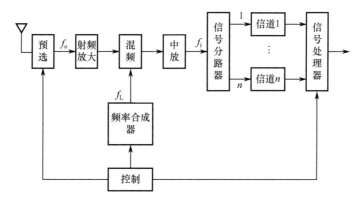

图 2-13　搜索式信道化接收机原理方框图

在图 2-13 中，信道分路器以前的电路结构与一般超外差接收机相同，只是射频放大器与中频放大器都具有比较宽的带宽。接收机通过控制频率合成器输出本振频率的变化来实现分波段的转换。由此可见：信道分路器以前的电路部分，其作用与时分访问式接收机子波段分路器以前的电路是相同的；但是，其设备量却小于时分访问式，分波段数越多，设备量的减少就越显著。

搜索式信道化接收机的截获概率与时分访问式接收机是相近的，由于前者比后者的设备量少，电路结构简单。

当搜索式信道化接收机用于通信对抗侦察时，由于一般通信信号的持续时间比较长，仍然可以获得比较高的截获概率。如果用于侦察跳频信号，提高接收机的反应速度是至关重要的。为此，除了合理选择并行的信道数和分波段数以外，还应从以下几方面提高接收机的反应速度：

（1）尽量缩短信号处理器的处理时间。为此，应采用高速逻辑电路和器件，并进行合理的逻辑设计。

（2）提高频率合成器的换频速度。为此，应采用高速频率合成器作为接收机的本振。

（3）减小滤波器的信号建立时间。信号在滤波器中的建立时间近似与滤波器带宽成反比：

$$\Delta t \approx 1/B \tag{2-18}$$

式中，B 为滤波器带宽。接收机混频器以前的射频电路部分，滤波器带宽比较宽，建立时间比较短。由于通信信号的信道间隔大多比较小，为了满足频率分辨率的要求，并行信道分路滤波器的带宽一般比较窄，其信号建立时间往往成为影响接收机反应速度的重要因素。在不降低接收机频率分辨率的条件下，为减小信号建立时间，所采用的一种方法是将信道滤波器的通带展宽，并且做成互相交叠的形式。这种方法通常称为 2N–1 分路法。

2N–1 分路法的原理可以用图 2-14 加以说明。图 2-14（a）示出了信道滤波器的交叠形式。设接收机的频率分辨率为 Δf_{D}，共有 N 个信道滤波器，滤波器的带宽取为 3Δf_{D}。由图 2-14（b）可以看出，N 个滤波器可构成 2N–1 个频区（边缘的滤波器带宽为 2Δf_{D}），每个频区的频率覆盖范围则为 Δf_{D}。根据滤波器的输出，可以判断信号所在的频区。例如：若滤波器 B 和 C 同时有输出，则信号在 4 频区；若仅滤波器 C 有输出，则信号在 5 频区。

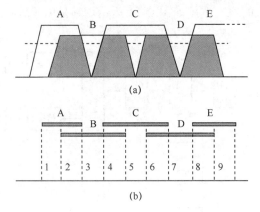

图 2-14　2N–1 分路法原理

2.5.3　信道化接收机的特点与应用

从以上对信道化接收机的讨论可以看出，信道化接收机是一种高截获概率的接收机，同时又具有灵敏度高、动态范围大的优点。只要信道滤波器的通带足够窄，可以获得很高的频率分辨率和抗干扰能力。

从技术性能上看，纯信道化接收机优于其他类型的信道化接收机。但是，目前要求通信对抗侦察接收机既要有高的频率分辨率，又要有宽的工作频段，这就导致纯信道化接收机的设备量大大增加。目前，已在通信对抗领域得到实际应用的是搜索式信道化接收机。

2.6　声光接收机

除了直接利用搜索接收机和信道化接收机测量信号频率外，侦察系统中还采用各种特殊的器件来实现傅里叶变换，从而间接实现频率测量，这就是变换域方法。使用不同的器件，就构成了声光接收机和压缩接收机。变换域测量属于宽带通信侦察接收技术。

2.6.1　声光调制器

声光调制器又称声光偏转器，它主要有两种类型，即体波声光调制器和面波声光调制器，其基本原理类似。这里以体波声光调制器为例进行介绍。声光调制器由电声换能器、声光晶体和吸声材料组成，其示意图如图 2-15 所示。

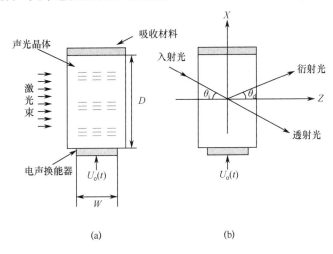

图 2-15　声光调制器示意图

当适当功率的电信号施加到电声换能器上时，电声换能器将电信号转换成超声波，它会引起晶体内部折射率随着电信号频率变化，形成相位光栅。当激光束通过这种相位光栅时，声波对光波进行相位调制，产生衍射光。这就是著名的喇曼–奈斯（Raman-Nath）衍射，喇曼–奈斯衍射产生的是多级衍射。一般声光调制器都工作在布拉格（Bragg）衍射模式，因此声光调制器又称为布拉格盒。

设输入信号为单频信号 $s(t) = A\cos(\omega_s t + i)$，光波波长为 λ_0，声波在介质中的传播速度为 v_s。当光束以布拉格角 θ_i 入射时，由布拉格衍射引起的衍射光的偏转角与输入信号频率和光波波长的关系为

$$\theta_i = \theta_d = \arcsin\left(\frac{\lambda_0 f_s}{2v_s}\right) \tag{2-19}$$

如果满足条件 $\theta_i + \theta_d \leqslant 0.01\ \mathrm{rad}$，则式（2-19）简化为

$$\theta_i = \theta_d \approx \frac{\lambda_0 f_s}{2v_s} \tag{2-20}$$

可见，衍射光的偏转角与被测信号的频率成正比。这就说明，在布拉格衍射条件下，衍射光的偏角大小代表了电信号的频率。如果再利用透镜对衍射光进行汇聚，实现空域傅里叶

变换，然后对汇聚后的光进行光电转换和检测，就完成了频谱分析（即测频工作）。

通过分析空域傅里叶变换的基本原理，可以知道一阶光束的空间位移与输入信号频率成正比。因此，如果在输出焦平面上放置光电检测器阵列，就可以检测输入信号的频率。

2.6.2　声光接收机工作原理

典型的声光接收机原理框图如图 2-16 所示。声光接收机利用声光偏转器（布拉格盒）使入射光束受信号频率调制而发生偏转，因偏转角度正比于信号频率，可用一组光检测器件检测偏转之后的光信号，从而完成测频目的。

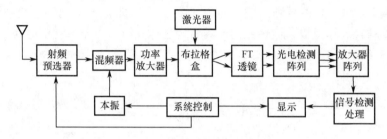

图 2-16　典型声光接收机原理框图

天线接收到的信号经过射频预选器滤波，再经混频变换到声光调制器的工作频带内。在测频过程中，本振在系统控制单元的控制下，采用步进扫描，构成搜索接收机。经过混频的中频信号，再经过中频放大器和功率放大器放大，驱动声光器件，产生相应的衍射光。衍射光经过位于焦平面的光电检测阵列转换成电信号，通过进行能量检测，即可完成信号频率的测量。

从信号分析的观点看，声光接收机从原理上与信道化接收机是等价的。它利用声光调制器，将不同频率的信号衍射到位于透镜输出焦平面的光电检测阵列（光电二极管或 CCD 器件），每个光电管的输出相当于信道化接收机的一个信道的输出。因此，声光接收机具有多信号分辨能力。

2.6.3　声光接收机的特点

声光接收机的特点如下：

（1）对接收机的信号采取并行处理方式。这一特点与信道化接收是相同的，从这种意义上讲，声光接收机可以看作信道化接收机，因此能够实现全概率信号的截获，搜索速度快。不过，声光接收机的信道化过程是利用光学方法实现的，其并行信道数等于布拉格盒的时间-带宽乘积。布拉格盒的时间-带宽乘积又取决于布拉格盒的制造技术、尺寸和所用的材料。

（2）具有很宽的瞬时带宽和较高的频率分辨率。声光接收机的瞬时带宽主要决定于布拉格盒的带宽，而布拉格盒的工作频率、带宽取决于布拉格盒的制造技术、尺寸及所用的材料等。通常，布拉格盒的工作频率是 1000～2000 MHz，而带宽为 500～1000 MHz。

接收机频率分辨率的数值与布拉格盒的暂态时间成反比，即

$$\Delta f = K/T \tag{2-21}$$

式中：K 为常数，其值在 1~2 之间；T 为布拉格盒的暂态时间，$T=D/V_c$，其中 D 是布拉格盒的窗口宽度（声波在布拉格盒中的传播距离），V_c 是声波的传播速度。在声波速度一定的情况下，暂态时间 T 越大，说明 D 越大，相位光栅的数目就越多；在布拉格盒中，相位光栅数目

越多，衍射光条纹越窄，其频率分辨率就越高。

根据目前布拉格盒的工作频率、频带和频率分辨率，声光接收机适宜用在微波频段的电子对抗侦察中。

（3）具有很小的体积。随着光学集成电路的发展，包括激光器、布拉格盒、光检测器和光学透镜系统在内的整个光学部分，都可集成在单块芯片上。这样，不仅使光学部分的体积可以做得很小，也大大提高其机械强度，并且有希望获得很低的成本。此外，接收机的数字处理器采用超大规模集成电路实现，对于缩小接收机的体积也是十分重要的。

（4）动态范围小。声光接收机的动态范围主要决定于布拉格盒的动态范围。当中频调制信号很强时，在布拉格盒中引起非线性绕射，于是产生互调产物，这就限制了动态范围上限的增大。光检测器的噪声电平是影响动态范围下限的主要因素。目前，声光接收机的动态范围大致为 30~50 dB。

（5）当用于接收通信信号时，会引起通信信号调制信息的丢失。本节所述声光接收机是功率型声光接收机，只能测量光的强度，其输出只有信号的幅度（能量），而没有相位信息。在声光接收机中还有外差型声光接收机，它不但可以提供信号的幅度，还可以提供信号的相位，其动态范围提高到 50~60 dB。有关外差型声光接收机的原理，读者可以参考相关的文献资料，这里不再讨论。

2.7　数字接收机

随着数字处理技术的广泛应用，特别是数字信号处理芯片功能的不断提高和完善，现代接收机也越来越多地采用数字处理技术，由此而产生了数字接收机。数字接收机是一种基于数字处理技术的新型接收机，它具有许多传统接收机所不可比拟的优点。

传统的模拟接收机都是采用模拟信号处理来实现接收机的各种功能的，而数字接收机则采用数字信号处理（DSP）技术来完成绝大部分的接收机功能，如频率变换、滤波、信号解调、信号分析识别等。在具体实现上，数字接收机主要有如下三种方案：

（1）射频数字化；

（2）基带数字化；

（3）中频数字化。

2.7.1　射频数字化

射频数字化方案如图 2-17 所示。从天线接收的射频信号经射频滤波放大后，再经 A/D 转换器变为数字信号，然后送入高速 DSP 模块进行侦察信号处理。

图 2-17　射频数字化方案

在图 2-17 中，射频滤波和射频放大都是宽带的。射频滤波器除了具有抑制带外噪声的作用外，同时还对输入信号的频带加以限制，以防止因 A/D 采样而产生的虚假信号。

在这种数字化方案中，采用的模拟电路很少，且只有射频放大器为非线性部件，所以信号的失真小。另外，大量采用数字技术，有利于接收机的小型化和降低成本及功耗。

但是，在要求接收机多频段工作的情况下，受器件水平的限制，该方案的技术实现难度很大。

2.7.2 基带数字化

基带数字化方案如图 2-18 所示。射频信号经过射频滤波后，利用正交混频将信号分成同相信道（I 信道）和正交信道（Q 信道）两路，经放大和低通滤波后得到两路基带信号，再经 A/D 采样后送到 DSP 模块进行侦察信号处理。

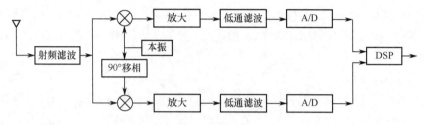

图 2-18　基带数字化方案

该方案的优势在于：

（1）由于 A/D 转换器是对基带信号采样，允许的采样频率较低，这样可以采用分辨率高的 A/D 转换器，以增大接收机的动态范围；

（2）较低的采样频率也放宽了对 DSP 运算速度的要求；

（3）这种直接变频到基带的方案，不存在混频镜像干扰。

当然该方案也存在两个缺点：

（1）要求 I 信道和 Q 信道保持准确的幅度和相位匹配，若两个信道的增益不一致或相位不完全正交，都会引起信号的失真。

（2）当基带信号的低端频率很低时，若基带放大器采用直接耦合，会产生零点漂移；若采用交流耦合，则容易产生频率失真。

2.7.3 中频数字化

中频数字化方案如图 2-19 所示。该方案采用模拟超外差接收机的成熟技术，其技术实现的难度很小。所以，目前的宽频段数字接收机大多采用这种方案。但这种方案的缺点是采用模拟电路太多，会增大接收机（主要是射频放大器和第一混频器）的噪声，使非线性产物增多（由混频器和放大器的非线性引起），使信号在各级电路（尤其滤波电路）的传输中产生幅度和相位的失真。

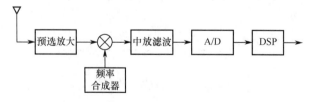

图 2-19　中频数字化方案

在中频数字化方案的设计中，中频的选择是一个重要的问题，除了考虑尽量减少因混频作用而产生的非线性产物外（这在一般模拟接收机设计中也是必须考虑的），还必须考虑 A/D 器件的选用问题。因为采样频率与中频频率及信号带宽密切相关，中频的选择必须使可选用的 A/D 转换器既满足采样频率的要求，又要有高的分辨率。模拟电路部分的设计也要考虑一般模拟接收机设计中需要注意的问题，例如：为了满足对中频干扰和镜像干扰抑制的要求，可以采用二次变频方案，在划分频段时，为了防止二阶产物落入工作的分频段，分频段的覆盖范围应小于一个倍频程等。

在中频数字化方案中，如果需要提取信号的瞬时包络和瞬时相位，可以在 DSP 模块中采用数字正交混频技术实现。数字正交混频的原理框图如图 2-20 所示。其工作原理与模拟正交混频相同，只是混频的输入输出信号都为数据序列而已。通过数字正交混频来实现 I、Q 信道幅度和相位的匹配，要比模拟正交混频容易得多，因而其应用十分广泛。

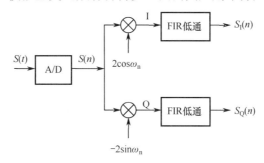

图 2-20　数字正交混频原理框图

目前应用较多的是中频数字化方案。在短波以下频段，采用直接数字化方案实现，目前在技术上已得到解决。短波数字侦察接收机的基本构成方案是：短波信号经射频滤波和射频放大后，直接进行 A/D 采样（采样频率通常为 70 MHz）变为数字信号；再经过数字正交混频和数字低通滤波后，得到同相信道输出 $S_I(n)$ 和正交信道输出 $S_Q(n)$；然后根据需要在 DSP 模块中对 $S_I(n)$ 和 $S_Q(n)$ 做进一步处理。正交混频的本振信号由数字本振产生，其振荡器是基于 DDS 原理构成的，而且其频率由数字指令控制。在这一构成方案中，由数字本振、正交混频和数字低通滤波三部分构成数字接收机的核心。这三部分目前已集成到一个芯片上，并且数字低通滤波器的参数（带宽、带外衰减、过渡带等）可用外加指令控制。另外，以该芯片为基础的数字接收机插件板也已投放市场，这就为数字接收机的实现带来极大方便。

在功能上，数字接收机既可以实现全景显示搜索接收机的功能，也可以实现监测侦听分析接收机的各种功能。这决定于接收机的组成方案和所采用的 DSP 模块，尤其是 DSP 模块，它对数字接收机的功能和性能起着决定性的作用。因此，在数字接收机的设计中，DSP 模块软件设计是极其重要的研究课题。

小结

通信侦察接收机与侦察天线（阵）共同完成对信号的截获，进行信号参数的测量。在复杂信号环境下，通信侦察接收机的体制本身也将被用来分选或稀释信号。

通信信号载波频率的测量是通信侦察接收机的基本功能，根据所采用的技术体制的不同，通信侦察接收机主要有：

（1）全景显示搜索接收机——能够完成预定的频段内通信信号的截获，以及频率、相对电

平的测量和显示;

（2）监测侦听分析接收机——通过信号解调，从基带信号分析信号特征，进行技术参数测量，监听敌方通信信息;

（3）压缩接收机——建立在线性调频变换（Chirp 变换）基础之上的接收机，通过将频率转换为时间量，通过测量时间延迟来实现测频;

（4）信道化接收机——具有很强的处理同时到达的多个信号的能力，信道化接收机按其结构形式，可分为纯信道化接收机、频带折叠式信道化接收机和时分制信道化接收机;

（5）声光接收机——利用声光调制器（布拉格盒）使入射光束受信号频率调制发生偏转，偏转角度正比于信号频率，然后用一组光检测器件检测偏转之后的光信号，实现测频;

（6）数字接收机——将信号数字化以便计算机进行处理，由于软件可以模拟任何类型的滤波器或解调器的功能，该接收机能够对数字信号进行最佳滤波、解调和检波后处理。

习题

1. 通信对抗侦察有哪些特点?

2. 通信侦察接收设备的主要技术性能指标有哪些?

3. 阐述全景显示搜索接收机和压缩接收机的工作过程，并画出原理框图。

4. 设在 VHF 频段投入使用的某跳频电台，其频率覆盖范围为 50～90 MHz，信道间隔为 $\Delta F=25$ kHz，跳频速率为 250 H/s。请问：能否采用传统的全景显示搜索接收机来实现对上述跳频电台的侦察?

5. 试分析压缩接收机中时延与频率之间的对应关系，说明这种接收机为什么能够实现测频。

6. 阐述信道化接收机的工作过程，并画出原理框图。

7. 简述声光接收机的主要特点。

8. 数字接收机的基本组成方案有哪三种形式，各有何特点?

第3章 通信对抗侦察信号处理

3.1 概述

对于常规通信对抗侦察接收机而言，通信信号从天线进入接收机之后，经过放大、滤波、变频，把微弱的射频信号变为具有所需电平的中频信号。这种变换过程，不论侦察接收机、通信接收机以及雷达接收机等，都是相同的。对通信对抗侦察而言，当前讨论的信号处理主要是指接收机中频信号输出之后进行的各种处理。

通信对抗侦察接收机对信号处理的内容以及所采用的处理设备比通信接收设备更多，也更为复杂。以信号的解调为例，通信对抗侦察事先不知道敌方通信信号的形式，因此在截获到敌方通信信号以后，首先需要经过分析识别，只有知道目标信号的调制方式和有关的技术参数以后，才能选择相应的解调方式。由于目前军事通信中实际使用的信号形式很多，所以要求侦察接收机具有对多种通信信号的解调能力。此外，在具体解调方法上，在某些情况也与通信接收机不一样。例如，对 2FSK 信号的解调，在通信接收机中一般是采用不同中心频率的带通滤波器先将 2FSK 信号的两个载频分离开来，然后采用包络检波器（包络检波解调）或相乘器（同步解调）解调出基带信号。由于 2FSK 信号具有多种不同的频移间隔，对于通信对抗侦察而言，预先不知道 2FSK 信号的频移间隔，所以不可能在接收机中采用相对应的带通滤波器。为此，侦察接收机应采用能解调具有不同频移间隔 2FSK 信号的解调方法。例如，用鉴频器解调 2FSK 信号，设计鉴频器的线性范围不小于接收机的中频带宽，只要 2FSK 信号的两个载频都能进入接收机中频通带，经鉴频器后，就会变为不同电平的基带信号。

随着数字信号处理（DSP）理论和技术的不断发展，数字接收机已成为目前广泛采用的侦察接收机。因此，本章主要对数字接收机所采用的信号处理基本方法进行简要阐述。

3.2 数字频谱分析

要进行数字频谱分析，首先需要将模拟信号转化为数字信号。模拟信号的数字化是利用 A/D 转换器（ADC）实现的，而数字频谱分析则一般采用离散傅里叶变换（DFT）算法。

3.2.1 模拟信号的数字化

当用 DSP 技术对通信信号进行处理时，第一步是将模拟通信信号转换为数字信号，这一任务是由 ADC 实现的。ADC 有不同的类型，衡量 ADC 性能优劣的指标有多个，在实际应用中，最重要的指标是 ADC 的采样频率和分辨率。

1. 采样频率

采样频率即 ADC 的工作速率，也称为采样速率或采样率。采样频率 f_s 的选择，一般要满足奈奎斯特采样定理，以避免信号频谱的混叠。通常有以下两种情况：

1）低通采样

根据奈奎斯特采样定理，要求采样频率 $f_s \geqslant 2f_{max}$，其中 f_{max} 为被采样信号的最高频率。

2）带通采样

奈奎斯特采样定理只讨论了频谱分布在（0，f_{max}）上的信号采样问题，如果对分布在某一有限频带（f_L，f_H）的带通信号进行采样，虽然同样可以根据奈奎斯特采样定理按 $f_s \geqslant 2f_{max}$（即 $f_s \geqslant 2f_H$）的采样频率进行，但是当 $f_H \gg (f_H - f_L) = B$，也就是信号的最高频率远远大于信号带宽时，会引入以下问题：

- 高速 ADC 器件难以实现；
- 对后续数字信号处理速度要求高，实时处理困难。

在对监测侦听分析接收机的中频输出信号进行采样时，就因中频频率比信号带宽大得多而一般采用带通采样。

为避免信号频谱混叠，带通采样通常利用下式来估算采样频率：

$$f_s = \frac{2f_i}{m+0.5} = \frac{2(f_H + f_L)}{2m+1} \tag{3-1}$$

式中：f_i 为中频带通信号的中心频率；m 是使 f_s 满足 $f_s \geqslant 2B$ 的最大正整数（0，1，2，…），其中 B 为被采样信号的带宽。图 3-1 所示是带通采样前后的信号频谱示意图。带通采样定理表明：对带通信号而言，可按远低于 2 倍信号最高频率的采样频率来进行采样。

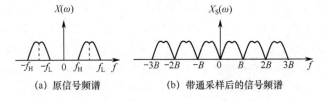

(a) 原信号频谱　　　　　　(b) 带通采样后的信号频谱

图 3-1　带通采样前后的信号频谱示意图

采样频率的选择需要注意以下几点：

（1）ADC 前的抗混叠滤波器在工程上易于实现；

（2）采样频率的允许偏离足够大，以便于采样时钟的实现；

（3）采样后所需信号频谱的保护带宽足够大，以便于滤波器的实现。

2. 分辨率

ADC 的分辨率一般指它的位数（或称比特数），它对接收机的动态范围有着重要影响。因此在选择 ADC 时，必须考虑它的分辨率大小，使 ADC 的动态范围大于接收机所要求的动态范围。

ADC 动态范围的确定方法，主要有以下两种：

（1）按 ADC 的最大和最小量化电平确定其动态范围。假设 ADC 的输入信号为一幅度与 ADC 最大量化电平相等的正弦波，则在无噪声的情况下，ADC 的最大电压为：

$$2V_{max} = 2^b Q \quad 或 \quad V_{max} = 2^{(b-1)} Q \tag{3-2}$$

式中，b 为 ADC 的位数，Q 为单位量化电平值。

由 V_{max} 所决定的正弦波功率为：

$$P_{max} = \frac{1}{2} V_{max}^2 = \frac{1}{8} \times 2^{2b} Q^2 \tag{3-3}$$

式（3-3）中假设阻抗为 1，因后面讨论的是功率比值，所以这样的假设不会影响讨论结果。

ADC 输入的最小电平是使 ADC 输出电平变化的最小电压，它等于 ADC 的最小量化电平，即

$$2V_{min} = Q \quad \text{或} \quad V_{min} = \frac{1}{2} Q \tag{3-4}$$

相应的功率为：

$$P_{min} = \frac{1}{2} V_{min}^2 = \frac{1}{8} Q^2 \tag{3-5}$$

其动态范围（DR）为 P_{max} 与 P_{min} 的比值，即

$$DR = P_{max} / P_{min} = 2^{2b} \tag{3-6}$$

用分贝数表示为

$$DR = 10 \lg\left(P_{max}/P_{min}\right) = 20b \lg 2 \approx 6b \, (\text{dB}) \tag{3-7}$$

由此可见，ADC 每增加 1 位，其动态范围增加 6 dB。如果要求接收机的动态范围为 70 dB，则选用 ADC 的位数至少为 12 位。

（2）按 ADC 的量化噪声确定其动态范围。ADC 在对模拟信号量化时，总是存在量化误差（用 x 表示）。因为量化误差 x 是单位量化电平 Q 中的任意值，可假设误差概率在量化电平 Q 中是均匀分布的，因此量化误差概率密度函数的幅度是 $1/Q$。量化噪声功率可以由下式导出：

$$N_b = \frac{1}{Q} \int_{-Q/2}^{Q/2} x^2 \mathrm{d}x = \frac{Q^2}{12} \tag{3-8}$$

ADC 的最大信号功率已由式（3-3）导出，于是可以得到最大信噪比为：

$$\left(\frac{S}{N}\right)_{max} = \frac{P_{max}}{N_b} = \frac{3}{2} \times 2^{2b} \tag{3-9}$$

参数 N_b 有时用作接收机的灵敏度，因此式（3-9）可以看作由量化噪声确定的动态范围，若用分贝数表示，则为：

$$DR = 10 \lg\left(\frac{P_{max}}{N_b}\right) = 10 \lg\left(\frac{3}{2} \times 2^{2b}\right) = 1.76 + 6b \, (\text{dB}) \tag{3-10}$$

量化噪声既影响接收机的灵敏度，又影响动态范围。在 ADC 输入电平变化范围一定的情况下，增加 ADC 的位数，既可以减小量化噪声，又可增大动态范围。

以上是在输入信号与 ADC 电平匹配的情况下得到的。如果不匹配，会出现两种情况：一种是输入信号电平大于 ADC 的最大量化电平，此时会引起信号被限幅；另一种是输入信号最大电平小于 ADC 的最大量化电平，此时只能输出部分位数，实际的动态范围会变小。所以在实际应用中，必须注意电平的匹配问题。

除以上讨论的采样频率和分辨率外，ADC 的非线性也是一个重要指标。非线性会导致 ADC 的寄生输出，也是影响接收机动态范围的一个因素；因此，应尽量选择线性度好的 ADC 器件。

3.2.2　数字频谱分析

信号的数字频谱分析是用离散傅里叶变换（DFT）实现的。DFT 在数字域对信号进行分析，且对任何类型的数字化输入数据都能进行运算，所以其应用不受限制。但是，DFT 只能

给出近似解。一般来说，采样时间越长，其运算结果与傅里叶变换的理论运算结果越逼近。DFT 目前已被广泛用于信号的数字频谱分析。

设采样数据 $x(n)$ 的长度为 N，则 DFT 的运算公式如下：

$$X(K) = \sum_{n=0}^{N-1} x(n) \mathrm{e}^{-\mathrm{j}\frac{2\pi}{N}nK} \tag{3-11}$$

$$x(n) = \frac{1}{N} \sum_{n=0}^{N-1} X(K) \mathrm{e}^{\mathrm{j}\frac{2\pi}{N}nK} \tag{3-12}$$

式（3-11）为 DFT 的正变换，式（3-12）为逆变换。

若用 $W_N = \mathrm{e}^{-\mathrm{j}\frac{2\pi}{N}}$ 代入式（3-11）和式（3-12），可以分别得到：

$$X(K) = \sum_{n=0}^{N-1} x(n) \cdot W_N^{nK} \tag{3-13}$$

$$x(n) = \frac{1}{N} \sum_{n=0}^{N-1} X(K) \cdot W_N^{-nK} \tag{3-14}$$

时域采样函数 $x(n)$ 和频域函数 $X(K)$ 都是离散数据。若采样频率为 f_s，则采样间隔为 $T_s = 1/f_s$，当采样数据长度为 N 时，经 DFT 运算，得到 N 点的频谱数据，其频率分辨率（谱线间隔）为 $\Delta f = f_s/N$。

在数据长度为 N 的情况下，DFT 的运算量与 N^2 成正比。当 N 很大时，其运算量非常大，使信号的处理时间很长，从而制约了 DFT 的应用。快速傅里叶变换（FFT）是 DFT 的快速算法，它根据 DFT 运算数据的周期性、对称性等特点，对 DFT 的算法进行了简化，大大减小了运算量（与 $N\log_2 N$ 成正比），使信号的实时处理成为可能，所以在实际用于信号处理时，一般都采用 FFT。

应用中，需要注意 DFT 的如下重要性质：

1. DFT 的非模糊带宽

若模拟信号 $x(t)$ 的频谱如图 3-2（a）所示，则用采样频率 $f_s = 2f_{max}$ 对 $x(t)$ 进行 N 点取样后，经 DFT 得到的数字化频谱 $X(K)$ 如图 3-2（b）所示。由于采样满足奈奎斯特定理，所以，$X(K)$ 中不存在频谱的混叠现象。如果 $f_s < 2f_{max}$，则必然产生频谱混叠。显然，不产生频谱混叠的输入信号带宽不大于 $f_s/2$。基于此，在不考虑带通采样这种特殊情况下，实信号的 DFT 非模糊带宽为 $f_s/2$。

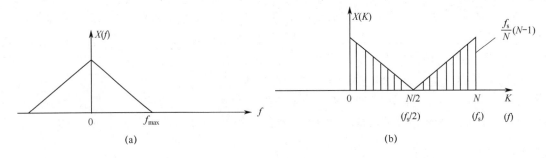

图 3-2 信号频谱

但是，当输入信号为复信号时，DFT 的非模糊带宽会扩展到 f_s。这可以从复信号的频谱结构加以解释。设复信号 $x(t) = \mathrm{e}^{\mathrm{j}2\pi f_0 t}$，可以表示为 $x(t) = \cos(2\pi f_0 t) + \mathrm{j}\sin(2\pi f_0 t)$。已知

$$F\left(\cos 2\pi f_0 t\right) = \left[\delta(f - f_0) + \delta(f + f_0)\right]/2$$
$$F\left(\sin 2\pi f_0 t\right) = -\mathrm{j}\left[\delta(f - f_0) - \delta(f + f_0)\right]/2 \tag{3-15}$$

则可以得到：

$$F\left[x(t)\right] = F\left[\cos(2\pi f_0 t) + \mathrm{j}\sin(2\pi f_0 t)\right] = F\left[\cos(2\pi f_0 t)\right] + \mathrm{j}F\left[\sin(2\pi f_0 t)\right] = \delta(f - f_0) \tag{3-16}$$

可见，复信号的频谱只包含正频域的频谱。对复信号进行采样，只要采样频率大于信号带宽即可。

2. 时间不匹配所引起的频谱泄漏

下面以正弦信号 $x(t) = A\sin(2\pi f_0 t)$ 为例，说明因时间不匹配而引起的频谱泄漏问题。当以采样间隔 $T_s = 1/f_s$ 对 $x(t)$ 进行 N 点采样时，相当于对 $x(t)$ 加了一个宽度为 $T = NT_s$ 的矩形时间窗口。

如果采样时长 T 与被采样信号在时间上是匹配的，即 T 是正弦信号周期的整倍数，如图 3-3（a）所示，则经 DFT 之后，得到的数字化频谱是两个峰值，如图 3-3（b）所示，此时不存在频谱的泄漏。在满足奈奎斯特采样定理的条件下，对应 K_1 的频谱峰值代表了信号的真实频率。从时域来看，就是 N 点采样信号的周期延拓是连续的。

如果采样时长 T 与被采样信号不匹配，如图 3-3（c）所示，则 N 点采样信号的周期延拓不再连续。这种急剧变化的不连续性，使得数字化频谱出现许多频谱分量，如图 3-3（d）所示，这种现象称为频谱泄漏。在时域上对信号加矩形窗口，等效于在频域上用信号的频谱函数与抽样函数 $\mathrm{Sa}(x)$ 进行卷积。频谱泄漏就是信号频率分量有一部分泄漏到抽样函数的旁瓣上。由此可见，频谱泄漏是由于在时间上对信号加窗而造成的。在时间匹配的情况下不产生频谱泄漏，其原因在于：泄漏的频谱分量正好落在抽样函数的零点上。

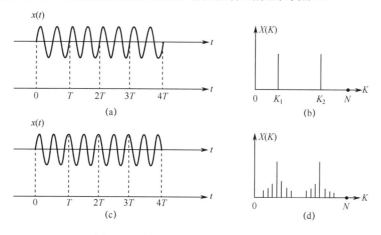

图 3-3　时间不匹配所引起的频谱泄漏

在实际应用中，由于采样频率 f_s 和采样点数 N 一般是事先确定的，因此采样时长与信号一般都不匹配，必然会造成频谱泄漏。若泄漏频谱幅度较大，会引起接收机动态范围的减小。为了减小频谱泄漏，一般对被采样信号进行加权，这将在 3.3 节进行讨论。

3. 频域采样所带来的栅栏效应

DFT 是对单位圆上 Z 变换的均匀采样，当利用 DFT 进行数字频谱分析时，得到的仅仅是

信号连续频谱的有限个样本点，而其他部分频谱分量会被挡住，造成丢失，就像通过栅栏观察频谱一样，因而这种现象称为栅栏效应。

不管是时域采样还是频域采样，都会有相应的栅栏效应。只是当时域采样满足奈奎斯特采样定理时，信号能够被不失真地恢复，栅栏效应不会有什么影响；而频域采样的栅栏效应影响较大，丢失的频率成分有可能是具有特征的成分。例如：当目标频率未能落在频域采样点上，而是落在两个频域采样点之间时，通过 DFT 不能直接得到该频率的准确值，而只能以邻近的频域采样值来近似，甚至会丢失该目标频率，这就会显著降低频谱分析精度。

减小栅栏效应可通过提高采样间隔（即频率分辨率）的方法来解决。采样间隔越小，频率分辨率越高，则被"挡住"或丢失的频率成分就会越少；但会增加采样点数，使运算工作量增加。通过增加有效数据的长度，能够提高物理分辨率，增强 DFT 对相邻频率成分的真实分辨能力。另外，也可以通过在有效数据后补零的方式来提高分辨率，不过这样提高的是"视在"分辨率，只是把频谱画得更密一些，并不能得到更多的频谱真实细节。

3.2.3 DFT（FFT）的几种应用方式

在通信对抗侦察中，频谱分析主要有两种情况：一是利用 DFT 分析窄带内单个调制信号的频谱；二是在一个频段内分析不同载频信号的频域分布情况。实际应用中，根据不同的条件和要求，DFT（FFT）可以有不同的应用方式，下面介绍几种常用的应用方式。

1. FFT 的流水线处理

在对模拟信号进行采样和数字频谱分析时，常用的处理方式是：首先一帧一帧地截取采样数据，每帧数据长度都为 N（采集时间约为 NT_s）；然后依次对各帧数据分别进行 FFT。这种处理方式通常称为离散短时傅里叶变换（DSTFT），它能够反映信号频谱成分随时间的变化情况。

在进行 DSTFT 处理时，多帧数据可以有不同的采集方式，图 3-4 所示给出了 4 种。其中：（a）表示后一帧数据比前一帧向后移动 1 位，若第一帧数据为 0～(N–1)，则第二帧、第三帧依次为 1～N 及 2～(N+1)，因相邻两帧数据只相差 1 位，被认为是 100%重叠；（b）表示相邻两帧数据有 50%的重叠；（c）为零重叠，但无信息遗漏；（d）表示有信息遗漏的情况（图中为遗漏 50%）。

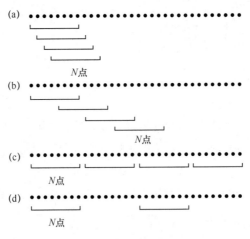

图 3-4　时域数据流

流水线处理方式是基于短时傅里叶变换实现的，它在信号处理中有着广泛的应用。例如，在频段内用于搜索信号，一般是将侦察频段（如 20~1000 MHz）分成若干分频段，在一个分频段采样 1 帧数据并送 FFT 处理，立刻转换到下一个分频段采样。如果分频段的转换时间小于 1 个采样间隔（T_s），则可以做到零重叠采样。在高速采样的情况下，FFT 的处理时间比采样间隔大得多，所以，需要用多个 FFT 模块进行处理，处理的结果再依次送入后处理模块做进一步处理。只要 ADC 和 FFT 的工作速度足够高，分频段转换速度足够快，这种流水线处理方式就可以获得很高的频率搜索速度。用这种方式搜索截获跳频信号，是一种有效的方式。

2. FFT 的并行处理

如上所述，在模拟信号经 ADC 采样后进行实时 FFT 处理时，往往会遇到的情况是 ADC 的工作速度高于 FFT 芯片的处理速度，采样数据来不及进行实时的 FFT 处理，此时可以采用多个 FFT 芯片并行处理的方式加以解决。

设 ADC 一帧的采样数据为 $x(n)$，共有 N 个点，$n=0,1,2,\cdots,(N-1)$；将 N 个点分成 R 组，组的序号为 $i=0,1,2,\cdots,(R-1)$；每组有 M 个点，序号记为 $m=0,1,2,\cdots,(M-1)$。则数据点 n 可以表示为：

$$n = mR + i \tag{3-17}$$

以上分组可以通过对 $x(n)$ 的数据进行抽取得到。

下面对抽取和运算举例说明。设 $N=128$，分为 4 组（$R=4$），每组有 32 个数据点（$M=32$），则数据的分组结构如图 3-5 所示。在一个组内的数据用 $x_i(m)$ 表示，由图 3-5 可以看出 $x_i(m)$ 和 $x(n)$ 有以下关系：

当 $i=0$ 时，

$$x_0(0)=x(0), x_0(1)=x(4), x_0(2)=x(8), \cdots, x_0(31)=x(124) \tag{3-18}$$

当 $i=1$ 时，

$$x_1(0)=x(1), x_1(1)=x(5), x_1(2)=x(9), \cdots\cdots, x_1(31)=x(125) \tag{3-19}$$

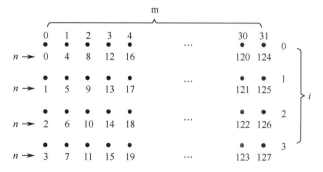

图 3-5　数据分组示意图

其他组依此类推。对以上 4 组数据分别进行 DFT，其结果为：

$$X_i(K') = \sum_{m=0}^{M-1}\left[x_i(m)\mathrm{e}^{-\mathrm{j}\frac{2\pi}{M}K'm} \right] \tag{3-20}$$

对每一组数据而言，采样间隔增大为 $x(n)$ 的 R 倍（$R=4$），相当于采样频率降低为 f_s/R，只要 f_s/R 小于 FFT 芯片的最高工作频率，就可以进行处理。

因为要求输出的是 $x(n)$ 的频谱，所以，需将各组的输出频谱进行合并，可以按下式进行计算：

$$X(K) = \frac{1}{R}\sum_{i=0}^{R-1}\left[X_i(K')\mathrm{e}^{-\mathrm{j}\frac{2\pi}{N}Ki}\right] \tag{3-21}$$

应当注意，式（3-21）中 K 的变化范围是 $0\sim(N-1)$。K' 与 K 的关系为：

$$K' = K\,\mathrm{mod}\,M \tag{3-22}$$

式中，$K\,\mathrm{mod}\,M$ 表示 K/M 的余数。例如，若 $K=68$，$M=52$，则 $K/M=68/32=2+4/32$，余数即为 4，也就是 $K'=68\mathrm{mod}32=4$。这样，同一个 K' 值可以对应不同的 K 值，例如：$K=2$，则 $K'=2\mathrm{mod}32=2$，故得到：

$$X(2) = \frac{1}{4}\sum_{i=0}^{3}\left[X_i(2)\mathrm{e}^{-\mathrm{j}\frac{2\pi}{128}\times 2i}\right] \tag{3-23}$$

若 $K=34$，则 $K'=34\mathrm{mod}32=2$，可以得到：

$$X(34) = \frac{1}{4}\sum_{i=0}^{3}\left[X_i(2)\mathrm{e}^{-\mathrm{j}\frac{2\pi}{128}\times 34i}\right] \tag{3-24}$$

上述 FFT 并行处理的方式，以增加 FFT 芯片的数量为代价，换取 FFT 输入数据率的降低，从而解决 FFT 工作速度低于 ADC 速度的矛盾。这种并行处理方式，除了进行 FFT 运算外，还要进行一次各组 FFT 结果的合并运算，总的运算量不一定小于 N 点 FFT 的运算量。

3. FFT 的补零运算

既然补零运算可以提升 FFT 的"视在"分辨率，那么当需要对信号的数字频谱进行更为精细的分析时，也可以采用 FFT 的补零运算。这种方法也称为零点插补法，它是在 N 个数据点之后，添补若干零数据点，然后再进行 FFT 运算。

例如，在 N 个数据点之后，添补 N 个零点，进行 FFT 运算的结果如下：

$$X(K) = \sum_{n=0}^{2N-1}x(n)\mathrm{e}^{-\mathrm{j}\frac{2\pi}{2N}Kn} \tag{3-25}$$

在式（3-25）中，因为是对 $2N$ 个点进行 FFT 运算，故 K 的变化范围是 $0\sim(2N-1)$，共得到 $2N$ 个频谱数据点，比 N 点 FFT 增加了 1 倍。

又因为式（3-25）中 $x(N)=x(N+1)=\cdots=x(2N-1)=0$，所以该式也可以写成：

$$X(K) = \sum_{n=0}^{N-1}\left[x(n)\mathrm{e}^{-\mathrm{j}\frac{2\pi}{2N}Kn}\right] \tag{3-26}$$

需要注意：式（3-26）中 K 的取值范围仍然是 $0\sim(2N-1)$。

只考虑谱线的偶数部分，将 $K=2\tilde{K}$（$\tilde{K}=0,\cdots,N-1$）代入式（3-26），可以得到：

$$X(\tilde{K}) = \sum_{n=0}^{N-1}\left[x(n)\mathrm{e}^{-\mathrm{j}\frac{2\pi}{N}\tilde{K}n}\right] \tag{3-27}$$

可见，谱线的偶数部分与直接对 $x(n)$ 进行 N 点 FFT 所得到的结果相同，补零的结果只是在谱线的奇数分量处提供了内插值。另外，在补零之后，时域数据点的间隔 T_s 并没有改变，因此谱线间隔为 $\Delta f = f_\mathrm{s}/(2N)$；与 N 点 FFT 比较，谱线间隔减小了一半，能够提供更为精细的频谱细节。

3.3 数字滤波

滤波一般用于减小畸变和噪声的影响，以提取有用信号；数字滤波则是在数字域实现滤波功能。

3.3.1 数字滤波基础

1. 数字滤波器

数字滤波器的传输函数 $H(Z)$ 可以表示为：

$$H(Z) = \frac{\sum_{i=0}^{N} a_i Z^{-i}}{1 - \sum_{i=0}^{N} b_i Z^{-i}} \tag{3-28}$$

且与滤波器的单位脉冲响应 $h(n)$ 构成 Z 变换对，即

$$H(Z) = \mathcal{Z}[h(n)] \tag{3-29}$$

$$h(n) = \mathcal{Z}^{-1}[H(Z)] \tag{3-30}$$

若数字滤波器输入和输出分别为 $x(n)$ 和 $y(n)$，则：

$$y(n) = x(n) * h(n) \tag{3-31}$$

式（3-28）所表达的运算可以用差分方程来表示：

$$y(n) = \sum_{i=0}^{N} a_i x(n-i) + \sum_{i=0}^{N} b_i y(n-i) \tag{3-32}$$

滤波器的特性（低通、高通、带通、带阻）则取决于该表达式中的系数 $a_i(i = 0 \sim N)$ 和 $b_i(i = 1 \sim N)$。

按照式（3-32）可以画出数字滤波器的结构（如图 3-6 所示），这种结构包含有反馈环路，称为递归型结构。递归型结构的一个重要特点，是滤波器的单位脉冲响应具有无限长的持续时间，而持续时间的无限延续是因反馈引起的。正是因为递归型滤波器的上述特点，而称之为无限长单位脉冲响应（IIR）滤波器。

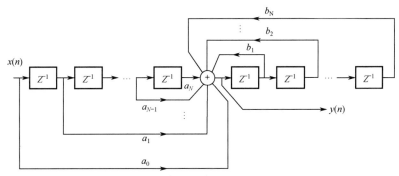

图 3-6　递归型数字滤波器结构

在式（3-28）中，若 $b_i = 0 \ (i = 1 \sim N)$，可以得到：

$$H(Z) = \sum_{i=0}^{N} a_i Z^{-i} \tag{3-33a}$$

因 $H(Z)$ 是 $h(n)$ 的 Z 变换，故式（3-33a）也可以表示为：

$$H(Z) = \sum_{n=0}^{N-1} h(n)Z^{-n} \qquad (3\text{-}33\text{b})$$

这是有限长序列的 Z 变换，它所对应的差分方程为：

$$y(n) = \sum_{n=0}^{N-1} h(i)x(n-i) \qquad (3\text{-}34)$$

根据式（3-34）画出的滤波器结构如图 3-7 所示。这是一种横向延时线滤波器结构，它不包含反馈环路，属于非递归型结构。这种结构对应的是卷积运算，也称卷积型结构。这种滤波器的单位脉冲响应 $h(n)$ 是一个有限长序列，具有这种特点的滤波器称为有限长单位脉冲响应（FIR）滤波器。IIR 滤波器和 FIR 滤波器是数字滤波器的两种基本类型，其设计方法和特点存在很大的差异。

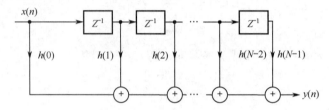

图 3-7　横向滤波器结构

2. FIR 滤波器的主要特点

（1）FIR 滤波器采用非递归型结构，不存在反馈环路，不论在理论上还是在实际的有限精度运算中，都不存在稳定性问题，而且运算误差较小。

（2）在 $h(n)$ 为实数且满足对称条件

$$h(n) = h(N-1-n) \qquad (3\text{-}35)$$

或者

$$h(n) = -h(N-1-n) \qquad (3\text{-}36)$$

的情况下，能获得严格的线性相位特性。在实际应用中，很多情况都要求滤波器具有线性相位特性。

滤波器的频率特性可以用 Z 平面单位圆上的 Z 变换表示，即令 $Z = e^{j\omega}$，代入式（3-33b）得到：

$$H(e^{j\omega}) = \sum_{n=0}^{N-1} h(n)e^{-jn\omega} \qquad (3\text{-}37)$$

在偶对称的条件下，可以得到：

$$H(e^{j\omega}) = \sum_{n=0}^{N-1} h(n)\, e^{-jn\omega} = \sum_{n=0}^{N-1} h(N-1-n)e^{-jn\omega} \qquad (3\text{-}38)$$

令 $m=N-1-n$，代入式（3-38），可得：

$$H(e^{j\omega}) = \sum_{m=0}^{N-1} h(m)e^{-j(N-1-m)\omega} = e^{-j(N-1)\omega} \sum_{m=0}^{N-1} h(m)e^{-jm\omega} \qquad (3\text{-}39)$$

将 m 用 n 代替，式（3-39）可改写为：

$$H(e^{j\omega}) = e^{-j(N-1)\omega} \sum_{n=0}^{N-1} h(n)e^{-jn\omega} \qquad (3\text{-}40)$$

由式（3-37）和式（3-40）可得：

$$H\left(e^{j\omega}\right) = \frac{1}{2}\sum_{n=0}^{N-1} h(n)\left[e^{-jn\omega} + e^{-j(N-1)\omega} \cdot e^{jn\omega}\right] \tag{3-41}$$

整理后得到：

$$H\left(e^{j\omega}\right) = e^{-j\omega\frac{(N-1)}{2}}\sum_{n=0}^{N-1} h(n)\cos\left[\omega\left(n - \frac{N-1}{2}\right)\right] \tag{3-42}$$

因为式（3-42）中求和部分为实数，所以滤波器的相位为：

$$\varphi(\omega) = -\omega\left(\frac{N-1}{2}\right) \tag{3-43}$$

可见，滤波器的相位与频率之间具有严格的线性关系。

在奇对称的条件下，同理可以推导出 FIR 滤波器的频率特性表达式为：

$$H\left(e^{j\omega}\right) = e^{-j\left[\omega\frac{(N-1)}{2} + \frac{\pi}{2}\right]}\sum_{n=0}^{N-1} h(n)\sin\left[\omega\left(n - \frac{N-1}{2}\right)\right] \tag{3-44}$$

其相位表达式为：

$$\varphi(\omega) = -\omega\left(\frac{N-1}{2}\right) - \frac{\pi}{2} \tag{3-45}$$

可以看出：在奇对称的条件下，$\varphi(\omega)$ 除了随频率线性变化外，还对信号产生 π/2 的固定相移。对所有频率产生±π/2 相移的变换称为信号的正交变换，它在信号处理中有十分重要的应用。由此可见，$h(n)$奇对称的 FIR 滤波器也是一个具有严格线性相位特性的正交变换网络。

（3）FIR 滤波器设计灵活，容易满足不同性能的要求。它一般没有封闭函数的设计公式，而是用计算机辅助设计。

（4）在要求滤波器具有很高的性能时，需要滤波器的阶数很高（N 值很大）。由式（3-43）和式（3-45）可以看出：滤波器引起的延迟时间为(N−1)/2 个采样周期，N 值增大，滤波器对信号的延迟增大。

3. IIR 滤波器的主要特点

（1）IIR 滤波器为递归型结构，设计时要充分注意其稳定性；如果 Z 平面单位圆外出现极点，IIR 滤波器将变为不稳定系统。另外，由于运算过程中对序列的四舍五入处理，有时会引起微弱的寄生振荡。

（2）IIR 滤波器的相位特性是非线性的，滤波器的选择性越高，则相位的非线性越严重。如果需要得到线性相位特性，必须加全通网络进行相位校正，这会大大增加滤波器的节数和复杂性。

（3）在设计 IIR 滤波器时，可以借助于模拟滤波器的成果，设计工作量较小；既可以人工设计，也可以利用计算机辅助设计。

（4）在 IIR 滤波器与 FIR 滤波器具有相同的选择性时，前者的阶数比后者低，且所需的存储空间小，运算量小，是一种经济、高效的滤波器。

3.3.2　窗函数加权

如前所述，由于采样时长与信号不匹配会造成频谱泄漏，一般处理方法是对被采样信号进行窗函数加权。另外，在滤波器设计时，需要利用窗函数对无限长的滤波系数进行加权截断。因此，本节所述窗函数加权内容主要可分为两部分：一是 FIR 滤波器设计；二是数字频谱分析。

1. 常用窗函数及其特性

常用的窗函数如下：

（1）矩形窗：

$$w(n) = R_N(n) = \begin{cases} 1, & 0 \leqslant n \leqslant N-1 \\ 0, & \text{其他} \end{cases}$$

（2）三角形窗：

$$w(n) = \begin{cases} \dfrac{2n}{N-1}, & 0 \leqslant n \leqslant \dfrac{N-1}{2} \\ 2 - \dfrac{2n}{N-1}, & \dfrac{N-1}{2} \leqslant n \leqslant N-1 \end{cases}$$

（3）汉宁窗：

$$w(n) = \frac{1}{2}\left[1 - \cos\frac{2\pi n}{N-1}\right] R_N(n)$$

（4）海明窗：

$$w(n) = \left[0.54 - 0.46\cos\frac{2\pi n}{N-1}\right] R_N(n)$$

（5）布莱克曼窗：

$$w(n) = \left[0.42 - 0.5\cos\frac{2\pi n}{N-1} + 0.08\cos\frac{4\pi n}{N-1}\right] R_N(n)$$

（6）凯塞窗：

$$w(n) = \frac{I_0\left(\beta\sqrt{1 - \left(1 - \dfrac{2n}{N-1}\right)^2}\right)}{I_0(\beta)} R_N(n)$$

式中：$I_0(\cdot)$ 表示第一类变形零阶贝塞尔函数；

$$\beta = \begin{cases} 0.1102(\alpha - 8.7), & \alpha > 50 \\ 0.5482(\alpha - 21)^{0.4} + 0.07886(\alpha - 21), & 21 \leqslant \alpha \leqslant 50 \\ 0, & \alpha < 21 \end{cases}$$

其中 α 是凯塞窗的主瓣与旁瓣的差值（dB）。β 是窗函数的形状参数；β 值越大，则主瓣越宽，旁瓣越小。

常用窗函数特性如表 3-1 所示。

表 3-1　常用窗函数特性

窗 函 数	窗谱性能指标		加窗后滤波器性能指标	
	旁瓣峰值/dB	主瓣宽度/（2π/N）	过渡带宽/（2π/N）	阻带最小衰减/dB
矩形窗	−13	2	0.9	−21
三角形窗	−25	4	2.1	−25
汉宁窗	−31	4	3.1	−44
海明窗	−41	4	3.3	−53
布莱克曼窗	−57	6	5.5	−74
凯塞窗（β=7.865）	−57	—	5	−80

2. 窗函数加权用于 FIR 滤波器设计

设计 FIR 滤波器常用的一种方法是窗口法，它的设计思路是：首先确定欲设计滤波器的理想频率响应 $H_d\left(e^{j\omega}\right)$，再利用傅里叶反变换求出理想的单位脉冲响应，即

$$h_d(n) = \frac{1}{2\pi} \int_0^{2\pi} H_d\left(e^{j\omega}\right) e^{j\omega} d\omega \qquad (3\text{-}46)$$

根据 $h_d(n)$ 设计出 FIR 滤波器显然是理想的，但实际上做不到；因为 FIR 滤波器的单位脉冲响应 $h(n)$ 是一个有限长序列，而根据式（3-46）得到的 $h_d(n)$ 往往是无限长序列，而且是非因果的。为了得到有限长序列 $h(n)$，需用时间窗 $W(n)$ 对 $h_d(n)$ 进行截取。如果窗口宽度为 NT_s（T_s 为采样间隔），则可以截取到长度为 N 的序列 $h(n)$，即

$$h(n) = h_d(n) \cdot W(n) \qquad (3\text{-}47)$$

这样，就能用 $h(n)$ 去逼近 $h_d(n)$，设计出的滤波器频响 $H(e^{j\omega})$ 也能逼近理想频率响应 $H_d(e^{j\omega})$。选用的窗函数不同，所得到的滤波器频率响应也会有所差异（见表 3-1）。以矩形窗为例，设理想低通的频率特性 $H_d(\omega)$ 如图 3-8（a）所示。矩形窗 $R_N(n)$ 的频率响应 $W(\omega)$ 近似于抽样函数 $\mathrm{Sa}(x) = (\sin x)/x$ 的形状 [见图 3-8（b）]，则滤波器的频率特性为二者的卷积，即 $H(\omega) = H_d(\omega) * W(\omega)$，如图 3-8（c）所示。

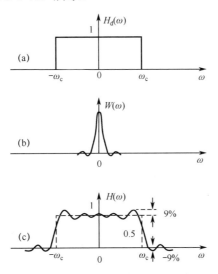

图 3-8　矩形窗截取的频率特性

比较 $H(\omega)$ 与 $H_d(\omega)$，可以看出二者的差异：

（1）$H(\omega)$的边沿出现了过渡带。显然，所用窗函数的主瓣宽度越宽，$H(\omega)$的过渡带也就越宽。

（2）$H(\omega)$中存在起伏振荡，这种现象称为吉布斯（Gibbs）效应。如果增大窗口宽度，只会使起伏振荡的频率升高，而不会改变起伏振荡的相对幅度。

窗函数加权用于改善 FIR 滤波器的性能时，主要考虑的因素是滤波器的阻带衰减和过渡带宽。为了获得大的阻带衰减，加权窗函数频率响应的旁瓣要尽量小。从减小滤波器的过渡带宽出发，希望窗函数频率响应的主瓣要窄。但对窗函数的上述两个要求往往是互相矛盾的，因此通常需要折中考虑。另外，增加滤波器系数的数目 N 是减小过渡带的一条有效途径，但付出的代价是增加滤波器的复杂性和运算量。

3. 窗函数加权用于数字频谱分析

如前所述，因采样周期与被采样信号在时间上不匹配，会引起频谱泄漏，并且这种泄漏事实上是不可避免的。当直接对 N 点采样数据进行 DFT 时，等效于进行了窗口宽度为 N 的矩形窗加权。而矩形窗的频谱最大旁瓣比主瓣约低 13 dB，这相当于在进行数字频谱分析时，使接收机的动态范围减小到 13 dB。这样造成的不良影响表现在：

（1）弱信号会被邻近频率强信号的旁瓣所"淹没"，从而造成漏检；

（2）在频段内进行谱分析时，旁瓣泄漏频谱出现在邻近无信号的信道上而造成虚警。

对于侦察接收机而言，如此低的动态范围（13 dB）是不能容许的。因此，需要采用别的窗函数加权，使得旁瓣尽可能低。当然，这会带来主瓣展宽的后果而影响数字频谱分析的频率分辨率。

上述频谱泄漏是从频域来看的，从时域来看，若采样周期与被采样信号在时间上不匹配，就表现为周期延拓信号在加权窗口边缘处产生急剧的不连续的变化。因此，相应的解决办法就是采用使得窗口边缘的信号不连续性减小的窗函数，如图 3-9 所示。

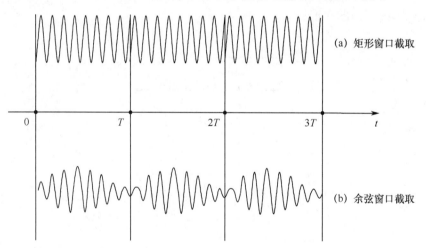

图 3-9　窗口边缘处信号的不连续性

窗函数加权用于数字频谱分析时，主要的要求是：使信号在窗口的边缘为零，以减小信号截断所产生的不连续性；同时，信号经加权处理后，不应丢失太多的信息。

3.4　频率信道化

一般，通信电台都会占有具有固定间隔的多个信道。例如，f=30~90 MHz 的 VHF 电台，信道间隔大多为 25 kHz，也有的为 12.5 kHz。当采用全景显示搜索接收机在上述频段内进行频率搜索时，截获到的信号频率应当在符合上述间隔的信道上。

常用的数字信道化技术就是 FFT 算法。在进行频段内频率搜索时，时域采样数据 $x(n)$ 经过 FFT 后便可以得到数字化频谱 $X(K)$，根据 $X(K)$ 就可以判定在哪些信道上有信号出现。但是，必须考虑的一个问题是 $X(K)$ 频谱与信道的匹配问题；因为 N 点 FFT 得到的频率间隔为 $\Delta f = f_s/N$，只有 Δf 与信号的信道间隔相匹配时，$X(K)$ 才能正确反映出现的信号频率。综上，频率信道化是指，用 DSP 技术产生的数字化频谱要与信号的信道相匹配。

3.4.1　用 FFT 直接实现频率信道化

当信号的信道间隔为 ΔF，采样频率为 f_s，采样数据 $x(n)$ 的长度为 N 时，经 FFT 后的频率间隔为 $\Delta f = f_s/N$，只要 $\Delta f = \Delta F$，即可用 FFT 的结果 $X(K)$ 来反映搜索频段内信号频率的分布情况。在实现时，进行 FFT 之前要用窗函数对 $x(n)$ 做加权处理，以减小产生的旁瓣。这就是用 FFT 直接实现频率信道化。

当 $x(n)$ 为实数数据时，FFT 的非模糊带宽为 $f_s/2$，所以，FFT 能建立的有效信道数为 $N/2$。若 $x(n)$ 为复数数据，则可以建立 N 个有效信道。

FFT 将输入的串行时域数据 $x(n)$ 变换为 N 个并行的频率数据 $X(K)$，相当于用 N 个并行的滤波器将 $x(n)$ 中的 N 个频率成分区分开来。因此，也可以用滤波器组的概念来理解 FFT。下面以单频信号为例来说明这种滤波作用。

设 $x(t)$ 是频率为 f_1 的单频信号，经采样得到 $x(n)$。从 $x(n)$ 中取出 N 个数据点 $x_N(n)$，相当于具有 N 个等系数的矩形时间窗 $W_N(\omega)$ 与 $x(n)$ 相乘，即

$$x_N(n) = x(n) \cdot W_N(\omega) \tag{3-48}$$

因此，$x_N(n)$ 的频谱等于 $x(n)$ 的频谱与 $W_N(\omega)$ 频谱函数的卷积，即

$$X_N(\omega) = X(\omega) * W_N(\omega) \tag{3-49}$$

因为 $W_N(\omega)$ 近似为 $(\sin x)/x$ 函数的形状，与单频 f_1 卷积得到的数字化频谱幅度分布如图 3-10（b）所示。因为频谱的泄漏，除了主频谱 f_1 外，还存在泄漏分量 $(f_1 \pm f_s/N)$、$(f_1 \pm 2f_s/N)$……如果采样周期与信号周期是匹配的，则 f_1 会落在 $(\sin x)/x$ 函数主瓣的中央，即 $f_1 = K_1 \cdot f_s/N$，泄漏分量刚好都落在 $(\sin x)/x$ 函数的零点上。由此可见，在采用矩形窗的情况下，对单频信号做 FFT，相当于用 $(\sin x)/x$ 函数形状的滤波器来选择该信号。如果在 $\Delta f = f_s/N$ 的频率间隔上都具有不同频率的单频信号，FFT 就相当于一组并列的滤波器来选择这些信号频率，如图 3-10（c）所示，其中只画出了等效滤波器的主瓣。若用不同的窗函数对 $x(n)$ 加权，则等效滤波器的形状是不同的。

在进行 FFT 运算时，一般都要求 $N = 2^m$（m 为正整数），按上述 $\Delta f = \Delta F$ 的关系，可以得到：

$$N = f_s/\Delta f = f_s/\Delta F = 2^m \tag{3-50}$$

于是，有

$$m = \lg \frac{f_s}{\Delta F} \Big/ \lg 2 \tag{3-51}$$

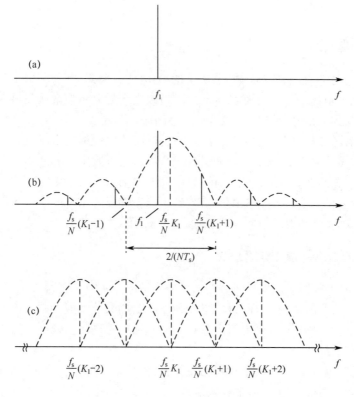

图 3-10 FFT 等效为滤波器组

由此可见，f_s 的选择不仅要满足奈奎斯特采样定理的要求，而且要保证 m 值为正整数。一般，需要保证 FFT 提供的有效信道数不小于搜索频段内的实际信道数。若 FFT 后的频率间隔 Δf 小于信道间隔 ΔF，则 FFT 提供的有效信道数可能会大于实际信道数，这时可以舍弃一部分不用的频率。

3.4.2 相关讨论

1. 频率分辨率和瞬时处理带宽

如果数字接收机利用 FFT 进行频率分析测量，那么频率分辨率 Δf、采样频率 f_s、瞬时处理带宽（中频带宽）B_I、采样间隔 t_s 和 FFT 长度 N 满足下面的关系：

$$\Delta f = \frac{f_s}{N} = \frac{1}{Nt_s} = \frac{(1+r)B_I}{N} \tag{3-52}$$

因此，当采样频率一定时，FFT 长度越长，频率分辨率就越高。而 FFT 长度 N 为

$$N = \frac{(1+r)B_I}{\Delta f} \tag{3-53}$$

可见，FFT 的长度与瞬时处理带宽和频率分辨率有关。在处理带宽一定的情况下，所要求的频率分辨率越高，FFT 长度就越大，完成 FFT 所需的运算时间也就越长。另一方面，为了满足频率搜索速度的要求，在信号处理器能力有限的情况下可能不允许加长处理时间。因此，处理时间与搜索速度、频率分辨率会产生矛盾。要解决这个矛盾，唯一途径是采用并行处理技术。并行处理可以采用并行多通道技术，也可以采用多处理器并行结构。

2. 数字接收机的频率搜索速度和 DSP 处理能力

FFT 的运算速度将会影响搜索接收机的搜索速度，而 FFT 通常利用 DSP 或者 FPGA 实现。下面进一步分析搜索接收机对 DSP 运算速度的要求。

设搜索接收机以中频带宽 B_1 进行搜索，数字接收机利用长度为 N 的 FFT 进行频率分析，系统频率分辨率为 Δf。此时采集 N 点数据的时间，即采样时间为

$$T_s = \frac{N}{f_s} = \frac{1}{\Delta f} \tag{3-54}$$

当数字接收机在瞬时搜索带宽 B_1 上的驻留时间等于采样时间 T_s 时，它达到最高搜索速度，即

$$V_{fmax} = \frac{B_1}{T_s} = B_1 \Delta f \tag{3-55}$$

为了满足上述频率搜索速度的要求，DSP 处理器必须在完成 N 个数据样本采样的时间内，完成 FFT 处理，或者说 DSP 完成 N 点 FFT 处理的时间应该小于或等于采样时间，此时 DSP 能够在 N 个样本的采样时间内完成对瞬时处理带宽 B_1 的 FFT 分析。完成 N 点 FFT 需要进行 $2N \lg N$ 次实数乘加运算，如果 DSP 完成一次实数乘加运算的时间为 t_{ma}，则要求 DSP 的运算速度至少满足

$$(2N \lg N)t_{ma} \leqslant T_s = \frac{1}{\Delta f} \tag{3-56}$$

或者

$$t_{ma} \leqslant \frac{1}{2N(\lg N)\Delta f} \tag{3-57}$$

将 $N = \dfrac{(1+r)B_1}{\Delta f}$ 代入式（3-57），可以得到

$$t_{ma} \leqslant \frac{1}{2(r+1)B_1\left\{\lg\left[(r+1)B_1\right] - \lg \Delta f\right\}} \tag{3-58}$$

一般 $r \leqslant 2$，将 $r=2$ 代入式（3-58），可以得到

$$t_{ma} \leqslant \frac{1}{6B_1\left\{\lg\left(6B_1\right) - \lg \Delta f\right\}} \tag{3-59}$$

对于大多数 DSP，其实数乘加运算的时间正好就是一个指令周期。如果以 MIPS（每秒百万条指令）计算，则对 DSP 的运算速度要求是

$$R_{MIPS} \geqslant 6B_1(21.59 + \lg B_1 - \lg \Delta f) \text{ (MIPS)} \tag{3-60}$$

式中，B_1 以 MHz 为单位，Δf 以 kHz 为单位计算。

下面通过一个例子来说明数字接收机对 DSP 处理速度的要求。

例 3-1 某数字接收机中频带宽为 20 MHz，要求频率分辨率小于 25 kHz，试计算它要求的 DSP 运算速度，估计其最高频率搜索速度。

解 DSP 的运算速度为

$$R_{MIPS} \geqslant 6 \times 20 \times (21.59 + 4.32 - 4.65) = 2551.2 \text{ (MIPS)}$$

最高频率搜索速度为

$$V_{fmax} = 20 \times 10^6 \times 25 \times 10^3 = 500 \text{ (GHz/s)}$$

3. 信道输出检测

对数字信道化输出进行检测和编码后，才能得到信号的频率值。信道检测是对各信道输出进行判决，以判断该信道是否存在信号。

对各信道输出序列的幅度分别进行门限检测：当信道输出幅度超过门限值时，判断该信道有信号。门限检测虽然是简单易行的检测方法，但它只有在输入信噪比较高时才能得到较好的检测性能；当信噪比较低，甚至为负信噪比时，检测性能就会变得很差，应该采用其他高性能的检测方法，如统计检测方法。

完成信道门限检测后，在一个搜索驻留时间内，各信道输出还需按照以下基本准则处理：

（1）当所有信道中只有一个信号存在时，只输出该信道数据，进行频率估计和后续处理。

（2）当所有信道中有两个以上的不相邻信道存在同时到达的信号时，输出这些信道的数据，分别进行频率估计和后续处理。

（3）当相邻两个信道同时有输出，且幅度差异较大（相差 3 dB 以上）时，选择其中幅度最大信道的输出（适用于窄带信号），进行频率估计和后续处理。

（4）当相邻两个以上的信道同时有输出，且幅度基本相同时，则进行信道拼接，而后输出（适用于宽带信号），进行频率估计和后续处理。

（5）当系统指定跟踪某个频率时，优先输出该信道的数据，并进行频率估计和后续处理。

4. 一种改进的频带折叠式数字信道化

为了消除传统频带折叠式信道化存在的固有问题——输出信道模糊（参看 2.6 节），就需要在每个分波段中设检测电路和指示器，而这种方式烦琐且效率不高。数字信号处理理论和硬件技术的不断发展和完善，为信道化接收机减小体积、降低成本提供了新的途径[54,55]。本节已经描述了如何利用 FFT 实现频率信道化，但是该方式应用于传统频带折叠式信道化接收机仍然没有解决输出信道模糊问题。那么，能否通过借助于新型数字信号处理工具，增加新的信息来确定分波段归属呢？下面阐述一种改进的频带折叠式数字信道化接收机。

1）新型信号处理工具——分数傅里叶变换

分数傅里叶变换定义式如下：

$$S_\alpha(u) = F_\alpha[s](u) = \begin{cases} \sqrt{1-\mathrm{j}\cot\alpha}\ \mathrm{e}^{\mathrm{j}\pi u^2 \cot\alpha} \int_{-\infty}^{+\infty} s(t)\mathrm{e}^{\mathrm{j}\pi(t^2\cot\alpha - 2ut\csc\alpha)}\mathrm{d}t, & \alpha \neq n\pi \\ s(u), & \alpha = 2n\pi \\ s(-u), & \alpha = (2n\pm1)\pi \end{cases} \quad (3\text{-}61)$$

式中，α 表示分数傅里叶变换角度，F_α 表示分数傅里叶变换算子。

作为傅里叶变换的广义形式，分数傅里叶变换能够提供信号在介于时域和频域之间的任意角度分数傅里叶域表征，且分数傅里叶变换具有其运算量与 FFT 相当的快速离散算法，已在信号分析与重构、信号检测与参数估计、变换域滤波、语音分析、图像处理、神经网络、模式识别、阵列信号处理以及雷达、通信、声呐中得到了广泛的应用[56,57]。

既然分数傅里叶变换是傅里叶变换的广义形式，且比傅里叶变换多了一个自由参数（即变换角度），就可以考虑采用离散分数傅里叶变换来代替 FFT 实现数字信道化和确定分波段的归属。

根据分数傅里叶域乘性滤波器与扫频滤波器的关系，可以知道变换角度为 α 的离散分数傅里叶变换就是一组扫频速率为 $\cot\alpha$ 的梳状窄带扫频滤波器组，能够实现对不同初始频率而具有同一调频率 $\cot\alpha$ 的信号进行梳状滤波，如图 3-11 所示。与 FFT 对比可知，如果能够将接收到的各频率分量调制成具有同一调频率的线性调频信号分量，就能够利用离散分数傅里叶变换在对应该调频率的分数傅里叶域实现数字信道化。

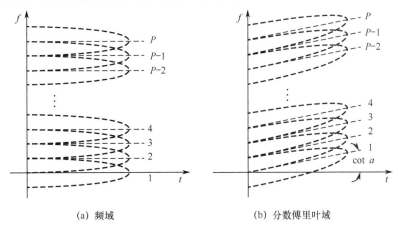

(a) 频域   (b) 分数傅里叶域

图 3-11 梳状滤波示意图

2）原理

设划分的分波段数为 K，分波段频率宽度为 B_K，则第 i 个分波段的本振信号 $c_i(t)$ 应为：

$$c_i(t) = A_i \, \mathrm{e}^{\mathrm{j}2\pi f_i t + \mathrm{j}\pi \mu_i t^2 + \mathrm{j}\varphi_i}, \ t \in [0,T], i = 1,\cdots,K \tag{3-62}$$

式中，f_i、μ_i、φ_i 和 A_i 分别表示第 i 个本振信号的频率、调频率、初始相位和幅度，$f_i=(1-i)B_K$。不失一般性，不妨设各分波段的中心频率依序号升高，且覆盖的实际频率范围从零开始，则有 $\mu_1 < \mu_2 < \cdots < \mu_i < \cdots < \mu_K$。显然，$K$ 个分波段只需设置 $K-1$ 个调频率标志，而第 1 个分波段中心频率最低，因此有 $\mu_1=0$，即第 1 个分波段不需要设置调频率标志，所对应的信道化操作就是零角度离散分数傅里叶变换。

设接收的输入信号含有 N 个频率分量，模型如下：

$$s(t) = \sum_{n=1}^{N} s_n(t) = \sum_{n=1}^{N} A_n \mathrm{e}^{\mathrm{j}(2\pi f_n t + \varphi_n)}, \ t \in [0,T] \tag{3-63}$$

式中，T 为脉冲持续时间，f_n、φ_n 和 A_n 分别表示第 n 个信号的频率、初始相位和幅度。

不妨令 $A_n = A_i = 1$，$\varphi_n = \varphi_i = 0$，则将本振信号和输入信号混频后，得到：

$$\begin{aligned}
x(t) &= s(t) \cdot c(t) = s(t) \cdot \sum_{i=1}^{K} c_i(t) \\
&= \sum_{n=1}^{N} \sum_{i=1}^{K} s_n(t) \cdot c_i(t) \\
&= \sum_{n=1}^{N} \sum_{i=1}^{K} \mathrm{e}^{\mathrm{j}2\pi \left(f_n + (1-i)B_K \right)t + \mathrm{j}\pi \mu_i t^2}
\end{aligned} \tag{3-64}$$

式中，$t \in [0,T]$。从式（3-64）可知，此时的信号分量有 $N \cdot K$ 个，而实际接收信号分量只有 N 个。因此，需要滤除掉多余的 $N \cdot (K-1)$ 个虚假信号分量，即只保留一个 B_K 带宽内的信号分量。

既然混频后的输出信号为线性求和形式，且傅里叶变换为线性变换，那么多分量信号混频后的频谱为各个分量单独混频后的频谱叠加。图 3-12 所示是两分量信号混频后的频谱示意图，

其中信号 $s_1(t)$ 的频率为 $3.5B_K$，$s_2(t)$ 的频率为 $2.5B_K$，$K=4$。从图 3-12 可以看出，$s_1(t)$ 和 $s_2(t)$ 混频后落在通带 $(0, B_K)$ 内的分别是与 $c_4(t)$、$c_3(t)$ 的混频分量。虽然这两个混频分量的初始频率相同，但是二者的调频率不同，因此可以用调频率来区分 $s_1(t)$ 和 $s_2(t)$。也就是说，只要 μ_3 和 μ_4 取值恰当，$s_1(t)$ 和 $s_2(t)$ 的分数傅里叶谱峰就会分别出现在变换角度为 α_3 和 α_4 的分数傅里叶域内，其中 α_3 和 α_4 分别对应于 μ_3 和 μ_4，即 $\mu_3 = \cot\alpha_3$，$\mu_4 = \cot\alpha_4$。

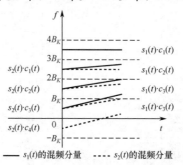

图 3-12　两分量信号混频后的频谱示意图

后续处理是数字信道化，而对于复信号来说，采样后的非模糊带宽是 f_s（f_s 为采样频率）。因此，为充分利用非模糊带宽，可设

$$B_K = f_s \tag{3-65}$$

则相应的滤波通带应该是 $(0, f_s)$。显然，通过上述低通滤波器后的输出应为：

$$x_F(t) = \sum_{n=1}^{N} x_{F,n}(t) = \sum_{n=1}^{N} e^{j2\pi(f_n + (1-i_n)f_s)t + j\pi\mu_{i_n}t^2} \tag{3-66}$$

式中：$t \in [0, T]$；$i_n \in \{1, \cdots, K\}$，$i_n = \text{round}(f_n/f_s)$ 对应于第 n 个信号分量所应处于的分波段序号，$\text{round}(\cdot)$ 表示四舍五入取整；μ_{i_n} 表示第 i_n 个分波段的本振信号调频率。

从式（3-66）可以发现，只要能够确定滤波后的输出分量 $x_{F,n}(t)$ 的调频率 μ_{i_n} 在调频率集 $\{\mu_1, \mu_2, \cdots, \mu_i, \cdots, \mu_K\}$ 中的序号就能够确定该分量的分波段归属。考虑到分数傅里叶变换角度与待估计的线性调频信号调频率是一一对应的关系，可以设置对应调频率集 $\{\mu_1, \mu_2, \cdots, \mu_i, \cdots, \mu_K\}$ 的分数傅里叶变换角度集 $\{\alpha_1, \alpha_2, \cdots, \alpha_i, \cdots, \alpha_K\}$ 来同时进行数字信道化和分波段区分，以实现对截获信号的并行处理。

3）改进的频带折叠式数字信道化接收步骤

具体步骤如下：

（1）首先确定合适的分波段带宽 f_s、分波段数 K、各分波段所对应的信道数目 P 及调频率集 $\{\mu_1, \mu_2, \cdots, \mu_i, \cdots, \mu_K\}$，并换算得到相应的分数傅里叶变换角度集 $\{\alpha_1, \alpha_2, \cdots, \alpha_i, \cdots, \alpha_K\}$；

（2）通过侦察天线接收射频信号，并经过预选放大，混频到中频后经过中放滤波得到信号 $s(t)$，然后将 $s(t)$ 与混频信号 $c(t)$ 进行混频，得到 $x(t)$，如式（3-64）所示；

（3）将混频后信号 $x(t)$ 通过带宽为 $(0, f_s)$ 的低通滤波，得到 $x_F(t)$；

（4）对 $x_F(t)$ 进行离散采样、数字正交混频得到数字解析信号 $x_{Fs}(m)$，$m = 1, 2, \cdots, P$；

（5）按照分数傅里叶变换角度集 $\{\alpha_1, \alpha_2, \cdots, \alpha_i, \cdots, \alpha_K\}$ 对 $x_{Fs}(m)$ 进行相应的离散变换，可得到共 KP 个信道输出；

（6）对各信道输出在相应的分数傅里叶域进行检测。

改进的频带折叠式数字信道化方法，能够克服传统方法所具有的信道输出模糊性、信道输出信号混叠和灵敏度下降的缺点，且能够有效降低采样速率，减少设备量。

3.5　正交变换

模拟解调是通信信号的传统解调方式，对不同的调制信号，都有其业已成熟的解调方式。随着 DSP 技术在通信和通信对抗领域应用的日益广泛，用 DSP 技术实现对信号解调的数字解调技术，得到人们越来越多的关注和重视；尤其数字接收机和软件无线电的问世，使得数字解调已成为必然的发展趋势。

在通信对抗侦察中，信号的正交变换对信号解调和信号特征提取有着特殊的重要作用。信号的正交变换是指将输入信号变换为相互正交的 I、Q 信道输出。利用 I、Q 信道的输出，可以计算得到信号的瞬时包络和瞬时相位；从瞬时包络和瞬时相位可以提取信号的技术特征，并实现对某些信号的解调。

3.5.1　采用正交混频实现正交变换

常用的实现正交变换的方法是利用正交混频，其原理框图（下变频）如图 3-13 所示。

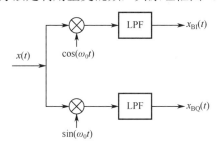

图 3-13　正交混频下变频原理框图

正交混频可以在模拟域实现，也可以在数字域实现。由于在模拟域实现正交混频，其 I、Q 信道平衡困难，所以数字域正交混频应用较多。数字正交下变频原理框图如图 3-14 所示。

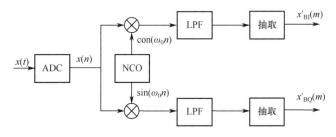

图 3-14　数字正交下变频原理框图

与模拟正交下变频相比，数字下变频的优点在于：由于两个正交本振序列的形成与相乘都是数字运算的结果，其正交性是完全可以保证的；又由于只用一个 ADC，所以正交变换的幅度平衡也容易满足，前提是必须确保运算精度。

在上述数字下变频方法中，乘法器、低通滤波器都以采样频率工作。当采样频率很高，且滤波器阶数很高时，滤波器的实现将需要大量的软件或者硬件资源。因此，需要寻求高效的数字正交下变频实现方法，而基于多相结构的高效宽带数字下变频就是其中之一。

设输入信号为

$$x(t) = a(t)\cos\left[2\pi f_0 t + \varphi(t)\right] \qquad (3\text{-}67)$$

按照带通采样定理以采样频率 f_s 对其进行采样，其中 $f_s = \dfrac{4f_0}{2m+1}$ $(m=0,1)$，得到的采样序列为

$$
\begin{aligned}
x(n) &= a(n)\cos\left[2\pi\frac{f_0}{f_s}n + \varphi(n)\right] \\
&= a(n)\cos\left[2\pi\frac{(2m+1)}{4}n + \varphi(n)\right] \\
&= x_{\mathrm{BI}}(n)\cos\left(\frac{2m+1}{2}\pi n\right) - x_{\mathrm{BQ}}(n)\sin\left(\frac{2m+1}{2}\pi n\right) \\
&= x_{\mathrm{BI}}(n)\cos\left(mn\pi + \frac{n\pi}{2}\right) - x_{\mathrm{BQ}}(n)\sin\left(mn\pi + \frac{n\pi}{2}\right)
\end{aligned}
\qquad (3\text{-}68)
$$

式中，$x_{\mathrm{BI}}(n) = a(n)\cos\varphi(n)$，$x_{\mathrm{BQ}}(n) = a(n)\sin\varphi(n)$。显然，$x_{\mathrm{BI}}(n)$ 和 $x_{\mathrm{BQ}}(n)$ 就是所需的正交分量。只要知道 $x_{\mathrm{BI}}(n)$ 和 $x_{\mathrm{BQ}}(n)$，就可以求出 $a(n)$ 和 $\varphi(n)$。

将 $x(n)$ 分成奇数和偶数两部分，可得

$$x(2n) = x_{\mathrm{BI}}(2n)\cos[(2m+1)\pi n] = x_{\mathrm{BI}}(2n)(-1)^n \qquad (3\text{-}69)$$

$$x(2n+1) = -x_{\mathrm{BQ}}(2n+1)\sin[(2m+1)\pi(2n+1)/2] = x_{\mathrm{BQ}}(2n+1)(-1)^n \qquad (3\text{-}70)$$

令

$$x'_{\mathrm{BI}}(n) = x_{\mathrm{BI}}(2n) = x(2n)\ (-1)^n \qquad (3\text{-}71)$$

$$x'_{\mathrm{BQ}}(n) = x_{\mathrm{BQ}}(2n+1) = x(2n+1)\ (-1)^n \qquad (3\text{-}72)$$

即 $x'_{\mathrm{BI}}(n)$ 和 $x'_{\mathrm{BQ}}(n)$ 两个序列分别是同相分量 $x_{\mathrm{BI}}(n)$ 和正交分量 $x_{\mathrm{BQ}}(n)$ 的 2 倍抽取序列，其实现过程如图 3-15 所示。

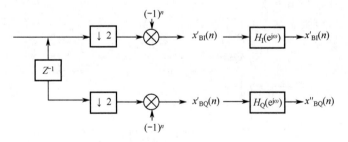

图 3-15　正交变换的多相滤波实现过程

通过简单的数字计算就能得到正交的两路信号，拥有较高的精度。$x'_{\mathrm{BI}}(n)$ 和 $x'_{\mathrm{BQ}}(n)$ 的数字谱为

$$
\begin{cases}
x'_{\mathrm{BI}}(n)(\mathrm{e}^{\mathrm{j}\omega}) = \dfrac{1}{2}x_{\mathrm{BI}}(\mathrm{e}^{\mathrm{j}\omega/2}) \\[2mm]
x'_{\mathrm{BQ}}(n)(\mathrm{e}^{\mathrm{j}\omega}) = \dfrac{1}{2}x_{\mathrm{BQ}}(\mathrm{e}^{\mathrm{j}\omega/2})\mathrm{e}^{\mathrm{j}\omega/2}
\end{cases}
\qquad (3\text{-}73)
$$

这就说明两者的数字谱相差一个延迟因子 $\mathrm{e}^{\mathrm{j}\omega/2}$，在时域上相差半个采样点，而这半个采样点

就是由奇偶抽取引起的。这种在时间上"对不齐"可以通过两个时延滤波器加以校正，其滤波器响应要满足：

$$\begin{cases} \dfrac{H_Q(e^{j\omega/2})}{H_I(e^{j\omega/2})} = e^{j\omega/2} \\ \left|H_I(e^{j\omega/2})\right| = \left|H_Q(e^{j\omega/2})\right| = 1 \end{cases} \tag{3-74}$$

由此可以得到两种实现方法：

$$\begin{cases} H_I(e^{j3\omega/4}) = e^{j3\omega/4} \\ H_Q(e^{j\omega}) = e^{j\omega/4} \end{cases} \text{或者} \quad \begin{cases} H_I(e^{j\omega}) = e^{j\omega/2} \\ H_Q(e^{j\omega}) = 1 \end{cases} \tag{3-75}$$

3.5.2　采用希尔伯特变换实现正交变换

除正交混频外，还可以采用希尔伯特（Hilbert）变换来实现正交变换。下面简要讨论希尔伯特变换的有关内容。

1. 希尔伯特变换

设冲激响应 $h(t) = 1/(\pi t)$，则函数 $x(t)$ 的希尔伯特变换等于 $x(t)$ 与 $h(t)$ 的卷积，它的数学表示式为：

$$\hat{x}(t) = H\big[x(t)\big] = x(t) * h(t) = x(t) * \frac{1}{\pi t} = \frac{1}{\pi} \int_{\infty}^{\infty} \frac{x(\tau)}{t-\tau} d\tau \tag{3-76}$$

$h(t)$ 的傅里叶变换为：

$$H(f) = F\big[h(t)\big] = -j\, \mathrm{sgn}(f) = \begin{cases} -j, & f > 0 \\ j, & f < 0 \end{cases} \tag{3-77}$$

式中，$\mathrm{sgn}(f)$ 为符号函数。当 $f > 0$ 时，$\mathrm{sgn}(f)=1$，当 $f < 0$ 时，$\mathrm{sgn}(f)=-1$。

在频域的希尔伯特变换为：

$$\hat{X}(f) = X(f) \cdot H(f) \tag{3-78}$$

式中，$X(f)$ 为 $x(t)$ 的频谱函数。由此可见，为了求得频域的希尔伯特变换 $\hat{X}(f)$，在负频域使 $X(f)$ 乘以 j，在正频域使 $X(f)$ 乘以（$-j$）即可。

由式（3-78）得：

$$X(f) = \hat{X}(f) / H(f) \tag{3-79}$$

然而，根据式（3-77）可知，$1/H(f) = -H(f)$，因此得到

$$X(f) = -\hat{X}(f) \cdot H(f) \tag{3-80}$$

时域的希尔伯特变换也可以由以下傅里叶逆变换得到：

$$\hat{x}(t) = x(t) * h(t) = F^{-1}\big[X(f) \cdot H(f)\big] \tag{3-81}$$

下面给出两个重要的希尔伯特变换公式：

$$H\big[\sin(\omega_0 t)\big] = -\cos(\omega_0 t) \tag{3-82}$$

$$H\big[\cos(\omega_0 t)\big] = \sin(\omega_0 t) \tag{3-83}$$

这两个公式是很容易得到证明的。令 $x(t) = \sin(\omega_0 t)$，则 $x(t)$ 的频谱函数为：

$$X(\omega) = \frac{\pi}{j}\big[\delta(\omega - \omega_0) - \delta(\omega + \omega_0)\big] \tag{3-84}$$

则有:

$$\hat{X}(\omega) = X(\omega) \cdot H(\omega) = -\pi \left[\delta(\omega - \omega_0) + \delta(\omega + \omega_0) \right] \qquad (3\text{-}85)$$

$$\hat{x}(t) = H\left[\sin(\omega_0 t) \right] = F^{-1}\left[\hat{X}(\omega) \right] = -\cos \omega_0 t \qquad (3\text{-}86)$$

可以看出,利用希尔伯特变换会使信号产生 90°的相移,而不会影响频谱分量的幅度。因此,可以利用希尔伯特变换来实现信号的正交变换,如图 3-16 所示。

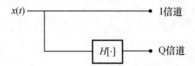

图 3-16　基于希尔伯特变换的正交变换示意图

以上是模拟域的希尔伯特变换,而在实际应用中,经常需要在数字域应用希尔伯特变换,这样可以为应用 DSP 提供技术方便。从上述讨论可以看到,似乎将 $x(t)$ 经 FFT 得到 $X(f)$,再乘以式(3-77)所示的 $H(f)$,便可以得到频域的希尔伯特变换(数字域)。但是,这实际上是不可行的,因为从模拟域转入数字域以后,傅里叶变换的周期性会对希尔伯特变换产生影响。

2. 离散希尔伯特变换

对冲激响应 $h(t)$ 进行离散化后得到 $h(nt_s)$,则

$$H_d(Z) = \sum_{n=-\infty}^{+\infty} h(nt_s) Z^{-n} \qquad (3\text{-}87)$$

由此可以看出,离散希尔伯特变换可以用 FIR 滤波器来实现,不过需要完成如下 3 项工作:

(1)将 n 的无限范围转变为有限个点;

(2)使得系统为可实现的因果系统,即 $n \geqslant 0$;

(3)求解 $h(nt_s)$ 的值。

完成上述工作后,就可以构造出一个能实现希尔伯特变换的 FIR 滤波器。

1)$h(nt_s)$ 的 Z 变换分析

$$\begin{aligned}
H_d(Z) &= \sum_{n=-\infty}^{+\infty} h(nt_s) Z^{-n} \\
&= \sum_{n=-\infty}^{-1} h(nt_s) Z^{-n} + h(0) + \sum_{n=1}^{+\infty} h(nt_s) Z^{-n} \\
&= h(0) + \sum_{n=1}^{+\infty} \left[h(-nt_s) Z^{n} + h(nt_s) Z^{-n} \right]
\end{aligned} \qquad (3\text{-}88)$$

做变量代换 $Z = e^{j2\pi f t_s}$,并经欧拉公式展开,得到:

$$\begin{aligned}
H_d(e^{j2\pi f t_s}) = h(0) + \sum_{n=1}^{+\infty} \big[& h(-nt_s)\cos(2\pi n f t_s) + jh(-nt_s)\sin(2\pi n f t_s) + \\
& h(nt_s)\cos(2\pi n f t_s) - jh(nt_s)\sin(2\pi n f t_s) \big]
\end{aligned} \qquad (3\text{-}89)$$

由式(3-89)可以看出:

$$H_r(e^{j2\pi f t_s}) = h(0) + \sum_{n=1}^{+\infty} \left[h(-nt_s) + h(nt_s) \right] \cos(2\pi n f t_s) \tag{3-90a}$$

$$H_i(e^{j2\pi f t_s}) = \sum_{n=1}^{+\infty} \left[h(-nt_s) - h(nt_s) \right] \sin(2\pi n f t_s) \tag{3-90b}$$

2）$h(nt_s)$值的分析

已知 $H(f) = -j\,\mathrm{sgn}(f)$，那么利用傅里叶变换性质可以得到 $h(nt_s)$ 的频率响应 $H_d(f)$，如图 3-17 所示。

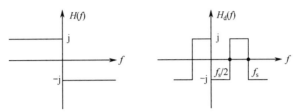

图 3-17 频率响应图

既然 $H_d(f)$ 为周期函数，那么就可以进行傅里叶级数展开，得到：

$$H_d(e^{j2\pi f t_s}) = \sum_{n=1}^{+\infty} a_n \sin(2\pi n f t_s) \tag{3-91a}$$

式中，

$$a_n = \frac{2}{f_s} \int_{-f_s/2}^{f_s/2} H_d(e^{j2\pi f t_s}) \cdot \sin(2\pi n f t_s)\,\mathrm{d}f = \begin{cases} 0 & , n\text{为偶数} \\ -\dfrac{4j}{n\pi} & , n\text{为奇数} \end{cases} \tag{3-91b}$$

又根据 $H(f)$ 只有虚部而没有实部，则有 $h(0)=0$，$h(-nt_s)=-h(nt_s)$，所以由式（3-90）得到

$$H_d(e^{j2\pi f t_s}) = -2j \sum_{n=1}^{+\infty} \left[\left[h(nt_s) \sin(2\pi n f t_s) \right] \right]$$

结合式（3-91），显然有

$$h(nt_s) = \frac{-a_n}{2j} = \begin{cases} 0, & n\text{为偶数} \\ \dfrac{2}{n\pi}, & n\text{为奇数} \end{cases} \tag{3-92}$$

3）函数加窗及因果关系的实现

对无限长序列用长度为 $2M+1$ 的矩形窗进行截断，得到：

$$H_d(Z) = \sum_{n=-M}^{+M} h(nt_s) Z^{-n} \tag{3-93}$$

为得到因果函数，进行 M 位移位，得到：

$$H_d(Z) = \sum_{n=-M}^{M} h(nt_s) Z^{-(n+M)} = \sum_{K=0}^{2M} h((K-M)t_s) Z^{-K} \tag{3-94}$$

显然，该滤波器可实现希尔伯特变换。实际中为了减小 $(\sin x)/x$ 函数的影响，常常用其他形状的窗口函数对 $h(n)$ 进行加权。

例 3-2 设 FIR 滤波器为 11 阶，则 $M=5$，相应的 n 值为 -5 到 5，可求得 $h(n)$ 取值如表 3-2 所示。

表 3-2　FIR 滤波器 h(n)取值

n	−5	−4	−3	−2	−1	0	1	2	3	4	5
H（n）	−2/（5π）	0	−2/（3π）	0	−2/π	0	2/（5π）	0	2/（3π）	0	2/π
K	0	1	2	3	4	5	6	7	8	9	10

其滤波器结构示意图如图 3-18 所示。

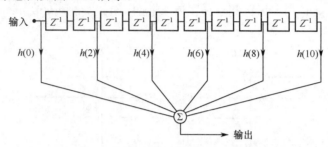

图 3-18　FIR 滤波器结构示意图

小结

通信对抗侦察信号处理的任务是信号分选、参数估计、特征提取、信号识别和信号解调，以及信号的显示、记录与存储。通信对抗侦察信号处理的模式包括模拟处理和数字处理。现代数字信号处理的关键技术有：高速采样、数字滤波、数字信道化接收、数字测频算法、正交变换等。

数字滤波通过数字硬件构成数字滤波器，或者利用计算机通过软件编程来实现滤波。实际应用中，要根据对滤波器性能的要求选择 FIR 滤波器或 IIR 滤波器。时间窗加权用于 FIR 滤波器的设计和 FFT 的频谱分析中。

常用的数字信道化技术是 FFT 算法。当数字接收机利用 FFT 进行频率分析测量时，FFT 的长度与瞬时处理带宽和频率分辨率有关。一方面，在处理带宽一定的情况下，要求的频率分辨率越高，FFT 长度就越大，完成 FFT 所需的运算时间也就越长；另一方面，为满足频率搜索速度的要求，在信号处理器能力有限的情况下可能不允许加长处理时间。因此，处理时间与搜索速度、频率分辨率会产生矛盾。解决这个矛盾的途径是采用并行处理技术。

在通信对抗侦察中，信号的正交变换对信号解调和信号特征提取有着重要作用。通过将输入信号变换为相互正交的 I、Q 信道输出，可以计算得到信号的瞬时包络和瞬时相位；从瞬时包络和瞬时相位可以提取信号的技术特征，并实现对某些信号的解调。在数字信号处理中，可以通过数字域正交混频、希伯特变换等方法实现正交变换。

习题

1. 通信对抗信号处理的任务是什么？
2. 试分析数模转换器（ADC）的位数与动态范围的关系。
3. 简述 DFT 的三种应用方式。
4. FIR 滤波器和 IIR 滤波器各有什么特点？

5. 如何在频域利用 FFT 算法实现 FIR 滤波器？

6. 编写基于 FIR 滤波器的希尔伯特变换的实现程序。

7. 常用的窗函数有哪些？其特性是什么？

8. 分析用 FFT 直接实现频率信道化的基本原理。

9. 如何减小频域采样所带来的栅栏效应。

10. 分析数字接收机的频率搜索速度对 DSP 处理能力的要求。

第4章　通信侦察信号特征提取

4.1　通信信号特征概述

通信对抗目标是指在执行任务的过程中，需要对其进行侦察、欺骗干扰或压制干扰，发现其动态或者破坏其正常工作能力的目标。对通信对抗目标进行识别，可以由侦察人员利用耳机侦听，利用示波器和频谱分析仪等工具的显示结果进行分析，进行人为判别，得到信号类型；但这种方法得到的结果具有较大的人为因素，且可识别的信号种类少，效率低下，识别正确率不高。目前，通信对抗目标的识别大多采用计算机的自动识别技术。这种方法克服了人工识别所带来的各种不利因素，效率高，普适性强，识别较为准确、客观。然而，这种方法需要建立一个完备的目标特征信息库；同时，在进行通信对抗目标分析识别时，需要确定利用哪些特征、怎么选取特征进行识别、怎样进行特征提取等。

4.1.1　通信信号特征分类

通信信号的特征通常分为两大类，即信号的内部特征和信号的外部特征。

信号内部特征通常指通信信号所包含的信息内容。除信息内容以外，通信信号所具有的其他所有特征，统称为信号外部特征。所以，内部特征和外部特征是完整反映通信信号特征的两个方面。

通信的目的是为了传送信息。在军事斗争中，敌对双方竭力设法获得对方军事通信的信息内容，由此可以得到重要的军事情报。早期，在无线电通信技术及通信保密技术比较落后的情况下，利用无线电通信侦察,破译或直接得到敌方的通信内容，是一条重要的情报来源渠道。但是，在现代战争条件下，要想获得敌方无线电通信的信息内容已变得极其困难，这是因为：

（1）随着通信技术的发展，无线电信号越来越密集，无线电频率利用日趋饱和，先进的调制技术使得通信信号形式越来越复杂，尤其是猝发通信、扩跳频通信技术的应用，使得在战场条件下，截获所需的敌方通信信号变得十分困难。

（2）在敌对双方采用不同语言的情况下，要想监听敌方话音通信的内容，侦听员必须精通敌方语言，这需要时间来训练。另外，在部队高速机动的战场环境条件下，配备大量精通不同语言的侦听员是十分困难的。

（3）现代军事通信基本上采用数字通信技术，信号极易加密。由于加密技术的提高，即使通信信号被解调并记录下来，但要破译出信息内容，往往需要很长的时间。现代战争的快节奏和部队的高速机动，会使破译出的信息内容失去应用价值。

基于上述原因，使得侦察敌方信号内部特征越来越困难，其战术意义越来越小。侦察敌方通信信号的外部特征，实时性好，可以获得大量的通信对抗情报，可以分析推断出有价值的军事情报，可以为干扰破坏敌方通信提供依据。因此，在现代战争条件下，通信对抗侦察以侦察敌方通信信号的外部特征为主，才能与现代战争的要求相适应。

通信信号的外部特征包括通联特征和技术特征两类。

通联特征可以反映无线电通信联络的特点，像通信频率、电台呼号、联络时间等，都属于通联特征的内容。通联特征的侦察主要是靠侦听员的听辨来实现的。

技术特征是指通信信号在技术方面反映出来的特点，主要用信号的波形、频谱和技术参数来表征。其中技术参数有：信号的频率、电平、带宽、调制指数、跳频信号的跳速、数字信号的码元速率以及电台的位置参数等。信号的技术参数需要通过测量才能得到。通过对信号技术参数的分析、判断，可以得到信号种类、通信体制、网路组成等方面的情报。

信号的技术特征从总体上变化较小（对一部通信电台而言），甚至有的技术参数长期不变，因此也把信号的技术特征称为固有特征。信号的通联特征"可变性"较大，因此，其中有的称为可变特征。这里所讲的"变"与"不变"都是相对而言的，而不是绝对意义上的"不变"。另外，通联特征和技术特征从内容上不是完全截然分开的。例如，信号频率、人工手键报的手法特点等，既是通联特征的内容，也是技术特征的内容。

由于通联特征和技术特征所涉及的内容较多，下面将分别加以介绍。

4.1.2　通联特征

在过去很长的时间内，由于无线电通信技术比较落后，通信侦察手段也比较简单，通信对抗侦察主要通过对通联特征的侦察和分析来获得通信对抗情报。下面对通联特征的主要内容做简单介绍。

1．通信诸元

通信诸元指电台呼号、通信频率、通信术语和通联时间。

电台呼号是电台的代名，这是通信双方相互识别和相互联系的标志之一，也是通信对抗侦察工作识别敌方电台的重要依据。

通信频率是指电台工作时使用的频率。在通信频率使用上，各国军队有各自的规律和特点，掌握敌方电台的使用频率范围、用频规律以及异常用频的情况，可以为识别敌台、分析敌方军事活动提供重要参考依据。

通信术语是指电台在通信联络中用以传达电台工作勤务的"语言"，它包括通信过程中各工作阶段的勤务"语言"。

通联时间一般分为随时守候制（接收机始终开机工作，随时接收对方发送的信息）、定期会晤制（按事先约定的时间定期联络）和临时约会制（每次通信联络结束时约定下次会晤时间）。通联时间及其异常变化，也是分析识别敌台和判断敌方活动的依据之一。

2．通联情况

通联情况是指电台的通联状态，包括通联程序（从通信开始到结束的过程）、联络次数的多少、联络时间的长短、报（话）务员的情绪（可以从人工手键报和讲话的特征变化反映出来）、电台谈话等内容。分析敌方电台通联情况的规律和异常变化也是分析识别敌方电台和判断敌情变化的依据之一。

3．电报作业特点

电报作业指人工莫尔斯报通信，因为过去只能对人工莫尔斯报进行抄收并分析其特点。分析电报的特点主要是分析电报的数量、电报的等级（是否加密及加密等级）、电报的种类（如指挥报、后勤报、不同军兵种以及不同部队的电报等）、电报的报头（包括发报时间、报文的字组数、电报等级、收发报单位等）、转报关系（甲、乙两台的通信联络通过丙台转接实现）等。

4．通信网路分析

通信网是由若干个通信台站、通信枢纽和传输信道组成的通信联络体系。对于无线电通信而言，三个以上电台之间使用相同联络规定进行通信的体系称为无线电网路，简称网路；两个电台之间进行的无线电通信则叫无线电专向。掌握敌方通信网路（包括无线电专向）的组成是通信对抗侦察的一项重要内容。通信网路分析主要是分析网路组成、网路性质（包括网路的隶属关系和指挥网、后勤网、协同网等的任务区分）、电台的数量和电台的地理位置分布等情况。

5．音响、手法特点

音响特点包括话音音调、信号强弱（以听音判断）、电报信号音调（例如不同速率电报音调也不同）等。手法特点是指报务员发人工莫尔斯报的手法特征。

在过去，对通联特征的侦察和分析是获取通信对抗情报的主要手段。今后，通信对抗侦察中，尤其在平时的侦察中，通联特征仍然是重要的侦察内容。但是，通联特征侦察分析靠人工进行，实时性差，可侦察的信号种类很少，不能提供敌方电台的技术参数，等等。由于通联特征侦察的局限性和所存在的缺点，已经不能适应现代战争的要求，现代通信对抗侦察必须转变为以侦察技术特征为主。

4.1.3　技术特征

通信信号的技术特征是现代通信对抗侦察的主要内容，也是目前国内外研究的一个重要内容。随着人们对信号技术特征研究的不断深入，描述信号技术特征的内容也在不断拓展。

1．技术特征的分布"域"

从信号技术特征直接表现的分布"域"来看，可以分为频域特征、时域特征和空域特征。频域特征包括信号工作频率、信号带宽、频谱结构、FM信号的最大频移、FSK信号的频移间隔等。时域特征包括信号的波形特征、信号电平、数字信号的码元速率（或码元宽度）、跳频信号的跳速等。而空域特征主要包括信号来波的方位和电波的极化方式，其中信号来波方位由无线电测向确定，电波的极化方式与侦察接收天线的选用密切相关。在短波、超短波采用地面波和天波传播的情况下，信道对电波的极化方向影响很大，在侦察接收信号时，一般根据经验选用接收天线，不需要测量电波的极化方向。对某些微波通信信号而言，如微波接力通信信号，信道对电波的极化影响很小，侦察接收需考虑电波极化问题。

所有的实际通信信号都是经过调制的，因而都带有调制的特征，人们把这类特征归为调制域特征。信号的调制参数，如AM信号的调幅度、FM信号的调频指数、ASK信号的码元速率、FSK信号的频移间隔等，都属于调制域特征范畴。调制域特征为研究信号特征开辟了一个新的窗口，具有重要的实用意义。需要指出，信号的调制域特征有的表现于时域，有的表现于频域，也有的同时表现于时域和频域。因此，从严格意义上讲，信号的时域和频域特征，包括了信号的调制域特征。

2. 信号技术参数

信号的技术特征许多都是用技术参数来表征的。有些参数是各种通信信号共有的，有的参数是不同调制信号所特有的（一般是调制参数）。在时域和频域常规的技术参数主要有：

（1）信号调制样式：通信电台采用不同工作种类时其信号反映出的调制形式，如 AM、FM、SSB、ASK、FSK 等调制形式；

（2）信号带宽：通信信号的频谱带宽；

（3）信号相对电平：接收到的信号的相对电平值；

（4）信号工作频率；

（5）AM 信号的调幅度；

（6）FM 信号的调频指数和最大频偏；

（7）FSK 信号频移间隔；

（8）数字信号的码元速率和码元宽度；

（9）频率稳定度（短期、瞬时）；

（10）直扩（DS）信号的扩频码长度；

（11）跳频（FH）信号的频率集和跳速；

（12）多路复用信号的路数；

（13）天线极化方式；

（14）地理位置参数。

信号的常规技术参数是可以直接测量的。根据直接测量的技术参数，又可以推断出敌方通信系统的某些技术参数和技术特征。例如：根据信号的来波方位，可以利用测向定位确定发射台的地理位置；根据信号相对电平和发射台地理位置，可以估算出发射台的发射功率；根据信号带宽可以估计出敌方接收机的系统带宽；等等。

不同调制信号的技术特征，可以从信号的时域波形和频谱结构上得到较为充分的体现；但是，上述常规技术参数并不能充分反映信号瞬时波形和频谱结构的特征。因此，若要对不同的信号形式进行识别，仅依赖常规技术参数是不够的。随着近年来对信号自动识别的研究，能反映信号波形和频谱结构特征的另外一些技术参数被用于信号的自动分析识别中。例如：用信号波形的包络方差（或包络熵），可以反映信号包络起伏的大小程度；用频谱对称系数反映信号频谱对称的程度；用谱峰数反映信号频谱所包含的谱峰数目；等等。为了与上面的常规技术参数相区别，我们将这些反映信号波形和频谱结构特征的参数，称为特征参数。提取信号的特征参数是信号自动识别中不可缺少的环节。特征参数的选取与信号自动识别的内容以及需要提取的信号特征密切相关。对于信号的特征参数，后面还将进一步进行讨论。

3. 信号细微特征

对于通信对抗目标的特征来说，其常规特征的分析和提取有助于对目标的类型进行判别，引导干扰，有效增强了战斗力。然而，在复杂的电磁环境中，信号的常规特征远不能满足作战需求。如果能通过在判定通信对抗目标类型的基础上，利用信号信息来区分出每一部的电台，进而结合实时环境、背景等信息就可以推断出敌通信网组成、威胁等级甚至作战意图等更多的、更深层次的信息，这对作战行动的部署有着更大的作用。

随着对信号技术特征研究的不断深入，近年来人们又提出了研究通信信号细微（技术）特征的问题。信号细微特征的概念，最早出现在对雷达信号的分选识别中，这一概念后来又被移植到对通信信号特征的分析识别中。

1995 年，Choe 等人就提出了利用暂态信号进行个体识别，并在不考虑噪声的情况下对不同型号的设备取得了较好的效果[30]；Kinsner 等人利用暂态特征对不同种类的电台进行了识别[31,32]，以较高的正确率识别出 8 个电台信号的暂态特征，然而其使用神经网络方法的训练时间过长，缺点明显；Hall 等人提取瞬时幅度、相位和小波系数这三个特征，对信号的暂态特征进行了研究[33,34]，取得了一定的成果；王且波等提取开机时脉冲前沿波形，并将它作为细微特征，证明了该方法的可行性[35]。信号的暂态特征是指在系统处于过渡状态时所反映出来的辐射源个体特征。系统的过渡状态主要是指辐射源开关机、工作模式切换、码字变换、供电激励变换等过程。其中，只有开关机过程是普遍存在于各种类型的电台中的，此时辐射源内部的各个器件因冲激响应而产生信号。同时，在该过程中，辐射的信号是不具有任何调制信息的，易于提取特征，提取的特征也能够有效反映辐射源的个体差异，所以研究开机过程是十分有意义的。然而，像开机之类的过渡状态持续的时间短，开始时间不可预测。所以首先需要进行暂态信号起始点的检测，再从信号中提取出细微特征。在暂态起始点的检测方面，Shaw 等利用门限法对暂态信号的起始点进行了检测[36]，Ureten 等利用贝叶斯跃变检测和贝叶斯缓变检测法对暂态信号起始点进行了检测[37]，陆满君等人利用递归图法对暂态信号起始点进行了检测[38]。

Kennedy 等利用 FFT 提取了稳态信号的频域特征，并利用最近邻聚类法进行了个体识别[39]；Xu Shuhua 等提取了信号包络特征进行个体识别，该方法在低信噪比时仍有较好的效果[40]；陆满君等提取码元内的瞬时频率特征值进行个体识别[38]；蔡忠伟等提取了信号的双谱特征参数[41]；陈慧贤等将分形理论用于细微特征的提取上，对信号的瞬时幅度、频率、数字信号的频移间隔进行处理，得到细微特征[42]。信号的稳态特征是指当辐射源稳定工作时产生的信号所带有的辐射源个体的特征。相对于暂态信号而言，稳态特征的分析更为复杂。辐射源所有内部器件的作用合成在稳态信号中，进而体现出细微特征。这样的合成方式是无法用数学模型进行描述的，所以稳态信号的特征分析和提取只能在采集到实际信号的基础上，对信号进行分析，研究辐射源的个体特征表现在稳态信号的哪些方面。

1）细微特征的产生来源

对于通信电台而言，即使是相同生产商的同一型号电台，处于完全相同的工作条件之下，也会因其内部元器件的差异等原因而使信号产生一些区别。电台细微特征的产生来源有[29]：

（1）利用数学模型对通信信号进行描述时，描述结果与信号的实际情况之间存在误差；

（2）在装备的内部器件生产的过程中存在误差，其工艺缺陷造成实际指标与标准值之间存在误差；

（3）装备随着使用年限的增加而存在老化现象，导致内部器件性能变差而造成误差；

（4）在信号的调制及已调波的放大过程中，信号会受到频率源、发射机等非线性器件的污染，从而形成偏差。

2）细微特征举例

从概念上讲，信号细微特征应当是能够精确反映信号个体特点的技术特征。例如：

（1）信号载频的精确度。不论信号本身是否含有载频，产生该信号的发射台中总是有载频，

已调信号则是基带信号对该载频调制而产生的。由于任何载频都不是绝对稳定的，所以，实际的载频不会完全精确地等于其标称频率值，总是存在或大或小的偏差。以目前的短波单边带电台为例，其工作频率一般在 1.5～30 MHz 之间，用同一个晶体振荡器通过频率合成技术产生所需的载频，载频的相对稳定度一般为 $\Delta f / f = 10^{-6} \sim 10^{-7}$，假如电台在 $f = 10\,\text{MHz}$ 的标称频率上工作，那么可能的最大频率偏差为 $|\Delta f| = 10 \times 10^6\,\text{Hz} \times (10^{-6} \sim 10^{-7}) = 1 \sim 10\,\text{Hz}$。如果用稳定度更高的频率（如 $\Delta f / f = 10^{-9}$）作为基准频率对其测量，只要信号存在的时间足够长，信噪比足够大，则从理论上是可以测出该载频的实际频率偏差的。

在采用频率合成器产生所需载频的情况下，一部电台通常用一个晶体振荡器作为标准频率源，当电台在不同工作频率上工作时，载频的相对频率偏差（$\Delta f / f$）是不变的，而绝对频率偏差随工作频率而改变。对于不同的电台，由于采用的不是同一个晶体振荡器，因而相对频率偏差和绝对频率偏差都是不同的。从理论上讲，只要能对信号载频做足够精确的测量，频率偏差的大小是可以作为个体信号识别的依据的。当然，在对实际通信信号载频进行测量时，受到有限观察时间和有限信噪比的影响，载频测量精确度会受到制约。观察时间越长，信噪比越高，则容许的测频精度越高。因此，要实现对实际信号载频的精确测量，必须有良好的信噪比和足够长的测量时间。

（2）话音信号的语音特征。每个人讲话都有自身的语音特征，用人耳听辨是不难的。在通信对抗侦察中，如果能对敌方讲话者的语音实现自动识别，那对于识别敌方通信网台并获得有价值的情报资料都是很有意义的。

（3）发射台的杂散输出。任何发射台在发射有用信号的同时，总是不可避免地伴随有不需要的杂散频率发射出去。杂散频率成分主要有：互调频率成分、谐波辐射、电源滤波不良引起的寄生调制等。不同的发射台，由于电路参数及电特性的差异，其杂散输出的成分和大小也不相同。如果侦察接收设备能对发射台的杂散输出进行提取和测量，将为识别不同的电台提供重要依据。但是，由于杂散成分比信号小得多，对其提取和测量是十分困难的。

（4）信号调制参数的差异。通信信号都是经过调制的，不同发射设备因采用器件和电路参数的差异，会引起信号调制参数的差异（即使是相同型号的发射机），如 2FSK 信号的频移间隔、AM 信号的调幅度（统计平均值）、FH 信号的跳速等；即使采用相同型号的不同发射机发射相同调制样式的信号，只要测量精度足够高，也可以根据测量结果区分出不同发射机发射的信号。

以上举例说明，从理论上讲，确实存在通信信号的细微技术特征，能够更精细地反映某一个体信号的某些技术特性。为了与前面讨论的信号技术特征相区分，我们将前面讨论的信号技术特征称为一般（或常规）技术特征。信号的一般技术特征可以反映出某一类信号的一些共同特点，例如：AM 话信号的波形、频谱结构、信号带宽是近似相同的；采用同一型号的发射机和同一型号印字电报机传送的 2FSK 电报信号，其波形、频谱、信号带宽、码元速率、频移间隔等参数也是相同（或基本相同）的。因此，根据信号的一般技术特征，可以对不同类型的信号实现分类识别。目前，在技术上可以实现对常规通信信号不同调制方式的自动分类识别。但是，欲在同一类信号（如采用相同型号的不同发射设备发送的 2FSK 信号）中识别出每一个个体信号，仅凭借一般技术特征，就难以实现了。从上面讨论看出，根据信号的细微特征，能够做到对个体信号特征的识别，甚至对发信台和发信人个体特征的识别。这样，就可以在更高的程度上对信号进行更为细致的识别分类。

3）细微特征条件

要达到利用信号细微特征对通信信号进行识别的目的，信号的细微特征应具备以下条件：

（1）唯一性——能反映某一个体信号所特有的技术特征，即对不同辐射源信号区分时，信号所具有的细微特征应该是不同的。这样，利用信号细微特征可以实现对信号的个体识别。

（2）普遍性——细微特征应存在于任意一个电台，而不是只存在于部分个体中。

（3）综合性——反映某一个体信号的细微特征应该有多个，而不是一个。也就是说，信号的个体属性应当由多个细微特征的集合进行描述。对这一集合中提取的特征越多、越精细，那么对信号进行个体识别的概率就越大。

（4）可检测性——选取的细微特征应在当前的技术手段可以进行检测并提取出来的范围内。通信对抗侦察往往是在复杂多变的信号环境下进行的，既有各种辐射源产生的电磁信号，又有噪声干扰，使得检测信号细微特征变得十分困难。在目前技术条件下，对信号的一些细微特征（如相位噪声、杂散输出等），还没有找到有效的检测方法。当然，随着科学技术的进步和对信号细微特征的深入研究，能够被检测出来的细微特征会越来越多。

（5）高稳定性——信号的细微特征具有较高的可信度才具有实用意义，即对细微特征的稳定性要求高，要求它能够不随着时间的推移以及环境的改变而改变。

4.2 通信信号常规技术参数测量

通信侦察系统信号处理的任务是：在复杂和多变的信号环境中，从中截获、分选多个通信信号，测量和分析各个通信信号的基本参数，识别通信信号的调制类型和网台属性，并进一步对信号进行解调处理，监听或者获取它所传输的信息，以作为通信情报。

在通信侦察系统瞬时带宽内，一般存在多个通信信号。将多个重叠在一起的通信信号分离出来，称为通信信号的分选，这也是预处理的任务之一。通信信号的分选通常是一种盲分离，因为落在瞬时带宽内的通信信号的参数是未知的，这是通信信号分选的基本特点。通信侦察系统首先对信号进行粗的频率分析，如采用窄带接收机、信道化接收机、DFT/FFT 分析等方法，粗略地分析和估计信号的中心频率和带宽，对多个信号进行分离，然后才能测量信号的各种参数，最后实现调制分类和识别等信号处理任务。这是因为大多数通信信号参数测量分析的方法都是在单个通信信号的条件下才能有效地发挥作用，也就是说，在进行参数测量分析时，分析带宽内最好只有一个通信信号。

信号参数分选测量是信号调制分类识别的基础，信号参数分选测量的精度会直接影响调制分类识别的可靠性和准确性。例如，载波频率估计若不准确，调制分类和识别的准确性就会下降，后续解调器的性能也会受到影响。

通信信号的调制样式很多，不同的调制样式有不同的调制参数。对于模拟调幅（AM）信号，其主要参数有载波频率、信号电平、带宽、调幅度等；对于模拟调频（FM）信号，除了载波频率、信号电平、带宽外，其调制参数还包括最大频偏、调频指数等；对于数字通信信号，除了载波频率、信号电平、带宽等通用参数外，还有码元速率、符号速率等基本参数。

4.2.1　信号载频的测量

1. 时域算法

时域算法中较为常用的一种是过零点检测法。其原理是首先估计出信号的平均过零点周期，再利用过零点周期估计出载波周期（一般来说，信号的载波周期为过零点周期的 2 倍），进而估计出信号的载频。其具体算法如下：

设接收到信号并进行采样后，获得了带有噪声的中频信号 $s(n)$：

$$s(n) = r(n) + v(n), \qquad n = 1,2,3,\cdots,N_s \tag{4-1}$$

式中：$r(n)$ 表示待测的信号序列，$v(n)$ 表示高斯白噪声序列，N_s 表示采样点数。

现对中频信号 $r(n)$ 进行零点检测，当 $r(n_i)$ 和 $r(n_i+1)$ 的符号不同时，我们可以判定在区间 $\left(\dfrac{n_i}{f_s}, \dfrac{n_i+1}{f_s}\right)$ 上存在零点。可以用现行差值公式对其位置进行估计：

$$\alpha(i) = \frac{1}{f_s}\left[n_i + \frac{s(n_i)}{s(n_i)+s(n_i+1)}\right] \tag{4-2}$$

式中：f_s 表示采样频率，$\alpha(i)$ 表示第 i 个零点的位置。

设共有 M 个零点，那么所有的零点的位置可以表示为：

$$\{\alpha(i),\ i=1,2,\cdots,M\} \tag{4-3}$$

设 $\{\beta(i), i=1,2,\cdots,M-1\}$ 表示第 i 个和 $i+1$ 个零点之间的距离，其中：

$$\beta(i) = \alpha(i+1) - \alpha(i),\quad i=1,2,\cdots,M-1 \tag{4-4}$$

而对于噪声中的正弦信号来说，其零点之间位置 $\alpha(i)$ 和两相邻零点之间的距离 $\beta(i)$ 可分别表示为：

$$\alpha(i) = \frac{i\cdot\pi - \pi/2}{2\pi f_c} + \gamma(i),\ i=1,2,\cdots,M \tag{4-5}$$

$$\beta(i) = \frac{1}{2f_c} + \lambda(i),\ i=1,2,\cdots,M-1 \tag{4-6}$$

式中：f_c 表示载波频率；$\gamma(i)$ 表示因噪声和测量误差等因素而引入的误差变量，该变量服从于独立同分布；$\lambda(i)$ 表示相邻零点间误差变量 $\gamma(i)$ 的差，即：

$$\lambda(i)=\gamma(i+1)-\gamma(i),\ i=1,2,\cdots,M-1 \tag{4-7}$$

由于 $\gamma(i)$ 服从于独立同分布，$\gamma(i)$ 和 $\lambda(i)$ 又满足上述关系，故 $\lambda(i)$ 服从于零均值的正态分布：

$$E[\lambda(i)]=0 \ \text{或}\ E[\beta(i)]=\frac{1}{2f_c} \tag{4-8}$$

进而可以由 $\beta(i)$ 的平均值估计出载频 f_c：

$$f_c = \frac{1}{2E[\beta(i)]} = \frac{M-1}{2\sum_{i=1}^{M}\beta(i)} \tag{4-9}$$

该方法较为简单、便捷，但对信噪比的依赖性较大。当信噪比小时，该方法因对零点直接检测而对噪声较为敏感，所以误差较大。分别利用 AM、ASK、FSK、PSK 信号进行仿真，取 AM、ASK、FSK、PSK 信号的载频均为 300 MHz。在信噪比为 3 dB 的情况下，对 AM、2ASK、2FSK、2PSK 信号进行 100 次仿真得到的载频估计平均误差分别为 6.03%、7.23%、12.89% 和 14.12%；

在信噪比为 15 dB 的情况下，对 AM、2ASK、2FSK、2PSK 信号 100 次仿真平均误差分别为 0.96%、1.03%、3.34% 和 4.63%，其效果要远远好于信噪比为 3 dB 时的载频估计效果。

2. 频域算法

信号的频率可以利用 FFT 粗测，也可以精测。设 FFT 长度为 N，采样频率为 f_s，则 FFT 的测频精度为 $\Delta f = f_s / N$。采用 FFT 测频时，测频误差与信号频率有关，其最大测频误差为 FFT 的分辨率，即 $\Delta f / 2$。如果测频误差在 $[-\Delta f/2, \Delta f/2]$ 内均匀分布，则测频精度（均方误差）为

$$\sigma_f = \left[\frac{1}{\Delta f} \int_{-\Delta f/2}^{\Delta f/2} x^2 \mathrm{d}x \right]^{1/2} = \frac{\Delta f}{2\sqrt{3}} \tag{4-10}$$

利用 FFT 测频时，为了得到较高的测频精度，需要增加 FFT 的长度来保证。因此，精确的测频会延长处理的时间。

对信号的采样序列 $x(n)$ 进行 FFT，得到它的频谱序列为 $X(k) = \mathrm{FFT}\{x(n)\}$，然后通过频谱对称系数 α 来估计其中心频率：

$$\alpha = \sum_{k=1}^{N_s/2} k |X(k)|^2 \left/ \sum_{k=1}^{N_s/2} |X(k)|^2 \right. \tag{4-11}$$

频域估计方法适合于对称谱的情况，如 AM/DSB、FM、FSK、ASK、PSK 等大多数通信信号。

仿真过程和前面一样，取 AM、FSK、PSK 三种信号的载频均为 300 MHz。用频域算法在不同信噪比下做 100 次仿真，得到对 AM、FSK、PSK 三种信号进行载频估计的平均误差在低信噪比（3 dB）下分别为 2.27%、4.69%、4.74%，在高信噪比（15 dB）下分别为 2.06%、4.58%、4.22%。可以发现：在低信噪比（3 dB）下，估计误差明显小于时域估计法，效果更好；而在高信噪比（15 dB）时，估计误差和时域估计法相近。

4.2.2　信号带宽的测量

信号带宽是信号的重要参数之一，对它的测量分析对于实现匹配和准匹配接收、调制类型识别、解调都是十分重要的。信号带宽可以利用频谱分析仪进行人工观察和测量，也可以通过 FFT 等信号处理方法自动测量分析。这里介绍基于 FFT 的自动测量分析方法。

信号带宽通常定义为 3 dB 带宽，即以中心频率的信号功率作为参考点，当信号功率下降 3 dB 时的带宽为信号带宽。

对信号的采样序列 $x(n)$ 进行 FFT，得到它的频谱序列 $X(K)$，然后计算中心频率 f_0（$k=k_0$）对应的近似功率，即

$$P(k_0) = |X(k)|^2 \Big|_{k=k_0} \tag{4-12}$$

计算 -3 dB 功率作为搜索门限 $P_{VT} = \frac{1}{2} P(k_0)$，对功率谱进行搜索：

$$\begin{cases} k_{max} = \max\limits_{k>k_0} \left\{ |X(k)|^2 \right\} \Big|_{|X(K)|^2 \geq P_{VT}} \\ k_{min} = \min\limits_{k<k_0} \left\{ |X(k)|^2 \right\} \Big|_{|X(K)|^2 \geq P_{VT}} \end{cases} \tag{4-13}$$

计算其频差，得到信号带宽 B：

$$B = (k_{max} - k_{min})\Delta f = (k_{max} - k_{min})\frac{f_s}{N} \tag{4-14}$$

4.2.3　信号的电平测量

计算信号带宽内的功率，以此作为信号相对功率。相对功率的表示可以用线性刻度或者对数刻度两种方式表示。信号的相对功率为

$$P = \frac{1}{|k_{\max} - k_{\min}|} \sum_{k=k_{\min}}^{k_{\max}} |X(k)|^2 \tag{4-15}$$

以对数（dB）方式表示，则

$$P_{dB} = 10 \lg(P) \tag{4-16}$$

信号的接收功率与天线增益 G_A、系统增益 G_S、系统处理的变换因子 G_{PR} 等因素有关。如果需要将信号相对功率转换为接收机输入功率，则实际功率与相对功率的关系为

$$P_s = P_{dB} - G_A - G_S - G_{PR} \tag{4-17}$$

信号电平有几种表示方式，通常有 dBμV、dBmV、dBW、dBm 等。如果接收机输入阻抗为 50 Ω，则它们之间的转换关系为

$$
\begin{aligned}
&\mathrm{dB\mu V} = 20 \lg(\mu V) \\
&\mathrm{dBmV} = 20 \lg(mV) = \mathrm{dB\mu V} - 60 \\
&\mathrm{dBW} = 10 \lg(V^2/R) = 20 \lg(V) - 17 = 20 \lg(\mu V) - 137 \\
&\mathrm{dBm} = 10 \lg(mW) = 20 \lg(\mu V) - 107 = 20 \lg(mV) - 47
\end{aligned}
\tag{4-18}
$$

值得注意的是，信号电平的测量分析精度与 FFT 的分辨率有关。当 FFT 分辨率较低时，电平的测量值可能不准确。例如，当接收机处于搜索状态时，为了保证频率搜索速度的要求，FFT 的分辨率较低，如几千赫到几十千赫，窄带的通信信号可能只对应几个谱线，此时对信号电平、中心频率、带宽的分析测量都是粗测。只有在高分辨率情况下，测量结果才是可靠的。为了提高测量精度，还可以采用多次测量计算平均的方法。

4.2.4　AM 信号的调幅度测量分析

调幅度是衡量 AM 信号的调制深度的参数。调幅信号表示为

$$x(t) = [A + m(t)] \cdot \cos(\omega_0 t + \varphi_0) \tag{4-19}$$

式中：A 是信号振幅；$m(t)$ 是调制信号。AM 信号的调幅度参数的定义如下：

$$m_a = \frac{E_{\max} - E_{\min}}{E_{\max} + E_{\min}} = \frac{1 - E_{\min}/E_{\max}}{1 + E_{\min}/E_{\max}} \tag{4-20}$$

调幅度示意图如图 4-1 所示。

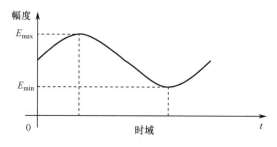

图 4-1　调幅度示意图

AM 信号的调幅度 m_a 可以通过时域测量或者频域测量得到。在时域测量时，需要先计算信号的包络（瞬时幅度）。信号的包络可以利用包络检波器得到；在数字处理时，可以对采样值进行平方，再通过低通滤波得到信号的包络。对 AM 信号进行平方运算，得到

$$x^2(t) = \left[\left(A + m(t)\right)\right]^2 \left[\cos^2(\omega_0 t + \phi_0)\right]$$

$$= \left[\left(A + m(t)\right)\right]^2 \frac{1 + \cos[2(\omega_0 t + \phi_0)]}{2} \tag{4-21}$$

经过低通滤波，滤除高频分量，然后开方，得到信号的包络：

$$a(t) = k\left[A + m(t)\right] \tag{4-22}$$

对信号包络计算最大值 E_{max} 和最小值 E_{min}，就可以得到调幅度。

值得注意的是：如果调制信号 $m(t)$ 是单频正弦信号，则上面得到的调幅度是准确的；如果调制信号 $m(t)$ 是窄带信号，如语音信号，则所得到的是瞬时调幅度。通过多次测量得到一组瞬时调幅度的值，其中最大的值就是调幅度。

4.2.5　FM 信号的频偏测量

最大频偏是体现调频（FM）信号调制指数的参数。调频信号表示为

$$x(t) = A\cos\left(\omega_c t + 2\pi\Delta f \int_{-\infty}^{t} m(\tau)\mathrm{d}\tau\right) \tag{4-23}$$

式中：A 是信号振幅；$m(t)$ 是调制信号，且满足 $|m(t)| \leqslant 1$。FM 信号的瞬时频率为

$$f(t) = f_c + \Delta f\, m(t) \tag{4-24}$$

调频信号的最大频偏定义为

$$K_f = \frac{f_{max} - f_{min}}{f_{max} + f_{min}} f_c \tag{4-25}$$

式中，$f_{min} = f_c - \Delta f$，$f_{max} = f_c + \Delta f$。

最大频偏分析测量的关键是提取瞬时频率，利用瞬时频率估计最大和最小频率，就可以得到最大频偏。瞬时频率的提取方法有两种：一种是模拟鉴频法，利用模拟鉴频器得到瞬时频率；另一种是采用正交变换提取瞬时频率。

4.2.6　通信信号的瞬时参数分析

通信信号的瞬时特征提取在民用领域和军事应用中都具有十分重要的意义。Hilbert 变换可以巧妙地应用解析表达式中实部与虚部的正弦和余弦关系，定义出任意时刻的瞬时频率、瞬时相位及瞬时幅度，从而解决了复杂信号中的瞬时参数的定义和计算问题，使得对短信号和复杂信号的瞬时参数的提取成为可能。所以，Hilbert 变换在信号处理中有着极其重要的作用，它是信号调制识别的基础。对于有些复杂信号不满足 Hilbert 变换的条件，也可以经过 EMD 分解，然后进行 Hilbert 变换，达到提取信号瞬时特征的目的。

对于窄带信号 $u(t) = a(t)\cos\theta(t)$，如果引入 $v(t) = a(t)\sin\theta(t)$，将它们组成一个复信号：

$$z(t) = u(t) + \mathrm{j}v(t) = a(t)\cos\theta(t) + \mathrm{j}a(t)\sin\theta(t) = a(t)\exp\left[\mathrm{j}\theta(t)\right] \tag{4-26}$$

这样就可以将信号的瞬时包络 $a(t)$、瞬时相位 $\theta(t)$ 和瞬时角频率 $\omega(t)$ 分别表示如下：

瞬时包络：

$$a(t) = \sqrt{u^2(t) + v^2(t)} \tag{4-27}$$

瞬时相位：
$$\theta(t) = \arctan\left\{\frac{\text{Im}[z(t)]}{\text{Re}[z(t)]}\right\} = \arctan\left\{\frac{v(t)}{u(t)}\right\} \tag{4-28}$$

瞬时角频率：
$$\omega(t) = \frac{\mathrm{d}\theta(t)}{\mathrm{d}t} = \frac{v'(t)u(t) - u'(t)v(t)}{u^2(t) + v^2(t)} \tag{4-29}$$

因而求一个信号 $u(t)$ 的瞬时参数就归结为求 $v(t)$，即求其共轭信号的问题。对于窄带信号 $u(t) = a(t)\cos\theta(t)$，因其共轭信号 $v(t)$ 是实部 $u(t)$ 的正交分量，因此可以利用 Hilbert 变换来求取。

实函数 $f(t)$ 的 Hilbert 变换定义为
$$H\{f(t)\} = \frac{1}{\pi}\int_{-\infty}^{\infty}\frac{f(\tau)}{t-\tau}\mathrm{d}\tau \tag{4-30}$$
因此，Hilbert 变换相当于使信号通过一个冲激响应为 $1/(\pi t)$ 的线性网络。

对于窄带信号 $u(t) = a(t)\cos\theta(t)$，因其共轭信号 $v(t)$ 是实部 $u(t)$ 的正交分量，所以
$$v(t) = H\{u(t)\} = \frac{1}{\pi}\int_{-\infty}^{\infty}\frac{u(\tau)}{t-\tau}\mathrm{d}\tau \tag{4-31}$$
实际无线电侦察设备所接收到的大多数辐射源信号，都可以用窄带信号来描述：
$$u(t) = a(t)\cos\theta(t) = a(t)\cos(\omega_0 t + \theta_0) \tag{4-32}$$
式中：$a(t)$ 相对于 $\cos(\omega_0 t)$ 来说是慢变化部分；ω_0 是载频，$\omega_0 t + \theta_0$ 是信号的相位。

由于窄带信号的特点是频谱局限在 $\pm\omega_0$ 附近很窄的频率范围内，其包络变化是缓慢的，此时对 $u(t)$ 做 Hilbert 变换，如果能得到其共轭正交分量 $v(t)$，然后对信号进行解析表示，可以很容易求出该信号的三个特征参数，即瞬时幅度、瞬时相位和瞬时频率，从而实现真正意义上的瞬时参数提取。实际上，对窄带信号进行瞬时特征提取，只需对信号进行 Hilbert 变换，就可以提取信号包络特征，从时域来提取信号瞬时频率、瞬时相位，甚至信号比特速率等特征，因而 Hilbert 变换在调制识别中具有十分重要的意义。

经中频采样后，瞬时参数的表达式如下：

瞬时幅度：
$$a(n) = \sqrt{u(n)^2 + v(n)^2} \tag{4-33}$$

瞬时相位：
$$\theta(n) = \arctan\frac{v(n)}{u(n)} \tag{4-34}$$

此时，瞬时相位 $\theta(n)$ 在 $[-\pi, \pi]$ 区间上存在相位混叠现象，需要对其进行解混叠处理。

首先求瞬时相位的 $\theta(n)$ 的差分序列：
$$\theta'(n) = \begin{cases} \theta(n), & n = 0 \\ \theta(n) - \theta(n-1), & 0 < n < N \end{cases} \tag{4-35}$$

当 $\theta'(n)$ 的绝对值大于 π 时，可以用序列 $x(n)$ 进行去交叠处理，其相位的变化处理方式如下：
$$x(n) = \begin{cases} -2\pi, & \theta'(n) > \pi \\ 2\pi, & \theta'(n) < -\pi \\ 0, & -\pi < \theta'(n) < \pi \end{cases} \tag{4-36}$$

对 $x(n)$ 进行累加得到 $x'(n)$：
$$x'(n) = \sum_{i=0}^{n} x(i) \tag{4-37}$$

这样就可以得到去交叠的相位 $\theta_1(n)$：

$$\theta_1(n) = \theta(n) + x'(n) \tag{4-38}$$

之后，可以使用差分法，由去交叠的相位 $\theta_1(n)$ 获得信号的瞬时频率 $f(n)$。在这里，选择利用中心差分法：

$$f(n) = \frac{1}{2\pi}\left[\theta_1(n+1) - \theta_1(n-1)\right] \tag{4-39}$$

接下来分别提取 AM、2ASK、2FSK、2PSK 信号的瞬时参数，其信号波形如图 4-2 所示。

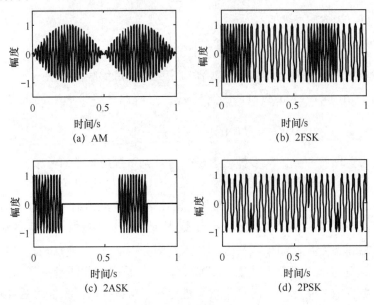

图 4-2　信号波形

以这四个信号为例，利用本章中提到的方法对其瞬时幅度、相位、频率分别进行提取，可得到瞬时幅度、瞬时相位、瞬时频率的提取结果，分别如图 4-3、图 4-4 和图 4-5 所示。

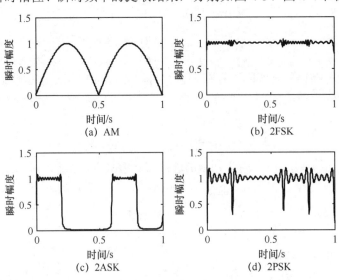

图 4-3　瞬时幅度

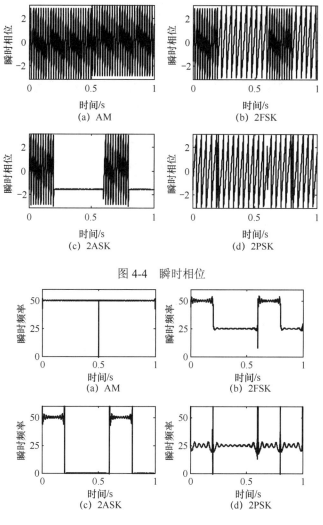

图 4-4 瞬时相位

图 4-5 瞬时频率

4.2.7 MFSK 信号频移间隔测量分析

1. MFSK 信号的特点

MFSK 信号有 M 个发送频率（如：2FSK 信号有 2 个发送频率，4FSK 信号有 4 个发送频率），发送频率之间的间隔称为频移间隔。MFSK 信号是 2FSK 信号的直接推广，M 种发送符号可表达为

$$S_i(t) = \sqrt{\frac{2E_b}{T_b}}\cos(\omega_c t), \quad 0 \leqslant t \leqslant T_b, i = 0,1,\cdots,M-1 \tag{4-40}$$

式中：E_b 为单位符号的信号能量；ω_i 为载波角频率，有 M 种取值。通常令载波频率 $\omega_i = 2\pi f_i = n/(2T_b)$，$n$ 为正整数。此时 M 个发送信号互相正交，即

$$\int_0^{T_b} S_i(t)S_j(t)\mathrm{d}t = 0, \quad i \neq j \tag{4-41}$$

MFSK 信号的带宽一般定义为

$$B_{\text{MFSK}} = |f_M - f_1| + 2f_b = (M-1)f_{\text{sep}} + 2f_b = f_b[(M-1)h + 2] \tag{4-42}$$

式中：f_M 为最高频率；f_1 为最低频率；$f_b = 1/T_b$ 为 MFSK 信号的码元速率；$f_{sep} = |f_i + 1 - f_i|$ $(i = 1, 2, \cdots, M-1)$，称为 MFSK 信号的最小频率间隔或者频移间隔（简称频间）；$h = f_{sep}/f_b$，称为 MFSK 信号的调制指数。

同 2FSK 信号一样，MFSK 信号的功率谱也由连续谱和离散谱组成，其中连续谱的形状也随着调制指数 h 的变化而变化：当 $h > 0.9$ 时，出现 M 个峰；当 $h < 0.9$ 时，出现单峰。

2. 频移间隔分析测量

由于 MFSK 信号频谱形状随调制指数 h 不同而不同，有多峰和单峰两种情况，因此对它的频移间隔的估计也分两种情况处理。

当调频指数 h 较大时，MFSK 信号频谱上将出现明显的多峰。为了方便，以 2FSK 信号为例讨论频移间隔的估计。2FSK 的频谱有 2 个谱峰，通过计算双峰的频率间隔，可以估计其频移间隔。对 2FSK 信号进行 N 点 FFT，其频谱函数 $X(k)$ 的两个谱峰之间的频率间隔（即频移间隔）为

$$\Delta F = |k_2 - k_1| \Delta f = |k_2 - k_1| \frac{f_s}{N} \tag{4-43}$$

式中：f_s 是采样频率；k_1 和 k_2 分别是两个谱峰对应的 FFT 数字频率序号；Δf 是 FFT 的频率分辨率。对于 MFSK 信号，其频移间隔为任意两个谱峰之间的频率间隔：

$$\Delta F = |k_{i+1} - k_i| \Delta f, \quad i = 1, 2, \cdots, M-1 \tag{4-44}$$

当调频指数 h 较小时，MFSK 信号的频谱将是单峰。这时频移间隔估计需要先计算其瞬时频率，然后通过瞬时频率直方图统计来实现。在理想情况下，MFSK 信号的瞬时频率为

$$f(t) = f_i, \quad i = 1, 2, \cdots, M \tag{4-45}$$

也就是 M 个符号对应 M 个频率，并且相邻两个频率的间隔正好是频移间隔。因此，在进行瞬时频率直方图统计时，直方图会出现 M 个峰值。任意两个峰值之间的间隔均为频移间隔。

4.2.8 码元速率估计

码元速率是数字调制信号的重要参数之一，同时也是通信对抗目标重要的常规特征。目前有许多方法可以实现对码元速率的估计，例如：基带脉冲功率谱分析、延迟相乘法、直方图法、傅里叶变换法、高阶累积量法、小波变换法等。下面以延迟相乘法和小波变换法为例进行具体说明。

1. 延迟相乘法

延迟相乘法估计模型如图 4-6 所示。

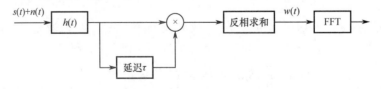

图 4-6　延迟相乘法估计模型

延迟相乘法估计模型的节点波形如图 4-7 所示。

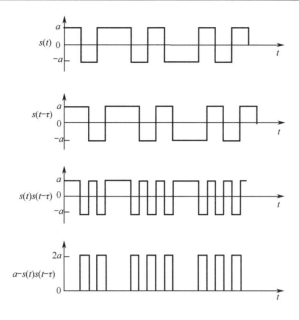

图 4-7　延迟相乘法估计模型的节点波形

在图 4-7 中，$s(t)$ 为基带信号，其幅度为 ±a；噪声 $n(t)$ 为高斯白噪声，其功率谱为 $N_0/2$。当输入信号 $s(t)$ 与其自身的延迟 $s(t-\tau)$ 相乘后，便产生一个波形为 $w(t) = a - s(t)s(t-\tau)$ 的输出信号。这个输出信号只会在每个数值变换位置、时间宽度为 τ 的地方才会等于 $2a$，而在其他地方都等于零。$w(t)$ 等于 $2a$ 的时间间隔起始点，是在该码元速率 $R=f_b$ 的整数倍处。此外，只要 $s(t)$ 在码元速率的整数倍处改变状态，在该处 $s(t)$ 的值就必等于 $2a$。因此，只有当基带信号 $s(t)$ 改变状态时，$w(t)$ 才等于 $2a$，这时对 $w(t)$ 或直接对 $s(t)s(t-\tau)$ 做 FFT 变换，就可以在频谱中码元速率的整数倍位置产生一根离散的谱线。

在进行估计时，如果输出信号在频谱中出现离散谱线，且这根谱线的幅度明显高于其临域的幅度，就认为这根谱线所在的位置对应的数值就是信号的码元速率值。

在码元速率检测时，信号首先通过滤波器 $h(t)$，最佳的滤波器 $h(t)$ 是匹配滤波器。然而，在码元速率检测中信号的码元速率是未知的，因此无法使用匹配滤波器。一般的做法是使信号通过一个矩形滤波器。

延迟相乘法的检测性能会受到延迟量 τ 和滤波器带宽 B 的影响：当延迟量 $\tau=1/B$ 时，延迟相乘法对码元速率 R 的估计有很好的稳健性；当码元速率 R 对应的频率 f_b 在 $[0.6B,1.4B]$ 范围内时，都可以得到很好的检测效果。因此，这种方法对于 f_b 未知的情况有很好的适应性。

虽然上述分析是在基带信号的基础上进行的，但是直接在带通信号上做延迟相乘变换也可以在码元速率处产生离散谱线。设带通信号为

$$x(t) = s(t)\cos(\omega_0 t) \tag{4-46}$$

式中，$s(t)$ 为基带信号，ω_0 为载频角频率。经过滤波和延迟相乘后，得到

$$
\begin{aligned}
y(t) &= x(t)x(t-\tau) \\
&= \frac{1}{2}s(t)s(t-\tau)\cos(\omega_0\tau) + \frac{1}{2}s(t)s(t-\tau)\cos(2\omega_0 t + \omega_0\tau)
\end{aligned} \tag{4-47}
$$

其中的第一项包含了因子 $s(t)s(t-\tau)$，它就是前面分析的基带信号的情况。由此可见，相乘输出在基带上和二倍载频处存在离散谱线。这样，对 $y(t)$ 进行 FFT 分析，就可以实现码元速率

检测。

2. 小波变换法

当小波变换前后位置处于一个码元内或相邻两个码元完全相同时，其幅度值是不变的；当相邻的码元不同时，小波变换的幅度值是会相应变化的，且幅度值变化的大小和相邻两个码元的幅度、相位和频率的变化有关。鉴于 Haar 小波可以识别出数字信号的码元跳变点，从而可利用小波变换后的系数进行码元速率的估计。

1）Haar 小波简介

对于平方可积的信号 $s(t)$，其小波变换可以表示为：

$$W_s(a,b) = \frac{1}{\sqrt{|a|}} \int_{-\infty}^{+\infty} s(t)\varphi^*\left(\frac{t-b}{a}\right)\mathrm{d}t, \quad a \neq 0 \tag{4-48}$$

式中，$\varphi_{a,b}(t)$ 表示母小波函数。对于 Haar 小波，它的 $\varphi_{a,b}(t)$ 可以定义为：

$$\varphi_{a,b}(t) = \begin{cases} 1/\sqrt{a}, & -a/2 < t < 0 \\ -1/\sqrt{a}, & 0 \leqslant t < a/2 \quad (a>0) \\ 0, & 其他 \end{cases} \tag{4-49}$$

2）码元速率的提取

下面以 MASK、MFSK、MPSK 和 QAM 信号为例进行码元速率的提取。对于 MASK、MFSK 和 QAM 信号，其小波变换后幅度恒定的区间要远大于幅度跳变的区间。所以，MASK、MFSK 和 QAM 信号的小波变换后的幅度 $x(t)$ 可以表示为：

$$x(t) = \sum_i A_i u(t-iT_s) + \sum_j B_j \delta(t-jT_s) \tag{4-50}$$

式中：A_i 是第 i 个符号小波变换后的包络；$u(t)$ 是单位阶跃函数；B_j 表示码元交界处的幅度；$\delta(t)$ 是单位冲激函数；T_s 是码元宽度。

对于 MPSK，其经过小波变换后幅度恒定的区间也要远大于幅度跳变的区间。其小波变换后的幅度可以表示为：

$$x(t) = A + \sum_i A_i \delta(t-jT_s) \tag{4-51}$$

式中：A 表示在一个码元内小波变换的幅度；$\delta(t)$ 是单位冲激函数；T_s 是码元宽度。$\delta(t-jT_s)$ 的小波变换可以表示为：

$$|W_\delta(\lambda,\tau)| = \begin{cases} \frac{1}{\sqrt{\lambda}}, & \left(-\frac{\lambda}{2}+iT_s-\tau\right) \leqslant t \leqslant \left(-\frac{\lambda}{2}+iT_s-\tau\right) \\ 0, & 其他 \end{cases} \tag{4-52}$$

一般情况下，如果 $\lambda \ll T_s$，式（4-52）仍可以看作冲激函数。所以，对于 $A_i\delta(t-jT_s)$，当其小波变换不包括幅度变换区域时，有：

$$|W_u(\lambda,\tau)| = \frac{1}{\sqrt{\lambda}}\int_{-\frac{\lambda}{2}}^{0} A_i\mathrm{d}t - \frac{1}{\sqrt{\lambda}}\int_{0}^{\frac{\lambda}{2}} A_i\mathrm{d}t = 0 \tag{4-53}$$

对于 $A_i\delta(t-jT_s)$，当其小波变换的范围包括幅度变换区域时，且在区间 $-\frac{\lambda}{2} < d < \frac{\lambda}{2}$ 上，

幅度从 A_i 变到 A_{i+1}，那么其小波变换可以表示为：

$$|W_u(\lambda,\tau)| = \begin{cases} \dfrac{1}{\sqrt{\lambda}}|A_i - A_{i+1}| \cdot \left|d + \dfrac{\lambda}{2}\right|, & -\dfrac{\lambda}{2} \leqslant d \leqslant 0 \\[2mm] \dfrac{1}{\sqrt{\lambda}}|A_i - A_{i+1}| \cdot \left|d - \dfrac{\lambda}{2}\right|, & 0 \leqslant d \leqslant \dfrac{\lambda}{2} \end{cases} \tag{4-54}$$

同理，一般情况下，如果 $\lambda \ll T_s$，式（4-54）仍可以看成冲激函数，对码元速率提取的影响可以忽略。

因此，对于 MASK、MFSK 和 QAM 信号进行二次小波变换后，在不影响码元速率提取的情况下，得到的输出可以近似为：

$$y_1(t) = \frac{1}{\sqrt{\lambda}} \sum_i \left(\frac{\lambda}{2}|A_i - A_{i+1}| + B_i \right) \delta(t - iT_s) \tag{4-55}$$

对于 MPSK 信号，经过二次小波变换后得到的输出近似为：

$$y_2(t) = \frac{1}{\sqrt{\lambda}} \sum_i A_i \delta(t - iT_s) \tag{4-56}$$

综上所述，对 MASK、MFSK、MPSK 和 QAM 信号进行二次小波变换，其输出可近似表示为：

$$y(t) = \frac{1}{\sqrt{\lambda}} \sum_i C_i \delta(t - iT_s) \tag{4-57}$$

其中，对于 MASK、MFSK 和 QAM 信号，$C_i = \dfrac{\lambda}{2}|A_i - A_{i+1}| + B_i$；对于 MPSK 信号，$C_i = A_i$。

对 $y(t)$ 进行傅里叶变换，得：

$$Y(\omega) = \frac{2\pi}{T_s} \sum_k C_k \delta\left(\omega - \frac{2k\pi}{T_s} \right) \tag{4-58}$$

在考虑正频率的情况下，$Y(\omega)$ 的第一个峰值所在的位置就是所要求的码元速率。

3）仿真结果

现选取 2ASK、2FSK、2PSK 信号为例，对其进行一次小波变换，得到的结果如图 4-8 所示。

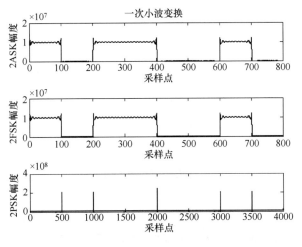

图 4-8　一次小波变换结果

上述结果表明：对于 2ASK 信号和 2FSK 信号，一次小波变换得到的结果都是比较理想的；而对 2PSK 信号，得到的一次小波变换结果不很理想。这是由于其结果是和小波变换前后的幅度、频率、相位的差异有关。当小波变换前后位置处于一个码元内或相邻两个码元完全相同时，2ASK 信号小波变换结果与变换前后的幅度有关，2FSK 信号小波变换结果与变换前后的频率有关，都是一个多值函数；2PSK 信号小波变换结果是一个常数，和码元没有关系。当相邻的码元不相同时，对于 2ASK 和 2FSK 信号，码元变换前后的幅度和相位有着较为明显的变化，变化越明显，小波变换的幅度就越大；对于 2PSK 信号，相位连续变化时的小波变换幅度不明显，不连续变化时较为明显。

现对上述 3 种信号继续做小波变换，得到二次小波变换的结果如图 4-9 所示。利用傅里叶变换得到 $Y(\omega)$，其第一个峰值所在的位置就是所要求的码元速率。设定信号的载频为 10 kHz，采样频率为 100 kHz，码元速率为 1000 b/s，分别在不同信噪比下对 2ASK、2PSK、2FSK 信号做 100 次仿真，得到结果如表 4-1 所示。由表 4-1 可知，利用二次小波变换法估计得到的码元速率是较为准确的，尤其是在信噪比大于 15 dB 情况下。

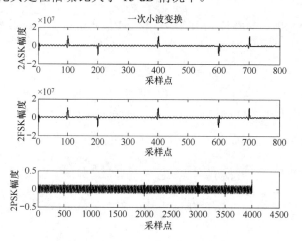

图 4-9　二次小波变换结果

表 4-1　不同信噪比下码元速率估计值

	码元速率估计值/（b/s）			
	SNR=5 dB	SNR=10 dB	SNR=15 dB	SNR=20 dB
2ASK	975.23	986.29	1000.50	1000.50
2PSK	962.51	979.64	998.95	998.95
2FSK	980.18	990.62	1000.64	1000.64

小结

通信信号特征提取是通信对抗侦察信号处理的主要内容。通信信号特征包括：内部特征，即通信信号所传递的信息内容；外部特征，即通信信号发射的电磁波中包含的除了信号内部特征外的所有特征。

通信信号特征提取的前提是对反映信号特征的技术参数进行测量与估计。通信信号技术参数的测量主要包括：

（1）信号载频的测量：可以利用 FFT 粗测或精测；

（2）信号带宽的测量：利用频谱分析仪进行人工观察，也可通过 FFT 等信号处理方法自动测量分析；

（3）信号电平的测量：计算信号带宽内的功率，作为信号相对功率；

（4）AM 信号调制幅度的测量：通过时域或者频域测量得到；

（5）FM 信号频偏的测量：最大频偏分析测量的关键是提取瞬时频率，可以通过模拟鉴频法、正交变换法提取瞬时频率，用瞬时频率估计最大和最小频率，得到最大频偏；

（6）MFSK 信号频移间隔的测量：由于 MFSK 信号频谱形状随调制指数不同而不同，有多峰和单峰两种情况，对它的频移间隔的估计也分两种情况处理；

（7）瞬时参数（瞬时频率、瞬时相位及瞬时幅度）的测量估计：Hilbert 变换解决了复杂信号瞬时参数的定义和计算问题，使得对短信号和复杂信号的瞬时参数的提取成为可能（对于有些复杂信号不满足 Hilbert 变换的条件，可以经过 EMD 分解，再进行 Hilbert 变换，达到提取信号瞬时特征的目的）；

（8）码元速率的测量估计：可以采用延迟相乘法和小波变换法估计码元速率。

习题

1. 分析采用延迟相乘法进行码元速率估计的基本原理。

2. 简述通联特征包括哪些内容。

3. 如何进行信号频率的测量？

4. 基带信号能进行什么类型的参数测量？

5. 细微特征的种类有哪些？举例进行说明。

6. 阐述通过时域测量 AM 信号调幅度的基本原理。

7. 如何进行 FM 信号的频偏测量？

8. 信号细微特征的产生来源有哪些？

第5章　通信侦察信号分析识别

5.1　信号分析识别的内容

信号分析识别包含的内容很多，根据通信对抗侦察的任务要求，信号分析识别的主要内容包括：

（1）信号种类的分析识别，包括分析识别各种不同的信号形式和测量信号的技术参数。信号种类的识别可以为干扰敌方通信，选择干扰样式和干扰参数提供依据。

（2）敌方通信装备技术性能的分析识别，包括通信体制、技术性能、特点和新技术的应用情况。通信装备的技术性能识别，可以为我方研究通信对抗策略、研制和发展通信对抗装备提供重要参考依据。

（3）敌方通信网台的分析识别，包括敌方通信网的数量，各通信网的组成、地理分布、级别、属性、应用性质（属于指挥网、后勤网、协同网等）、工作特点以及配备的装备类型等。通信网台的识别对于推断敌部队的指挥关系、战斗部署、行动企图等有重要价值，也是我方制定通信对抗作战计划的重要依据。

完成上述内容的分析识别，仅靠信号的技术特征是不够的，还需要信号的方位参数、通联特征以及从其他渠道获得的情报资料，进行综合分析判断。

5.2　通信信号自动识别的方法

从已被应用的对常规通信信号自动识别的研究成果看，信号自动分析识别的方法大致可以分为两种：特征参数值域判别法和信号模本匹配法。

5.2.1　特征参数值域判别法

特征参数值域判别法主要用于对不同信号形式的识别，它的分析识别思路是：提取信号的技术特征；适当选取多个能反映信号技术特征的特征参数并计算出特征参数值；根据各个特征参数所在的值域范围，采用模式识别的方法判别被截获信号的调制方式。

信号的技术特征一般是在时域和频域进行提取。

1. 时域特征

时域特征主要是提取信号波形的瞬时包络、瞬时相位和瞬时频率。提取的方法是：对侦察接收机输出的中频信号做正交变换（如图 5-1 所示），得到 $S_I(n)$ 和 $S_Q(n)$ 输出，然后分别得到信号的瞬时包络序列、瞬时相位序列和瞬时频率序列。

瞬时包络的分布特征通常用包络直方图来描述，如图 5-2 所示，其中横坐标表示包络值的大小，纵坐标表示各包络值出现的次数。不同的信号形式，其包络直方图的分布特点不同。例如：FM、FSK、PSK 等信号为等幅类信号，其包络直方图包络分布的起伏范围很小，直方图的平坦度很差；AM、SSB 等调幅类信号，其包络直方图中包络分布的起伏范围较大，而直方图的平坦度较好。

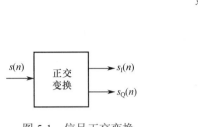
图 5-1　信号正交变换

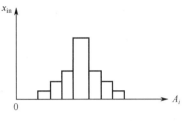
图 5-2　包络直方图

为了便于用计算机实现自动识别，需要选择不同的特征参数来描述瞬时包络的不同分布特征。例如：用包络熵或包络方差可以反映包络的起伏大小；包络直方图最大值所对应的包络值反映信号出现最大概率的瞬时包络值；而包络直方图最大值与其他值之和的比值，可以反映瞬时包络分布曲线的尖锐程度；等等。在实际应用时选择瞬时包络的哪些特征以及用什么特征参数来描述，需要根据识别的信号种类以及识别的可靠性等因素来确定。

瞬时相位和瞬时频率的分布特征一般也用相位直方图和频率直方图来描述。瞬时相位和瞬时频率的起伏程度、直方图中"峰"的个数等特征都可用特征参数来表征，作为信号识别的依据。

另外，作为常规技术参数的调幅度 m_a 和信号频偏 Δf，也可以根据瞬时包络、瞬时频率计算出来，作为特征参数用于信号识别。

2. 频域特征

频域特征主要是提取中频信号 FFT 频谱的特征。在信号频谱分布中，谱峰的个数、频谱对称系数、频谱的面积、频谱主峰面积与两侧频谱面积之比，以及作为常规技术参数的频谱带宽等参数，都可以作为信号识别的特征参数。在提取信号频谱特征时，一般用信号的平均谱，这是为因信号平均谱相对来说比较稳定。

信号的时域特征受随机因素的影响往往比频域特征大，所以在实际应用中，一般提取频域特征要比提取时域特征更多些。

5.2.2　信号模本匹配法

信号模本匹配法主要用于对同一种信号形式中不同个体信号的自动识别，也可以说是对信号个体属性的识别。

1. 信号模本匹配法的基本思路

用信号模本匹配法自动识别信号的基本思路如下：

（1）对同一种信号形式中的多个（设为 N 个）已知信号进行特征参数提取。提取的特征参数一般是多个（设为 M 个），对于同一个特征参数而言，N 个已知信号的特征参数值各不相同。这样，每一个已知信号就有 M 个特征参数值与其他已知信号相区别。

（2）将 N 个信号的特征参数值存入数据库，建立包含 N 个已知信号模本的模本库。

（3）提取待识别信号的 M 个特征参数值，分别与模本库中的各个信号模本进行比较，用模式识别理论进行分析判断：如果待识别信号与模本库中的某一信号模本相匹配，就判定待识别信号为该信号；如果在模本库中找不到相匹配的信号模本，就把待识别信号的特征参数值作为新的信号模本存入模本库。

2. 人工手键报手法特征自动识别举例

利用人工手键报信号的手法特征实现对信号的个体识别，可以用提取不同的特征参数和不同的算法来完成。下面介绍一种提取信号时域特征参数实现手法特征识别的方法。这一举例的目的，在于更好地理解用信号模本匹配法实现信号识别的方法及原理，而不是去掌握手法特征识别的具体方法。所以，下面的讨论不做详细的理论分析。

人工手键报通信一般都采用莫尔斯电码。国际通用的莫尔斯电码是由点和画组成的不等长（或不均匀）电码。以点的持续时间作为时间长度单位，规定画的长度为 3 个单位时间，点与点、点与画、画与画之间的间隔时间为 1 个单位时间，字母（或数字、符号）之间的间隔为 3 个单位时间，字与字（或组与组）之间的间隔为 5 个单位时间。为了使收发报工作正确无误地进行，要求发报时严格遵循上述规定。

1）手法特征的提取

莫尔斯电码对点、画及不同间隔的相对时间长度做了规定。但是，报务员不可能做到严格遵守，在长期的发报实践中会逐渐形成各自的习惯性手法，主要表现为：发报速度不同，有的快，有的慢，或有时快慢随机变化；点和画的长度与规定标准不一致，或偏长，或偏短，或长短随机变化；点画间隔、字符间隔、组间隔与规定标准不一致，或偏大，或偏小，或大小不均匀。习惯性手法虽然是对规定标准的一种"破坏"，但各个报务员"破坏"的形式和程度是不同的，并且每个报务员"破坏"的形式和程度有其相对的稳定性。例如：有的经常将点与画之间的间隔发得偏长，形成点、画脱节；有的经常把组间隔发得偏短，形成连码现象；等等。所以，习惯性手法都带有报务员的个体特征，也就是报务员的手法特征。有经验的报务员听熟悉的报务员发报，就像一般人听熟人讲话一样，根据电报的声响，就可以判断出是谁在发报。这种判断的依据就是报务员的手法特征。一个报务员的手法特征在不同的情况下会有少许的改变，例如：在身体疲劳或情绪低落时，发报速度会变慢；发紧急作战报和发训练报时的手法特征也会有所改变。但是，一个报务员手法特征中的一些固癖特征是很难改变的，这是对人工手键报进行手法特征识别的基础。

手法特征的自动识别，第一步是提取报务员的手法特征。手法特征是很多的，下面讨论两种手法特征，以此作为自动识别的依据。

（1）点、画、间隔长度的统计特征。

图 5-3 以 A、B、D 三个字母的莫尔斯电码为例，示出了点、画和间隔的相对长度。其中，单位时间长度为 τ；A、B 之间用字母间隔，为 3τ；B、D 之间用的是组间隔，为 5τ。为叙述方便，凡长度为 τ 的间隔称为点画间隔，长度为 3τ 的间隔为字符间隔，长度为 5τ 的间隔为组间隔。

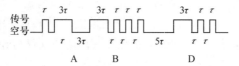

图 5-3 莫尔斯电码点、画、间隔的相对长度

报务员在发报时，不可能对点、画、间隔的长度做到精确控制。所以，这些量都是随机变化的，是随机变量。如果对每个报务员所发电报的点、画和几种间隔进行大量的统计分

析，就会发现存在一定的统计规律。图 5-4 示出了两个报务员所拍发的点、画、点画间隔、字符间隔、组间隔时间长度的概率统计曲线，其中横坐标为时间长度，纵坐标为出现的概率。由图 5-4 可以看出，两个报务员（1# 用实线表示，2# 用虚线表示）拍发的点、画、间隔的长度虽然都是随机变化的，但二者具有不同的统计规律。以点的长度为例，1# 报务员所发的点长基本分布在 1 个单位时间附近的范围内，且曲线较尖锐；2# 报务员所发的点长则围绕约 1.6 个单位时间在较宽的范围内分布。

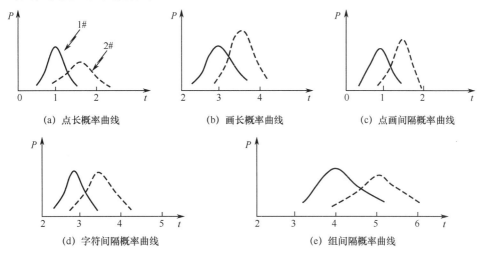

(a) 点长概率曲线　　　　(b) 画长概率曲线　　　　(c) 点画间隔概率曲线

(d) 字符间隔概率曲线　　　　(e) 组间隔概率曲线

图 5-4　不同报务员拍发点、画、间隔的概率统计曲线

根据大量统计发现，报务员拍发的点、画和各种间隔的概率统计曲线，近似服从正态分布，可以用正态函数近似地加以描述。

（2）字符的图像特征。

报务员在拍发电报时，除了在点、画和间隔的长度上有各自的统计特征外，根据大量实验发现，不同的报务员在拍发某些特定字符时，在点、画和间隔长度的相对关系上，存在各自的固定模式，使拍发的同一字符，在码形结构上有不同特征。这种特征通常用反映该字符码形结构特征的图像表示，称为字符的图像特征。

图 5-5 示出了两个报务员拍发数字"4"（电码为"···—"）的电码波形。我们考察 4 个点的长度，两个报务员拍发的四个点长都是不同的，如果按点的长度由大到小排列，报务员甲的排列顺序为 2、1、3、4，而报务员乙的排列顺序为 3、4、2、1。若两个报务员多次重复拍发数字"4"，上述排列顺序基本保持不变。如果考察字符的点画间隔长度，也有类似的特征。对于拍发其他字符，也存在类似的情况。由此可见，字符的图像特征也是能够反映报务员个体特征的一种手法特征。

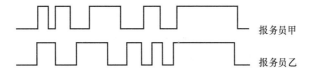

报务员甲

报务员乙

图 5-5　两个报务员发"4"时的电码波形

字符的图像特征主要反映在点与点画间隔长度的排列顺序上。莫尔斯电码规定点的长度和点画间隔的长度是相等的，都等于 1 个单位长度。这样，我们把点和点画间隔统称为单位

点，在一个字符中把二者联合在一起考察其长度，并进行排序。

字符的图像特征可以用图像表示，图 5-6 示出了两个报务员拍发数字"4"的特征图像。实际上，一个报务员在多次拍发同一个字符时，每次拍发的电码波形都会有差异。

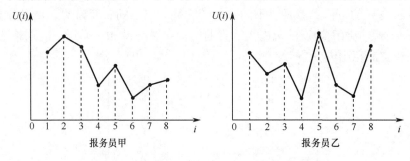

图 5-6　两个报务员发"4"时的图像特征

在通信对抗侦察中，针对某个报务员拍发报文的电码波形，根据某个字符出现的次数，可以计算出该字符各单位点长度的统计平均量化值，从而得到该字符的特征图像。实际的报文都是包含多个字符，据此，可以得到多个字符的特征图像，多个图像即构成了反映报务员手法特征的字符图像特征集。将这些字符图像特征存入手法特征模本库，作为手法特征识别的依据。

2）手法特征自动识别的实现

手法特征的自动识别按以下步骤进行：

（1）对待识别的人工手键报信号提取手法特征，即点、画、间隔长度统计特征和字符的图像特征。

（2）用待识别信号的手法特征与模本库中存储的手法特征模本进行比较识别，也就是按照模式识别的理论，在一定的准则下进行判决。

5.3　通信调制方式的识别

5.3.1　概述

通信信号要经过调制之后才会进行传输，它的调制样式也是通信对抗目标的重要特征之一。对于调制方式识别，早期的方法是先收集到信号，之后经过变频后输入到解调器中，利用耳机、示波器、频谱分析仪等工具对输出信号进行侦听、观察，人为地对信号进行调制识别。然而，该方法极其依赖于观察员的水平，识别效果中掺杂着较为明显的人为因素，并且能够识别的对象种类少，识别效率低。近年来，通信技术水平有着快速的发展，通信信号传播环境越来越复杂，通信信号本身的调制方式也越来越复杂，传统的人工识别方式已经不适用于当今的环境。自动调制识别的出现克服了传统的人工识别的缺点，适应当今环境，能够有效、实时、准确地对通信信号调制方式进行识别。

1969 年 4 月，C. S. Waver 等人发表了第一篇研究自动调制识别的论文《采用模式识别技术实现调制类型的自动分类》[28]。这也拉开了信号自动调制方式识别研究的大幕，之后一批学者和科技人员不断地进行着这方面的研究，也取得了丰富的成果。1984 年，Liedtke 利用决策理论和统计模式识别的方法对数字调制信号展开研究[43]，提取信号的幅度、频率、相位直方图、频率方差等参数，并按最近原则进行调制方式识别；但该方法在低信噪比下效率不高，只有当信噪比高于 18 dB 时才能对数字调制信号进行有效的识别。1990 年，A. Polydoros 和 K. Kim 等对 BPSK 和 QPSK 信号利用次优对数似然比法进行了调制方式识别[44]，其识别正确率较高，效果较好。1995 年，A. K. Nandi 等提取信号的瞬时特征，对模拟调制 AM、DSB、LSB、USB、FM 信号和数字调制 2ASK、4ASK、2PSK、4PSK、2FSK、4FSK 信号分别利用判决树法进行了识别，在较高信噪比的条件下识别效果较好（信噪比大于 10 dB 时，模拟调制识别正确率要高于 91%，数字调制识别正确率高于 89.25%）[45,46]；其后又利用神经网络法代替判决树法设计分类器进行调制识别[47]，采用瞬时参数加上统计量作为特征参数，用多层神经网络作为分类器，在信噪比高于 10 dB 的情况下，识别准确率高达 99.5%。黄春琳等在 Nandi 所提特征参数基础上，进一步利用神经网络分类器对数字和模拟信号均进行了调制识别研究[48,49]。Ananthram Swami 等以高阶累积量为特征，利用判决树分类器对数字信号进行了识别，在信噪比不低于 10 dB 时，识别正确率不低于 95.1%[50]；陈卫东等在 Ananthram 研究基础上利用四阶累积量研究了多信道中的 MPSK 信号识别[51]。Mobasseri 利用星座图的形状进行了调制识别研究，提取星座图特征，对 MPSK、MQAM 信号进行识别[52]；Hsue 等利用过零点检测法进行了调制样式研究，在信噪比不低于 15 dB 时，识别正确率不低于 98%[53]。

5.2.1 节已经采用特征参数值域判别法对通信调制方式识别做了简单介绍，本节对调制方式识别进一步进行阐述。调制方式识别的基本步骤如图 5-7 所示。

图 5-7　调制方式识别的基本步骤

由图 5-7 可以看到，调制方式的识别一般包括 3 部分：信号预处理、特征参数提取和分类识别。

信号预处理部分主要是对所截获的信号进行初步处理，为后续步骤提供可用的数据；一般需要对信号进行频率下变频，同相和正交分量分解，载频的估计和载频分量的消除等工作。

特征参数提取部分主要对信号的时域和变换域特征进行分析、选择和提取，为下一步分类识别给出依据。时域特征主要有瞬时幅度、相位和频率等参数，变换域特征主要包括功率谱、谱相关函数等参数。在确定待识别信号的特征参数后，计算被截获信号的特征参数值。同一个特征参数的取值范围，对于不同形式的信号而言往往不同，这样，根据被截获信号各个特征参数所在的值域，经过比较判断，即可识别出该信号的调制方式。

分类识别部分主要是选择恰当的判决规则和分类器对调制样式进行识别，现在常见的分类器结构有神经网络结构和决策树结构。决策树方法是采用多级分类，每一级中利用信号的一个或联合多个特征进行判定，将一种调制方式识别出来；或者将一些识别方式分成两部分，进入下一级结构进行决策。该分类器结构简单，易于实现，实时性好；但是判决门限往往难以确定，对低信噪比的信号识别效率不高。神经网络分类器能够克服决策树分类器的一些缺点，自适应性强，可以较好地解决一些较为复杂的非线性问题；但是其识别前的训练时间较长，并且对训练算法有着较高的要求。

5.3.2 信号调制方式自动识别举例（一）

为了加深对特征参数值域判别法的理解，下面以短波通信中常用的四种信号（AM、SSB、2ASK、2FSK）的分类识别为例，说明自动识别的过程和基本原理。

1. 信号特征提取与特征参数选择

在时域提取信号的瞬时包络，四种信号的包络直方图如图 5-8 所示。其中，横坐标将瞬时包络的变化范围分为 N 个等级；纵坐标 X_i 用归一化值来表示，故 $\sum\limits_{i=1}^{N} X_i = 1$，它代表了包络值在每一个等级中出现的频度。由图 5-8 可见：对于 AM 和 SSB 信号，瞬时包络变化范围大，直方图的分布较为平坦；2ASK 和 2FSK 信号的包络值分布比较集中，从理论上讲只有一个包络值（"0" 值不计），但由于噪声的影响，实际的包络值不只一个，只是有些等级的包络值出现的概率很小。

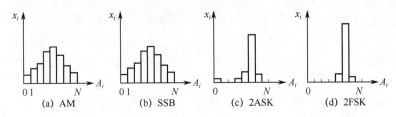

图 5-8　四种信号的包络直方图

时域特征参数选取包络熵来反映信号瞬时包络起伏的大小，记为：

$$H_A = -\sum_{i=1}^{N} X_i \cdot \lg X_i \tag{5-1}$$

信号的瞬时包络起伏越大，其包络直方图的平坦度越好，则包络熵值越大；反之，则包络熵值越小。

在频域提取中频 FFT 频谱，则四种信号的频谱结构如图 5-9 所示。AM 信号上、下两个边带基本是对称的；SSB（只画了上边带，即 USB）信号理论上只有一个边带，但由于信号加窗处理引起的频谱展宽，另一边带也有很小的幅度；2ASK 信号为单峰谱结构；2FSK 信号则为双峰谱结构。

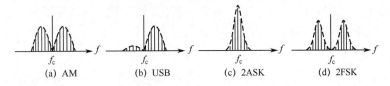

图 5-9　四种信号的频谱结构

对于频谱结构特征，选用以下两个特征参数来描述：

（1）反映信号频谱对称度好坏的参数，用频谱对称系数表示，记为：

$$W_f = \sum_{K=N_1}^{\frac{1}{2}(N_1+N_2)} V_K^2 \Bigg/ \sum_{K=\frac{1}{2}(N_1+N_2)}^{N_2} V_K^2 \tag{5-2}$$

式中：V_K 表示数字化频谱中频率位置序号为 K 的频谱分量的幅度；N_1 表示最低频谱分量的频

率位置序号；N_2 表示最高频谱分量的频率位置序号。

由式（5-2）可以看出，在信号频谱理想对称的情况下，$W_f=1$。

（2）反映信号谱峰多少的参数，用谱峰系数表示，记为：

$$M_f = (N_{m1} + N_{m2})/N_{m1} \tag{5-3}$$

式中：N_{m1} 为第一个谱峰对应的频率位置序号，N_{m2} 为第二个谱峰对应的频率位置序号，且 $N_{m1}<N_{m2}$。

若信号频谱有两个谱峰，则 $M_f>2$；如果只有一个谱峰，则只有 N_{m1}，此时 $M_f=1$。

上述特征参数可从信号的瞬时包络或频谱中进行提取计算，这就为信号的自动识别分类提供了条件。

2. 自动分类识别的实现

首先用 H_A 分类。AM 信号和 SSB 信号的 H_A 值相接近，2ASK 和 2FSK 信号的 H_A 值相接近，而前两种信号的 H_A 值比后两种信号要大得多。据此，可以将 AM、SSB 信号和 2ASK、2FSK 信号区分开来。

用 W_f 参数对 AM 和 SSB 信号分类，前者 $W_f=1$；后者 $W_f \ll 1$（上边带信号）或 $W_f \gg 1$（下边带信号）。

用 M_f 参数对 2ASK 和 2FSK 信号分类，前者 $M_f=1$，后者 $M_f>2$。

上述分类过程可以用图 5-10 来表示，这是模式识别中的一种树形分类器结构。在根据特征参数值进行分类时，需要设置参数的判决门限值。门限值的大小是在一定的信噪比条件下经过大量实验统计确定的。

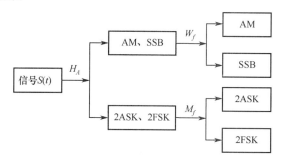

图 5-10 树形分类器

以上讨论了 AM、SSB、2ASK、2FSK 四种信号自动分析识别的基本原理。要求识别的信号种类越多，需要提取的信号特征和特征参数也越多，实现自动分类识别的难度就越大。在要求识别的信号种类已确定的情况下，由于待识别信号的技术特征是由信号本身决定的，提取信号的哪些特征和特征参数以及采用什么算法，成为实现自动分类识别的关键问题。在决定选用的信号特征参数和算法时，应考虑使自动识别有尽可能高的可信度和尽可能简单的信号处理过程，以提高自动识别的实时性。

5.3.3 信号调制方式自动识别举例（二）

对于通信信号，可以分为模拟和数字两大类调制样式。一般来说，进入接收机的信号既有模拟信号也有数字信号，所以需要对这两类信号进行联合识别。然而，模拟信号和数字信号联合调制识别时需要用到的分类器构造不够清晰，较为复杂；对于数字信号，可以估计得到其码元速率特征参数，而模拟信号是没有码元速率这一参数的。所以，可以先利用前面所述对码元速率的测量来对模拟信号和数字信号进行区分，即对信号进行码元速率的估计，判断是否有码元速率的存在；然后针对模拟信号和数字信号进行调制方式的识别。

1. 模拟调制方式特征参数的选取

对于模拟信号，其主要的调制方式是 AM 调制和 FM 调制，其中 AM 调制又可以分为 DSB、LSB、VSB、USB 等调制方式。基于决策理论对调制方式进行识别的算法，是利用不同调制信号瞬时参数中所包含的信息有一定差异的原理，提取出能够区别不同调制样式的特征参数，并设置恰当的门限对调制样式进行决策。

考虑到低信噪比的情况，本节选取幅度谱峰值 $\gamma_{\max}$、谱对称性 P、信号包络方差与均值平方之比 R 这三个特征值对 FM、AM、DSB、LSB、VSB、USB 调制进行识别[1]，其中 AM 和 DSB 信号只用 R 参数设置一个门限进行判决，避免出现相邻两个门限之间差值过小的情况。

1）幅度谱峰值 $\gamma_{\max}$

幅度谱峰值的计算公式为：

$$\gamma_{\max} = \max\left|\text{FFT}\left(a_{cn}(i)\right)^2\right|/N_s \tag{5-4}$$

式中：$a_{cn}(i)$ 表示零中心归一化瞬时幅度，N_s 表示采样点数。$a_{cn}(i)$ 的计算公式如下：

$$a_{cn}(i) = a_n(i) - 1 \tag{5-5}$$

式中：$a_n(i) = \dfrac{a(i)}{m_\alpha}$，$a(i)$ 表示瞬时幅度。

为了消除信道增益的影响，用平均值 m_α 来对瞬时幅度 $a(i)$ 进行归一化，即：

$$m_\alpha = \frac{1}{N_s}\sum_{i=1}^{N_s} a(i) \tag{5-6}$$

幅度谱峰值 $\gamma_{\max}$ 可以用来区分恒包络信号和非恒包络信号，即将 FM 和其他几种信号区分开来。在理想条件下，FM 信号的瞬时幅度几乎不变，故 $a_{cn}(i)$ 为零；而其他几种信号的瞬时幅度是变化的。考虑到在实际过程中噪声的影响，对于 FM 信号，其 $a_{cn}(i)$ 是不为零的，所以需要设定一个门限 $0 < t(\gamma_{\max}) < 1$，当 $|\gamma_{\max}| < t(\gamma_{\max})$ 时认为是 FM 信号，否则就是其他信号。

2）谱对称性 P

谱对称性参数 P 的计算公式可以表示为：

$$P = \frac{P_L - P_U}{P_L + P_U} \tag{5-7}$$

式中：P_L 表示信号的下边带功率，有

$$P_L = \sum_{i=1}^{f_{cn}} |S(i)|^2 \tag{5-8a}$$

P_U 表示信号的上边带功率，有

$$P_U = \sum_{i=1}^{f_{cn}} |S(i + f_{cn} + 1)|^2 \tag{5-8b}$$

其中 $S(i)$ 是信号 $s(t)$ 的傅里叶变换，$f_{cn} = \dfrac{f_c N_s}{f_s - 1}$，$f_c$ 是载频，f_s 是采样频率，N_s 是采样点数。

谱对称性参数 P 可以区分频谱对称的信号与频谱不对称的信号。理想情况下，FM、AM、DSB 信号的频谱是对称的，所以 $P=0$；USB 信号的频谱中只有上边带，故 $P=-1$；LSB 信号的频谱中只有下边带，故 $P=1$；对于 VSB 信号，$|P|<1$。所以，设置两个谱对称性参数 P 的门限值便可以将 LSB、VSB、USB 与 AM、DSB 信号区分出来，门限 $t(P)$ 应该满足 $0 < t(P) < 1$。

3）信号包络方差与均值平方之比 R

$$R = \frac{\sigma^2}{\mu^2} \tag{5-9}$$

式中：σ^2 表示包络的方差；μ^2 表示信号包络均值的平方。

在本节中，R 只用来区别 AM 信号和 DSB 信号。对于 AM 这一类信号，接收的信号 $y(t)$ 可以统一表示为：

$$y(t) = A[M + m \cdot o(t)]\cos(2\pi f_c t + \theta) + n(t) \tag{5-10}$$

式中：$o(t)$ 服从高斯分布，且 $E[o(t)] = 0$；$n(t)$ 表示高斯白噪声。设 $\mathrm{var}[o(t)] = \sigma_1^2$，$\mathrm{var}[n(t)] = \sigma_2^2$，则信号包络方差与均值平方之比 R 的计算公式可以表示为[28]：

$$R = \frac{1 + 2p + 2q + 4pq + 2q^2}{(1 + p + q)^2} \tag{5-11}$$

式中：$p = \dfrac{M^2 A^2}{2\sigma_2^2}$，表示载噪比；$q = \dfrac{A^2 m^2 \sigma_1^2}{2\sigma_2^2}$，表示已调信号和噪声的功率的比值。

同样，对于 DSB 信号，有 $M=0$，$m=1$，则 R 的计算公式可以表示为：

$$R = \frac{1 + 2q + 2q^2}{(1 + q)^2} \tag{5-12}$$

对式（5-12）求二阶导数，R 是以 q 为自变量的单调递增函数，对其求极限可得：

$$\lim_{q \to +\infty} \frac{1 + 2q + 2q^2}{(1 + q)^2} = 2 \tag{5-13}$$

因此，可以通过设定门限值 $t(R)$ 来区分两类信号，在信噪比较大的情况下，小于门限的信号即可判定为 AM 信号，大于门限值的信号可判定为 DSB 信号。

2. 模拟调制方式分类器的设计

当特征参数提取完毕之后，分类器的设计也是十分重要的，设计的好坏将直接影响到识别正确率。目前，分类器设计的方法主要有决策树的方法、基于信任度函数的方法和基于神经网络的方法。其中，决策树的方法是一种基础的、比较成熟的方法，参见 5.3.2 节；神经网络法适应性强，智能水平高，识别正确率高。下面首先给出一种改进的判决树法分类器设计结构，利用神经网络法的训练思想，对判决树法的参数门限进行训练选取；然后提出一种基于动态 TOPSIS 的分类器。

1）改进的判决树法

利用上述三个参数，得到判决树法的决策流程图如图 5-11 所示。

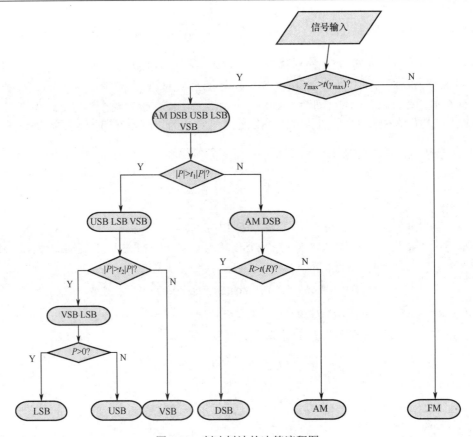

图 5-11　判决树法的决策流程图

判决树法的关键是各个参数门限值的选取，门限值选取的准确与否将会直接影响判别的准确率。为了选取最佳的判决门限，可以借鉴神经网络法的训练模式，建立判决门限反馈算法如下：

（1）首先设定初始值，并根据初始值的大小设定移动步长 b_y 和跳跃步长 b_t。

（2）以 b_y 为移动步长分别沿着初始值增加和减小的部分前进 5 步，对每个参数在每一步中均进行 100 次仿真实验，选取 5 步平均正确率较高的方向作为判决门限的正方向，并进入步骤（3）。

（3）更新初始值，初始值沿着判决门限的正方向以步长为 b_t 进行加减，并判断分别以更新前和更新后所得到的参数作为门限时，其判决正确率的大小。如果更新后的正确率高，那么更新初始值成功；否则更新初始值失败，跳跃步长变为 $b_t/2$，重新进行初始值更新，直至更新初始值成功为止。更新初始值成功后，跳跃步长恢复至 b_t。

（4）以更新后的初始值为准，转至步骤（2），直至初始值更新跳跃步长 b_t 小于移动步长 b_y 为止，此时的初始值即为最佳门限。

由此得到各参数的门限值以及在每一个判决步骤判决的正确率如表 5-1 所示。

由表 5-1 可以发现，利用神经网络中反馈训练思想所得到的判决门限值的判决正确率是较高的。同时，在实际的训练过程中也可以通过修改移动步长 b_y 和跳跃步长 b_t 的值来增减训练过程的复杂度。

表 5-1　参数门限设置表

参数名称	门限值	判决正确率	移动步长 b_y	跳跃步长 b_t
$t(\gamma_{max})$	0.214	96.12%	0.001	0.02
$t_1|P|$	0.092	97.00%	0.0001	0.002
$t_2|P|$	0.975	97.56%	0.001	0.02
$t(R)$	1.823	95.98%	0.002	0.02

设置参数，在信噪比 5 dB、10 dB、15 dB 的条件下进行仿真，得到的结果分别如表 5-2、表 5-3 和表 5-4 所示。

表 5-2　5 dB 情况下识别正确率

	FM	AM	DSB	USB	VSB	LSB
FM	0.891	0.109	0	0	0	0
AM	0	0.815	0.185	0	0	0
DSB	0	0	0.886	0.089	0.021	0.004
USB	0	0	0.112	0.874	0.014	0
VSB	0	0	0.045	0.030	0.906	0.019
LSB	0	0	0.007	0	0.098	0.895

表 5-3　10 dB 情况下识别正确率

	FM	AM	DSB	USB	VSB	LSB
FM	0.949	0.051	0	0	0	0
AM	0	0.935	0.065	0	0	0
DSB	0	0	0.945	0.030	0.013	0.012
USB	0	0	0.042	0.936	0.020	0
VSB	0	0	0.018	0.010	0.960	0.012
LSB	0	0	0.003	0	0.058	0.939

表 5-4　15 dB 情况下识别正确率

	FM	AM	DSB	USB	VSB	LSB
FM	0.963	0.037	0	0	0	0
AM	0	0.951	0.049	0	0	0
DSB	0	0	0.957	0.043	0	0
USB	0	0	0.049	0.951	0	0
VSB	0	0	0	0	0.971	0.014
LSB	0	0	0	0	0.021	0.979

2）基于动态 TOPSIS 的识别方法

前面利用改进的判决树法设计了分类器，并给出了门限选择的反馈训练模型；然而，该方法受信噪比的影响比较大。利用神经网络法进行调制方式的识别，其识别正确率、自适应性等效果均要好于判决树法；然而神经网络法的初始值、学习算法的选取等都会影响到收敛速度，进而造成训练时间过长、实时性不好等缺点。

针对上述问题，这里提出基于动态 TOPSIS 的调制方式识别方法。首先以上述几个参数为评价指标，对每一种调制方式都进行正、负理想解的设定（以该调制方式参数的理想值为正理想解，几种调制方式参数的理想值中与正理想解差距最大的值为负理想解）；然后让信号依次进入到每一个调制方式的 TOPSIS 模型中进行打分，会得到多个得分；最后对各种调制样式的得分进行排序，得分最高的即为识别出的调制样式。

该方法和传统的利用参数依次进行比较，将调制方式进行分类，直至分选识别出每一种调制方式的思想有所不同，它将多个参数看作一个整体，建立一个系统宏观的整合。利用各个参数直接对调制方式进行分类，这就有效地避免了各个参数门限选取是否准确的问题，同时也避免了一个参数多次利用的问题。

（1）TOPSIS 评价算法简介。

TOPSIS 法是 "Technique for Order Preference by Similarity to Ideal Solution" 的缩写，它是一种多目标决策方法。常规的 TOPSIS 法，其基本思路是定义决策问题的正理想解和负理想解，然后在所有的可行方案中找到一个方案。综合来看，在所找到的方案中，各个评价指标离正理想解最近，而离负理想解最远。一般来说，正理想解是最理想的方案，要满足它所对应的属性是各方案中最好的；负理想解是最坏的方案，要满足它所对应的属性是各方案中最差的。之后利用方案排队的决策方式，将实际值和理想解进行比较，离正理想解越近越好，离负理想解越远越好。

同时，常规的 TOPSIS 法中，对每一个评价指标来说，它的正、负理想解都是固定的。但是考虑到调制方式的识别中，对应一种评价指标，每一种调制方式的理想解都是不同的。因此，为了满足正理想解和负理想解的定义，将其理想解定义为动态的理想解。

- 本示例中共有 6 种调制方式，3 个特征参数。在这里依次将每种调制方式代入到 3 个特征参数中进行 TOPSIS 法运算，共进行 6 次。在每次运算中，有 3 个评价指标变量（特征参数）和 1 个目标对象，那么这种调制方式的第 i 个特征参数为：

$$h_i(i = 1, 2, 3) \tag{5-14}$$

- 确定正理想解 C_{ij} 和负理想解 C_{ij}^*。对每个特征参数来说，其每种调制方式的正理想解和负理想解都是不同的。直接设定正理想解为这种调制方式对应特征参数的理想值，设定负理想解为所有调制方式的理想值中与正理想解差值最大的数值。对于部分无法由理论分析得到理想解的信号，采用 100 次仿真得到其理想解 C_{ij} 与负理想解 C_{ij}^*。

- 计算各调制方式中参数到正、负理想解的距离。其中，数据到正理想解的距离为：

$$S_j = \sqrt{\sum_{i=1}^{3}(h_i - C_{ij})^2} \tag{5-15}$$

数据到负理想解的距离为：

$$S_j^* = \sqrt{\sum_{i=1}^{3}(h_i - C_{ij}^*)^2} \tag{5-16}$$

- 计算各调制方式的得分：

$$f_j = \frac{S_j^*}{(S_j + S_j^*)} \tag{5-17}$$

（2）仿真实验。

产生一个 AM 信号与 LSB 信号，分别利用该方法进行 100 次仿真，得到各个调制方式的平均得分，如表 5-5 和表 5-6 所示。

表 5-5　AM 信号的识别平均得分

调制方式	AM	FM	DSB	USB	VSB	LSB
得分	0.923	0.058	0.362	0.093	0.049	0.006

表 5-6　LSB 信号的识别平均得分

调制方式	LSB	FM	DSB	USB	VSB	AM
得分	0.847	0.013	0.142	0.003	0.249	0.030

可见，AM 信号与 LSB 信号各自识别所对应的得分都要远高于其他调制方式的识别得分。可以说，基于动态 TOPSIS 的调制方式识别方法有着一定的研究价值，效果较好。

3. 数字调制方式特征参数的选取

对于数字信号调制方式的识别，仍采用改进判决树识别方法和动态 TOPSIS 调制方式识别法，所不同的是特征参数的选取。接下来对 2ASK、4ASK、2PSK、4PSK、2FSK、4FSK 信号进行调制方式识别，选取幅度谱峰值 γ_{max}、平均幅度、瞬时幅度标准差、瞬时相位标准差、瞬时频率标准差这 5 个特征参数实现调制识别，其中幅度谱峰值 γ_{max} 的定义同前，另外 4 个参数的具体定义如下：

1）平均幅度 A

平均幅度就是指所有的取样点的瞬时幅度的平均值，可以表示为：

$$A = \frac{1}{N_s} \sum_{i=1}^{N_s} |a(i) - 1| \tag{5-18}$$

MASK 的平均幅度不为零；而 MPSK 虽然由于相位的突变会使其幅度也会产生突变，但是突变次数相对于采样点数来说是要少很多的，这样其平均幅度就会很小。设定合适的门限，就可以利用平均幅度 A 将 MASK 信号和 MPSK 信号区分开来。

2）瞬时频率绝对标准差 σ_{af}

$$\sigma_{af} = \sqrt{\frac{1}{c} \left[\sum_{a_n(i) > a_t} f_N^2(i) \right] - \left[\frac{1}{c} \sum_{a_n(i) > a_t} |f_N(i)| \right]^2} \tag{5-19}$$

利用 σ_{af} 可以将 2FSK 信号和 4FSK 信号区分开来。对于 2FSK 信号，它只有 2 个频率值，所以它的 σ_{af} 应为 0；对于 4FSK 信号，它有 4 个频率值，所以有 $\sigma_{af} > 0$。

3）瞬时幅度绝对标准差 σ_{aa}

$$\sigma_{aa} = \sqrt{\frac{1}{N_s} \left[\sum_{i=1}^{N_s} a_{cn}^2(i) \right] - \left[\frac{1}{N_s} \sum_{i=1}^{N_s} |a_{cn}^2(i)| \right]^2} \tag{5-20}$$

利用 σ_{aa} 可以将 2ASK 信号和 4ASK 信号区分开来。对于 2ASK 信号，它只有 2 个幅度值，所以它的 σ_{aa} 应为 0；对于 4ASK 信号，它有 4 个幅度值，所以有 $\sigma_{aa} > 0$。

4）瞬时相位绝对标准差 σ_{ap}

$$\sigma_{ap} = \sqrt{\frac{1}{c} \left[\sum_{a_n(i) > a_t} \phi_{NL}^2(i) \right] - \frac{1}{c} \sum_{a_n(i) > a_t} |\phi_{NL}(i)|^2} \tag{5-21}$$

利用 σ_{ap} 可以将 2PSK 信号和 4PSK 信号区分开来。对于 2PSK 信号，它只有 2 个相位值，所以它的 σ_{ap} 应为 0；对于 4PSK 信号，它有 4 个相位值，所以有 $\sigma_{ap}>0$。

首先利用幅度谱峰值 γ_{max} 将 MFSK 信号分选出来，再利用平均幅度 A 分选出 MASK 信号和 MPSK 信号，这样利用两个参数就可以将 MFSK、MASK、MPSK 三者分开了。

4. 数字调制方式分类器的设计

利用上述 5 个参数分别代入到改进判决树模型和基于动态 TOPSIS 的调制识别模型中进行仿真。

首先对于数字信号调制的识别，得到判决树流程图如图 5-12 所示。

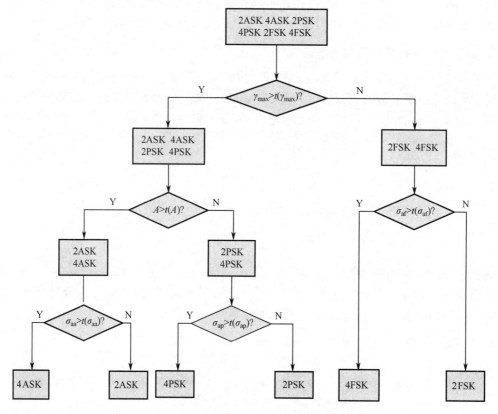

图 5-12　数字调制信号判决树流程图

利用前述模型得到参数门限值如表 5-7 所示。

表 5-7　参数门限值

	门限值	判决正确率	移动步长 b_y	跳跃步长 b_t
$t(\gamma_{max})$	0.234	98.28%	0.001	0.02
$t(A)$	0.106	98.00%	0.0001	0.002
$t(\sigma_{af})$	0.075	97.56%	0.001	0.02
$t(\sigma_{aa})$	0.053	97.98%	0.002	0.02
$t(\sigma_{ap})$	0.062	98.68%	0.002	0.02

在不同信噪比下的调制方式识别正确率如表 5-8 和表 5-9 所示。

表 5-8　5 dB 信噪比下数字信号调制方式识别正确率

	2ASK	4ASK	2PSK	4PSK	2FSK	4FSK
2ASK	0.864	0.136	0	0	0	0
4ASK	0.102	0.898	0	0	0	0
2PSK	0	0	0.913	0.087	0	0
4PSK	0	0	0.101	0.899	0	0
2FSK	0	0	0	0	0.892	0.108
4FSK	0	0	0	0	0.092	0.908

表 5-9　15 dB 信噪比下数字信号调制方式识别正确率

	2ASK	4ASK	2PSK	4PSK	2FSK	4FSK
2ASK	0.952	0.048	0	0	0	0
4ASK	0.032	0.968	0	0	0	0
2PSK	0	0	0.973	0.027	0	0
4PSK	0	0	0.014	0.986	0	0
2FSK	0	0	0	0	0.990	0.010
4FSK	0	0	0	0	0.023	0.977

可见：在信噪比较低（5 dB）的情况下，各个数字调制方式识别的正确率基本上满足要求，但是仍然存在一定的误识别的概率；当信噪比较高（15 dB）时，这种方法对数字调制方式的识别正确率得到显著改善。

然后将各参数代入到基于动态 TOPSIS 的调制识别模型中，得到正、负理想解。以 2ASK 信号为例，将参数代入到各个调制方式中的得分如表 5-10 所示。由表 5-10 可以看出，基于动态 TOPSIS 的方法也是适于数字通信信号的调制识别的。

表 5-10　基于动态 TOPSIS 的 2ASK 调制识别得分表

调制方式	2ASK	4ASK	2PSK	4PSK	2FSK	4FSK
得分	0.923	0.058	0.362	0.093	0.049	0.006

小结

通信信号分析识别是通信对抗侦察信号处理的主要内容，是通信对抗侦察设备的基本功能，是实现对通信网台属性识别的基础。

通信信号可以人工识别，也可以自动识别。其中自动识别方法分为两种：特征参数值域判别法和信号模本匹配法。特征参数值域判别法主要用于对不同信号形式的识别，其基本思路是：提取信号的技术特征；适当选取多个能反映信号技术特征的特征参数并计算出特征参数值；根据各个特征参数所在的值域范围，采用模式识别的方法判别被截获信号的调制方式。信号模本匹配法主要用于对同一种信号形式中不同个体信号的自动识别，也可以说是对信号个体属性的识别。

通信信号调制方式的识别是通信信号分析识别的主要内容。通信信号调制方式识别的基本步骤包括：信号预处理、特征参数提取和分类识别。预处理对截获到的信号进行频率下变频、同相和正交分量分解、载频的估计和载频分量的消除等初步处理，为后续步骤提供可用的数据；特征参数提取主要对信号的时域和变换域特征进行分析、选择和提取，为下一步分类识别给出依据；分类识别主要是选择恰当的判决规则和分类器对调制样式进行识别，常见的分类器结构主要有神经网络结构和决策树结构。

习题

1. 简述通信侦察信号的分析识别内容。
2. 特征参数值域判别法和信号模本匹配法在使用上有何差别？
3. 阐述通信调制方式识别的基本步骤。

第6章 测 向 天 线

6.1 概述

在通信对抗系统中，天线作为一种传感器占据了重要地位，它主要完成电信号与电磁信号之间的转换：在通信干扰过程中，由前者转换为后者；而在通信侦察和测向时，则反之。由于通信对抗系统的工作频段相当宽，因此要求天线带宽也与之匹配，即应选用频段尽量宽的天线。但是，一般情况下天线工作在一个相对较窄的频带内，往往需要采用多副不同工作频段的天线同时工作的办法来解决需求与实际的矛盾。这时，就需要充分考虑系统的安装空间是否足够，在空间复杂度和天线覆盖频段之间权衡取得折中。例如，在低频范围内，常用的天线类型包括偶极子天线、单极子天线和对数周期天线，它们的结构都比较简单，并且前两种天线是全向的，而对数周期天线有较好的方向性和较宽的频带。另外，测向系统一般需要多个单元天线（或称"阵元"）组合而形成天线阵列，天线阵的结构通常与测向方法密切相关。当然，通过某些特定算法，只采用一个单元天线完成测向任务也是可能的。

普通的天线既可以作为发射天线，也可以作为接收天线，所表现的特性是相同的，这就是天线的互易性。但是，有源天线不满足互易性特性，因为其中包含的放大器等有源器件是单向的。

频率响应、方向性和阻抗特性是天线的三个重要参数。其中，频率响应决定了天线可以有效地发射或接收信号的带宽；方向性描述天线辐射的电磁信号的能量在空间各个方向的能量分布情况；阻抗特性通常是一个复数值，天线的阻抗与其负载或者源的阻抗需要共轭匹配，此时驻波比最小，辐射效率最高，传输功率最大。

天线的方向性可用天线的有效面积或天线增益来表征。天线的有效面积用符号 A_e 表示，它决定了天线从它所在的空间中获取的电磁信号的总能量。若不计损耗，则天线获取的能量为

$$P_R = P_d A_e \tag{6-1}$$

式中，P_d 是天线周围的电磁信号的功率密度。注意，天线的有效面积并不是它的物理面积，一般为物理面积 0.4~0.7 倍。天线增益是将有向天线的增益与一个全向天线进行比较，用其增益相对于全向天线增益的分贝数（dBi）来度量。通信对抗系统中经常使用全向天线，因为事先并不知道目标信号在哪个方向辐射，因此假定目标可能出现在任何方向。天线有效面积和天线增益之间的关系如下：

$$G = \frac{4\pi A_e}{\lambda^2} \tag{6-2}$$

此外，天线的主要参数还包括主瓣、半功率波束宽度、平均功率宽度、辐射方向、旁瓣（也称副瓣）、旁瓣电平、增益等，其定义如图 6-1 所示。本节简要介绍在通信侦察系统中常用的一些天线单元及其基本特点。

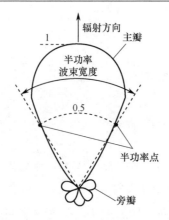

图 6-1　天线的一些主要参数示意图

6.1.1　线天线

线天线是由其线径远比波长小、其长度可与波长相比拟的一根或多根金属导线构成的天线。线天线的主要形式有偶极子天线、单极子天线、环形天线、菱形天线、蝙蝠翼天线、笼形天线、八木天线、螺旋天线、对数周期天线等。线天线的工作基于场强叠加原理：单根线天线可以看成是由许多无限短的小线段组成的，这些无限短的小线段称为电流元，许多电流元的辐射场叠加在一起就构成整副天线的总辐射场；多根导线构成的线天线，其辐射方向性图则是这几根导线的辐射方向性图的叠加。

按照天线上的电流分布情况，可将线天线分为驻波天线与行波天线两大类，常用于短波通信中的驻波天线有笼形天线，而行波天线有菱形天线。驻波天线的工作频带宽度较窄，而行波天线具有较宽的工作频带，但驻波天线的效率比行波天线的高。因此，驻波天线一般用于频率不变的固定业务，而行波天线则可用于频率变动较大的业务。

提高线天线增益的主要方法，一是增加天线长度，二是将多根相同的天线组阵使用（如八木天线）。

提高线天线工作频带宽度的主要方法如下：

（1）改用行波天线。

（2）加大线天线的导线直径。例如，将单根导线改成多根导线并联组成的笼形天线；再如，应用于电视广播中的蝙蝠翼天线，它是将单根导线改为板状金属栅条。

（3）在天线形式上采用周期结构（如对数周期天线）或采用与频率无关的天线结构（如等角螺旋天线）。

提高线天线工作效率的主要方法是改善馈线与天线以及馈线上各种接头的阻抗匹配，使馈线上的驻波比尽可能接近 1，以避免电磁能量在馈线上来回反射而产生的损耗。

1. 偶极子天线

偶极子天线是最简单的无源单元天线，一般用于接收和发射固定频率信号。它是将导线的中点作为馈入点，由同方向上对齐的两个阵元构成的，其结构和辐射方向图如图 6-2 所示。当天线长度 L 等于半波长时即为半波对称振子天线，此时馈电点电流最大，也是最常用的偶极子天线。

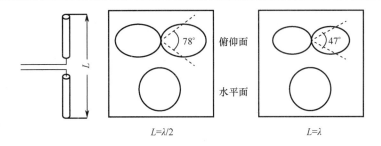

图 6-2　偶极子天线的结构和辐射方向图（假设天线是垂直于地面放置）

偶极子天线的方向图形状主要取决于它的长度。图 6-2 中示出了 $L=\lambda/2$ 和 $L=\lambda$ 两种不同长度的偶极子天线的方向图。当 $L=\lambda/2$（半波长）时，偶极子天线俯仰方向的 3 dB 波束宽度为 78°，水平方向的 3 dB 波束宽度为 360°。半波对称振子天线增益为 2 dBi，天线有效面积为 $A_e = 1.64\lambda^2/(4\pi)$。天线增益与频率有关，当偏离中心频率时，天线增益会下降。

2. 单极子天线

单极子天线是由安装在导电平面上的单个阵元构成的，一般垂直架设于地面，它的结构和辐射方向图如图 6-3 所示。

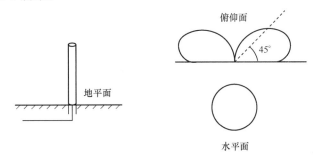

图 6-3　单极子天线的结构和辐射方向图

单极子天线也是非常简单的天线，它是超短波频段内战术电台、手持电话和移动通信系统的常用天线形式。由于受地平面的影响，其俯仰方向只有 0° 以上有效，俯仰方向的 3 dB 波束宽度接近 45°，水平方向的 3 dB 波束宽度为 360°。单极子天线的长度一般是 $\lambda/4$，其最大增益为 0 dB，天线有效面积 $A_e \approx \lambda^2/(4\pi)$。

单极子天线的效率很低，一般只有百分之几，甚至千分之几。因此，提高单极子天线效率是十分必要的。常用的方法有两种：一是提高辐射电阻，如在天线上加顶负载，或在天线中部某点加电感线圈；二是降低损耗电阻，如铺设地网。

3. 环形天线

环形天线是将一根金属导线绕成一定形状，如圆形、矩形、菱形、三角形等，以导体两端作为输出端的天线。环形天线通常用作接收天线，广泛应用于测向、无线电罗盘以及中、短波广播接收机。

环形天线的结构和辐射方向图如图 6-4 所示。其俯仰方向为全向，即 360°，水平方向的 3 dB 波束宽度为两个 90°。环形天线的有效面积为 $A_e \approx 0.63\lambda^2/(4\pi)$。一般情况下，环的周长约为 1 个工作波长。

环形天线的一个重要形式是交叉环天线。交叉环天线由互相垂直的两个圆环（或矩形环）、宽带移相器和功率相加器等部分组成；其垂直环的两路输出信号经移相器时产生 90° 相移，再送入相加器相加或相减，产生各向同性输出。交叉环天线的结构如图6-5所示。

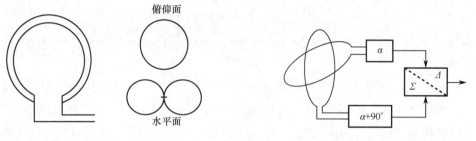

图6-4　环形天线的结构和辐射方向图（环形天线垂直放置）　　　图6-5　交叉环天线结构

4. 八木天线

八木天线是由1个有源振子、1个无源反射器和若干个无源引向器平行排列而成的端射式天线。在20世纪20年代，由日本东北大学的八木秀次和宇田太郎两人发明了这种天线，故称为"八木宇田天线"，简称"八木天线"，其结构如图6-6所示。

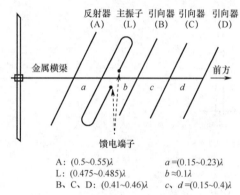

A: (0.5~0.55)λ　　　　　a =(0.15~0.23)λ
L: (0.475~0.485)λ　　　b ≈0.1λ
B、C、D: (0.41~0.46)λ　　c、d =(0.15~0.4)λ

图6-6　八木天线结构

典型的八木天线应该有三对振子，整个结构呈"王"字形。与馈线相连的是有源振子，即主振子，居三对振子之中。在有源振子一侧比有源振子稍长一点的是反射器，起着削弱从这个方向传来的电波或从本天线发射去的电波的作用；在有源振子另一侧比有源振子略短的是引向器，它能增强从这一侧方向传来的或向这个方向发射出去的电波。引向器可以有许多个，每根长度都要比其相邻的并靠近有源振子的那根略短一点。增加引向器可以改善方向性，提高天线增益，但是在超过四五个之后，性能提高就不明显了。因此，常用形式是五单元八木，即有3个引向器、1个反射器和1个有源振子。

八木天线的主瓣方向垂直于各振子方向，且由有源振子指向引向器。其优点是方向性强，增益较高，结构简单牢固，馈电方便，易于操作，成本低，体积小；缺点是工作频带窄。

5. 螺旋天线

螺旋天线由导电性能良好的金属螺旋线组成，如图6-7所示。螺旋天线有多种形式，如正向螺旋天线、轴向螺旋天线、锥形螺旋天线、平面螺旋天线、对数周期螺旋天线等；不同形式的天线，其特性不同。螺旋天线产生的电磁波是圆极化的或者椭圆极化的，其辐射特性取决于

螺旋线直径 D 与波长 λ 的比值：

（1）当 $D/\lambda<0.18$ 时，最大辐射方向为垂直于天线轴的法向，又称为法向模螺旋天线。它实质上是细线天线，为了缩短长度，可把它卷绕成螺旋状。其增益比等高度的普通鞭状天线高，但带宽较窄。

（2）当 $D/\lambda=0.25\sim0.46$（即螺旋周长约为 1 个波长）时，最大辐射方向为沿轴线方向，并在轴线方向产生圆极化波，是一种最常用的圆极化天线，又称为轴向模螺旋天线。轴向模螺旋天线是一种宽带定向天线，其增益为 $12\sim20$ dBi，天线有效面积为 $A_e=4\lambda^2/\pi\sim8\lambda^2/\pi$。

（3）当 $D/\lambda>0.46$ 时，最大辐射方向偏离轴线方向。

图 6-7　螺旋天线结构示意图

6. 对数周期天线

对数周期天线是定向板状天线的一种，是一种非频变天线，它具有极宽的工作频带。传统的电视机室外天线就采用这种天线。对数周期天线种类很多，有对数周期偶极天线、对数周期单极天线、对数周期谐振 V 形天线、对数周期螺旋天线等形式，其中最普遍的是对数周期偶极天线。图 6-8 所示是对数周期偶极天线的结构和辐射特性示意图。

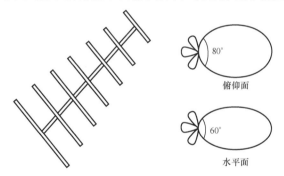

图 6-8　对数周期偶极天线的结构和辐射特性示意图

对数周期偶极天线由数个不同长度的偶极子天线组成。它的俯仰方向 3 dB 波束宽度约为 $80°$，水平方向 3 dB 波束宽度约为 $60°$；其天线增益约为 7 dBi，天线有效面积 $A_e\approx4\lambda^2/(4\pi)$。

对数周期天线各振子的间距及尺寸均与天线工作频率成确定的比例关系，使得对数周期天线可以覆盖很宽的频率范围，其结构示意图如图 6-9 所示。

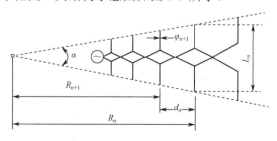

图 6-9　对数周期天线结构示意图

在图 6-9 中，ϕ_n 表示振子直径，α 为对数周期天线的顶角，$L_{n+1}/L_n = R_{n+1}/R_n = \phi_{n+1}/\phi_n = d_{n+1}/d_n = \mu$，$\mu$ 为描述比例关系的比例因子。

对某一工作频率而言，对数周期天线只有一部分结构起主要的辐射作用，这一部分振子称为辐射区，其定义为激励电流值等于最大激励电流 1/3 的两个振子之间的区域。辐射区的振子数目 M 为：

$$M = 1 + \lg\left(\frac{k_2}{k_1}\right)\bigg/\lg\mu \tag{6-3}$$

式中，k_1 和 k_2 定义如下：

$$k_1 = 1.01 - 0.519\mu$$
$$k_2 = 7.1\mu^3 - 21.3\mu^2 + 21.98\mu - 7.3 + \sigma\left(21.82 - 66\mu + 62.12\mu^2 - 18.29\mu^3\right) \tag{6-4}$$

其中 σ 为间隔因子：

$$\sigma = \frac{d_n}{2L_n} \tag{6-5}$$

当工作频率变化时，对数周期天线的辐射区可以在天线上前后移动而保持相似特性。其工作频带的下限取决于最长振子，上限则取决于最短振子：

$$f_{\mathrm{L}} = k_1 \cdot c/L_{\mathrm{c}}, \quad f_{\mathrm{H}} = k_2 \cdot c/L_{\mathrm{d}} \tag{6-6}$$

式中，f_{L} 和 f_{H} 分别表示最低和最高工作频率，L_{c} 和 L_{d} 分别表示最长和最短振子的长度，c 表示光速。

在整个工作频带范围内，对数周期天线的输入阻抗和方向性基本不变。比例因子 μ 越大，辐射区的振子数 M 越多，天线的方向性就越强，方向图的半功率角就越小。对数周期天线的最大辐射方向是沿着连接各振子中心的轴线指向最短振子方向。因为并非所有振子都对辐射起到重要贡献，因此，它的方向性不是很好，波束宽度一般是几十度，天线增益也只有 10 dB 左右。实际上，对数周期天线牺牲了部分天线增益来换取天线的宽带特性。

6.1.2　口径天线

口径天线主要由初级馈源和波束成形口面组成。与线天线不同，口径天线辐射电磁波是透过一个大的口径辐射出去，呈现的是一种二维结构。它具有增益高、波束窄的优点，主要应用在频率较高的场合。

1. 喇叭天线

将波导的截面均匀地逐渐扩展就形成了喇叭天线。喇叭天线是一种应用广泛的微波天线，具有结构简单、重量轻、工作频带宽、功率容量大等优点。它既可作为独立的天线，也可作为其他天线的馈源。根据扩展的截面不一样又可以分为扇形喇叭、角锥喇叭、圆锥喇叭。角锥喇叭天线的结构和辐射特性示意图如图 6-10 所示。

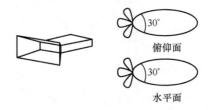

图 6-10　角锥喇叭天线的结构和辐射特性示意图

喇叭天线是定向天线，其辐射方向指向喇叭口径面的法线方向，其最大有效面积为 $A_e = 0.81A$，其增益为 $G \approx 0.64 \dfrac{4\pi A}{\lambda^2}$，其中 A 是口径的物理面积。

2. 抛物面天线

喇叭天线是最简单的口径天线，但是其口面尺寸因口面场按平方律相位分布而不能太大，因而其方向性不太强；而在很多实际应用（如雷达、卫星通信）中，往往要求天线具有很强的方向性。反射面天线和后面会讲到的阵列天线一样，都能够实现很强的方向性。反射面的种类很多，既有多种曲面反射面，又有多反射面系统。下面介绍的是最常用的反射面尺线——抛物面天线，它主要由两部分组成：照射器（馈源）和抛物面。这类天线具有极好的增益和方向性性能，它的波束宽度的变化范围为 $0.5° \sim 30°$，增益变化范围为 $10 \sim 55$ dBi。

抛物面天线的馈源放置在抛物反射面的焦点上，馈源辐射的电磁波经过抛物面反射后形成波束，其剖面示意图如图 6-11 所示。

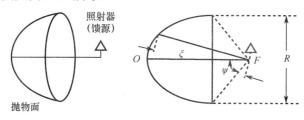

图 6-11　抛物面天线的剖面示意图

在图 6-11 中，O 为抛物面顶点，F 为抛物面焦点，ψ 为抛物面半张角，R 为抛物面口面直径，ξ 为焦点 F 到反射面上任意点的距离。由抛物面定义可知：

$$\xi = \frac{2f}{1+\cos\psi} \tag{6-7}$$

式中，f 为焦距。把 f/R 称为抛物面天线的焦直比，大致可将抛物面天线分为：

（1）等焦距抛物面天线，即 $f/R=0.25$，$\psi=\pi/2$；

（2）短焦距抛物面天线，即 $f/R<0.25$，$\psi>\pi/2$；

（3）长焦距抛物面天线，即 $f/R>0.25$，$\psi<\pi/2$。

其中，长焦距抛物面天线因其辐射性能较好而在实际应用中采用较多。

当把照射器置于焦点位置，并使照射器的相位中心与抛物面焦点重合时，照射器辐射出的球面波经抛物面反射后，将转变成平面波，形成强方向性辐射场。反过来，如果把抛物面天线用作接收天线，则能将入射的平面波转换成球面波聚集到焦点位置的照射器，增强接收信号的强度。

6.1.3　有源天线和阵列天线

1. 有源天线

天线通常是无源器件。如果使用有源器件（如放大器）来改善某些短小天线的某些特性，或者减小天线的尺寸，则这类天线就称为有源天线。当有源器件工作在线性情况时，互易原理适用；而工作在非线性情况时，则互易原理不适用。普通天线配以有源器件，可以改善阻抗，展宽频带，提高灵敏度。

有源天线与同尺寸的无源天线相比，谐振频率降低，输入阻抗提高，工作频带展宽。有源天线的带宽与天线元和有源放大器的频带均有关，因此在宽带应用中，有源放大器通常使用宽带低噪声放大器。由于放大器不是在全部工作频率范围内都具有线性特性，因此放大器可能会出现强弱信号之间的互调干扰，这是有源天线设计中必须考虑的。

天线的增益与其长度有关，因此天线收集的电磁信号的能量随着天线长度的增加而增加。连接到短小尺寸天线输出端口的放大器可以对天线收集的微弱信号进行放大，使得信号功率增加，提高有源天线输出信号的功率，获得一定的增益。

有源天线的主要优点是尺寸小，与相同特性的无源天线相比，它的尺寸要小得多。这一点在较低频率范围（HF 或以下频段）是十分重要的，因为在这个频段天线尺寸是很大的。目前，有源天线的噪声可以设计得很小，互调问题也得到较好的解决，所以在高频、甚高频和特高频频段的各种测向天线中得到了广泛的应用。

2. 阵列天线

将多个相同的单个天线元按照一定规律排列组合起来，形成各种天线阵列，能够实现相控阵天线和各种测向天线。这些阵列天线可以表现出单个天线难以实现的辐射特性。

天线阵列的排列方式比较灵活，如可以排列成一字形、L 形、T 形、均匀圆阵、三角形、多边形、球形等。图 6-12 示出了几种常用的阵列天线的阵元分布图。

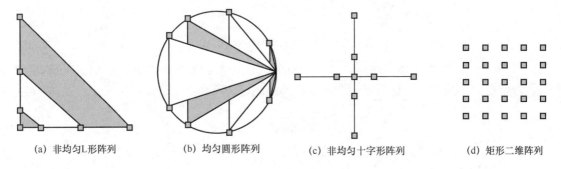

(a) 非均匀L形阵列　　(b) 均匀圆形阵列　　(c) 非均匀十字形阵列　　(d) 矩形二维阵列

图 6-12　几种常用的阵列天线的阵元分布图

图 6-12 中（a）、（b）、（c）三种阵列天线是相位干涉仪测向方法经常使用的阵列形式，其中圆阵在多普勒测向方法和相关干涉仪测向方法中经常使用，矩形阵列经常作为相控阵天线阵列使用。

阵列天线和反射面天线一样，都能实现高增益、低旁瓣，在仰角上有宽的覆盖范围；而且，阵列天线可以独立控制各个单元的幅相，并合理分配功率。

按照辐射图形的指向，天线阵可分为侧射天线阵、端射天线阵和既非侧射也非端射的天线阵。其中，侧射天线阵的最大辐射方向指向阵轴或阵面的垂直方向，端射天线阵的最大辐射方向指向阵轴，而既非侧射也非端射的天线阵的最大辐射方向指向其他方向。

6.2　环形天线

本节将对环天线的方向特性进行着重阐述，为后续测向原理的阐述奠定基础。

将金属导体制成以中央垂直轴线为对称轴的圆环形、方框形（正方形或长方形）、三角形、棱形等，并在两端点馈电的结构形式，就构成了普通的单环天线，如图 6-13 所示。不论其形状如何，它们都有一个共同的特点，即天线以中心垂直轴线完全对称，并且可以绕中心垂直轴自由旋转。

图 6-13　常见普通单环天线的结构示意图

普通单环天线具有体积小，重量轻，携带架设灵活、方便等优点，因此它在战术无线电测向领域的应用非常广泛；但它也存在着自身结构所带来的一些缺点，最突出的是"三大效应"，即极化效应、天线效应和位移电流效应，其中极化效应是致命的缺点。

伴随着最早期无线电测向设备而诞生的单环天线，是无线电测向领域最经典的基本天线单元。目前，在民用方面作为体育竞技的无线电测向运动中所使用的手持式测向机和军用方面的战术便携式小音点测向机，仍然在使用这种结构形式的天线。当然，这两种测向机的测向精度要求不同，因而所采用的天线结构形式也有所差异。

在长期的实际使用过程中，人们逐渐发现了普通单环天线所存在的"三大效应"及其所带来的副作用。为此，国内外从事无线电测向工程技术研究和生产的科技工作者们经过长期探索，研制出了其他一些以普通单环天线为基础的测向天线。目前，普通的单环天线在实际战术无线电测向中已经很少使用，但它是其他同类天线的基础。

6.2.1　环形天线的方向性

图 6-14 所示为环形天线示意图。为了分析方便，可将环形天线简化成框形天线来分析。先看单圈情形，如图 6-14（b）所示。设框形天线的垂直边长为 h，水平边长为 d（即两垂直边距离），用它来接收垂直极化地波，并假定在框形天线平面的中点处电场强度为 $E\sin(\omega t)$（V/m），接收的来波方向与框形天线平面的夹角是 θ。

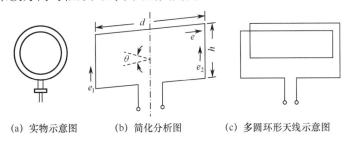

（a）实物示意图　　（b）简化分析图　　（c）多圆环形天线示意图

图 6-14　环形天线示意图

因此，在框形天线各边感应的电压为：

水平边：$e = 0$。

垂直边：

$$e_1 = hE\sin\left(\omega t + \frac{2\pi}{\lambda}\cdot\frac{d\cos\theta}{2}\right) \tag{6-8a}$$

$$e_2 = hE\sin\left(\omega t - \frac{2\pi}{\lambda}\cdot\frac{d\cos\theta}{2}\right) \tag{6-8b}$$

式中，λ 为接收电波的波长。天线输出的总电压：

$$
\begin{aligned}
e &= e_1 - e_2 \\
&= hE\left[\sin\left(\omega t + \frac{2\pi}{\lambda}\frac{d\cos\theta}{2}\right) - \sin\left(\omega t - \frac{2\pi}{\lambda}\cdot\frac{d\cos\theta}{2}\right)\right] \\
&= 2hE\sin\left(\frac{\pi d}{\lambda}\cos\theta\right)\cos(\omega t)
\end{aligned} \tag{6-9}
$$

由此得到环天线的振幅方向特性为

$$
f(\theta) = \sin\left(\frac{\pi d}{\lambda}\cos\theta\right) \tag{6-10}
$$

（1）当框形天线两边的距离 d 与波长 λ 之比远小于 1 时，式（6-10）可写为

$$
f(\theta) \approx \frac{\pi d}{\lambda}\cos\theta \tag{6-11}
$$

从而得到图 6-15 所示的方向图。

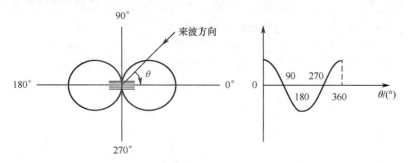

图 6-15　框形天线方向图

将方向特性画成平面极坐标图形，则得到一个标准的"8"字形方向图，如图 6-16 所示。

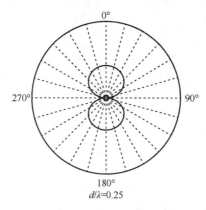

图 6-16　极坐标系下框形天线的"8"字形方向图

由图 6-16 可见：在来波方向垂直于环形天线平面（$\theta = 9°$ 或 270°）时，天线感应电压最小；因为在这个方向，电波同时到达环形天线两边，没有行程差，相位差为零，感应电压互相抵消，总感应电压最小。这个最小值方向，有时叫低灵敏度方向。当来波方向平行于环形天线平面（$\theta = 0°$ 或 180°）时，天线感应电压最大；因为在这个方向，天线两边对来波的行程差最大，因而相位差最大，总感应电压也最大。

（2）当 d/λ 远小于 1 不成立时，则不能进行上述简化，其方向图如图 6-17 所示。

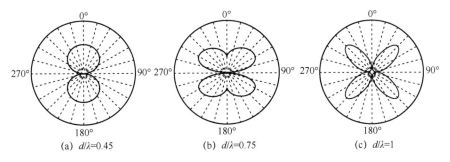

(a) d/λ=0.45　　　　(b) d/λ=0.75　　　　(c) d/λ=1

图 6-17　极坐标系下框形天线的蝴蝶形方向图

6.2.2　环形天线的有效高度

天线在最大接收方向上所产生的感应电势与产生该电势的电场强度之比，称为天线的有效高度。

当环形天线有 N 匝时，可得其感应电势为

$$e = 2NhE \sin\left(\frac{\pi d}{\lambda}\cos\theta\right)\cos(\omega t)\tag{6-12}$$

（1）当 d/λ 远小于 1 成立时，则得到感应电势为

$$e = 2NhE\frac{\pi d}{\lambda}\cos\theta\tag{6-13}$$

则可以得到有效高度为：

$$h_{\mathrm{e}} = N\frac{2\pi}{\lambda}hd\tag{6-14}$$

（2）当 d/λ 远小于 1 不成立，但小于 0.5 时，可以得到有效高度为：

$$h_{\mathrm{e}} = 2Nh\sin\left(\frac{\pi d}{\lambda}\right)\tag{6-15}$$

（3）当 d/λ 大于 0.5 时，可以得到有效高度为：

$$h_{\mathrm{e}} = 2Nh\tag{6-16}$$

可以看出：环形天线的有效高度正比于匝数 N 和面积 $S=hd$，反比于波长 λ。也就是说，对于环形天线，以下结论成立：

（1）多匝环形天线输出的感应电势近似为各单匝天线输出感应电势之串联，所以感应电势的幅度随 N 的增大而增大；

（2）天线垂直边 h 越长，则单个垂直边感应电势越大，因而环形天线输出电势的幅度也越大；

（3）天线的水平边 d 越长，则由此引起的波程差越大，该波程差所引起的相位差也越大（但小于 π），因而环形天线输出电势的幅度越大。

6.3　艾德考克天线

为克服环形天线的缺点，费·艾德考克（F. Adcock）提出了没有水平边的 U 形天线，如图 6-18 所示；之后又逐步发展为 H 形天线等各种变形，统称为艾德考克天线。

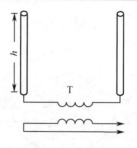

图 6-18 U 形天线

6.3.1 艾德考克天线的方向性

U 形天线与 H 形天线，在原理上是一样的。下面以 H 形天线为例，说明艾德考克天线的测向原理。H 形天线如图 6-19 所示。

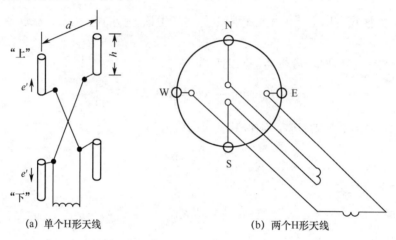

(a) 单个H形天线   (b) 两个H形天线

图 6-19 H 形天线

当 H 形天线两垂直边的间距 d 等于或小于半波长，即 $\lambda/d \geqslant 2$ 时，H 形天线的方向图具有"8"字形，如图 6-20 所示。在实际使用中，一般是选取 $d \leqslant \lambda/2$。例如，在 1.5～10 MHz（即波长 λ=30～200 m）时，一般取 d=12 m；在 9～30 MHz（即波长 λ=10～30 m）时，一般取 d = 4 m。

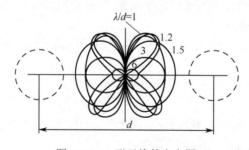

图 6-20 H 形天线的方向图

利用 H 形天线的"8"字形方向图的最小值测向，也存在定边的问题。与环形天线一样，H 形天线也是利用杆状辅助天线解决的，辅助天线与 H 形天线联合接收，方向图也是心脏形，这里不重复了。

6.3.2　艾德考克天线的优缺点及使用场合

因为没有横边，对电场的水平极化分量不起作用，因此，H 形天线不会存在环形天线中的极化效应。当然，天线馈线也必须屏蔽好，否则也会有影响。H 形天线的这个优点，使其应用的波段很宽，包括长波、中波、短波及超短波；尤其在短波的远距离天波传播中，H 形天线测向准确性高，而环形天线则不能正确测向。

H 形天线只能通过增加 h 来增大电动势 e，因而使总的尺寸增大。在短波波段，难以做到转动天线系统，只有在超短波波段才能做成旋转式；在长波波段，由于尺寸和制造上的原因，也很少用 H 形天线，而直接用 U 形天线或环形天线。

采用环天线和艾德考克天线进行最小信号法测向时，要求天线必须能够绕中心轴旋转，这势必使得天线的机械结构复杂，工作的时效性差，操作使用也不方便，因此引出了角度计天线这种结构形式。而为了提高对同时到达的多个同频或近频目标信号以及远距离微弱信号的测向能力，又引出了强方向性天线。6.4 节和 6.5 节将对这两种天线分别进行介绍。

6.4　角度计天线

当天线不便于转动时，可用两副互相垂直的固定测向天线与测角器中两个固定线圈相连，如图 6-21 所示。当旋转测角器中的寻觅线圈时，即可得到旋转的"8"字形方向图。

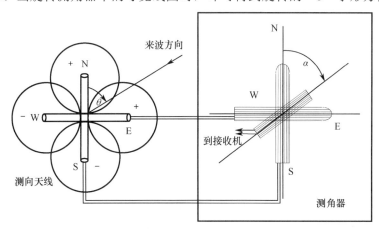

图 6-21　角度计天线结构示意图

测角器中三个线圈的相互关系为：

（1）与南北向配置的测向天线（即 NS 天线）相连接的 NS 线圈，和与东西向配置的测向天线（即 EW 天线）相连接的 EW 线圈是完全相同的，并且互相垂直安装。

（2）中间可旋转的寻觅线圈（又叫搜索线圈）与固定 NS 线圈之间的互感为：

$$M_1 = M_0 \cos\alpha \tag{6-17}$$

式中，M_0 为最大互感。寻觅线圈与固定的 EW 线圈之间的互感为：

$$M_2 = M_0 \cos(90° - \alpha) = M_0 \sin\alpha \tag{6-18}$$

假如天线为 H 形天线，可知 NS 天线上的感应电势为：

$$e_1 = 4hE\sin\left(\frac{\pi d}{\lambda}\cos\theta\right)\cos(\omega t) \tag{6-19}$$

EW 天线上的感应电势为：

$$e_2 = 4hE\sin\left[\frac{\pi d}{\lambda}\bigg/\cos\left(90°-\theta\right)\right]\cos(\omega t)$$

$$= 4hE\sin\left(\frac{\pi d}{\lambda}\sin\theta\right)\cos(\omega t) \tag{6-20}$$

设与天线连接的测角器固定线圈的电感为 L，在忽略损耗电阻、次级影响及其他影响时，可近似地认为：流过 NS 线圈的电流 $i_1 \approx e_1/(j\omega L)$；流过 EW 线圈的电流 $i_2 \approx e_2/(j\omega L)$。

通过互感耦合，固定线圈的电流使寻觅线圈产生感应电压：

$$e = j\omega M_1 i_1 + j\omega M_2 i_2$$

$$= (M_1/L)e_1 + (M_2/L)e_2$$

$$= \frac{1}{L}\left[M_0\cos\alpha \cdot 4hE\sin\left(\frac{\pi d}{\lambda}\cos\theta\right)\cos(\omega t) + M_0\sin\alpha \cdot 4hE\sin\left(\frac{\pi d}{\lambda}\sin\theta\right)\cos(\omega t)\right]$$

$$= \frac{4M_0 hE}{L}\left[\cos\alpha \cdot \sin\left(\frac{\pi d}{\lambda}\cos\theta\right) + \sin\alpha \cdot \sin\left(\frac{\pi d}{\lambda}\sin\theta\right)\right]\cos(\omega t) \tag{6-21}$$

可见，在感应电压幅度中含有 θ 和 α。为了便于了解 α 与 θ 的关系，假定 $d/\lambda \ll 1$，则式（6-21）可以简化为：

$$e = \frac{4M_0 hE\pi d}{L\lambda}[\cos\alpha \cdot \cos\theta + \sin\alpha \cdot \sin\theta]\cos(\omega t)$$

$$= \frac{4M_0 hE\pi d}{L\lambda}\cos(\theta - \alpha)\cos(\omega t) \tag{6-22}$$

可见其方向性因子为 $\cos(\theta - \alpha)$。若以寻觅线圈的角度 α 为基准，则旋转寻觅线圈也就相当于旋转"8"字形方向图，因而能以最小值方向来进行测向。

当 $\alpha = \theta$ 或 $\alpha = \theta + 180°$ 时，寻觅线圈的感应电压最大；当 $\alpha = \theta + 90°$ 或 $\alpha = \theta - 90°$ 时，感应电压 $e = 0$，所以，寻觅线圈平面的垂直方向是测向接收机输出的最小值方向。当按最小值测向时，寻觅线圈平面的垂直方向即是来波方向，可以用各种方法对此方向做出指示。

在采用 NS 和 EW 两副 H 形天线的情况下，当 $d/\lambda \ll 1$ 不成立时，在来波方向 $\theta = 0°$、$45°$、$90°$、$135°$、$180°$、$225°$、$270°$、$315°$ 时误差为零，而在其他角度均有误差。这种 8 个等间隔角度误差形式，在测向技术中常称之为 8 分圆误差。计算还表明：当 $d/\lambda < 0.28$ 时，最大误差 $\varepsilon_{max} < 2°$；当 $d/\lambda < 0.57$ 时，最大误差 $\varepsilon_{max} < 10°$。理论分析表明，增加天线数目（在直径为 d 的圆周上以等角度间距配置天线），可以减小配置间隔误差。例如，采用 4 副 H 形天线时，误差为 16 分圆误差形式：当 $d/\lambda < 0.8$ 时，最大误差 $\varepsilon_{max} \approx 0$；当 $d/\lambda < 1.0$ 时，最大误差 $\varepsilon_{max} < 0.8°$；当 $d/\lambda \approx 1.04$ 时，最大误差 $\varepsilon_{max} = 1°$。所以，有些测向系统为了提高测向精度，使用多于 2 副 H 形天线的天线阵。

6.5 阵列天线

具有"8"字形方向特性的天线，由于其结构简单等特点，在短波和超短波无线电测向中获得了广泛的应用。但它们也存在两个方面的严重不足：

（1）对不同方位同时到达的多个同频或近频（工作频率都落在测向信道接收机通带范围内）目标信号测向处理能力弱；

（2）对远距离微弱信号难以完成正常测向任务。

现代电子战环境中的通信信号具有密集复杂的特点，要在这种环境下对整个战区范围内各目标通信网中同时或分时工作的多个电台信号进行测向，特别是对远距弱信号进行测向，必须寻找新的天线结构形式，以克服"8"字形方向特性天线的不足。其基本要求是：

（1）能将不同方位同时到达的多个同频或近频信号从空域上分离开来。也就是说，当天线接收某一方位对其他方位的来波信号时，对其他方位的来波信号不接收，这就要求天线具有尖锐的方向特性。

（2）具有高的天线增益（即天线有效高度），以便能够正常接收远距离微弱信号。

由此引出具有尖锐方向特性的多元阵列天线。下面以最简单的均匀直线阵为例对阵列天线的基本原理进行简要阐述。

6.5.1 通常情况下的数学模型

首先考虑 N 个远场的窄带信号入射到空间某阵列上，其中阵列天线由 M 个阵元组成，假设阵元数等于通道数，即各阵元接收到信号后经各自的传输信道送到处理器，也就是说处理器接收来自 M 个信道的数据。

在信号源是窄带的假设下，信号可用如下的复包络形式表示：

$$\begin{cases} s_i(t) = u_i(t) \mathrm{e}^{\mathrm{j}[\omega_0 t + \varphi(t)]} \\ s_i(t-\tau) = u_i(t-\tau) \mathrm{e}^{\mathrm{j}[\omega_0(t-\tau)+\varphi(t-\tau)]} \end{cases} \tag{6-23}$$

式中，$u_i(t)$ 是接收信号的幅度，$\varphi(t)$ 是接收信号的相位，ω_0 是接收信号的频率。在远场窄带信号源的假设下，有

$$\begin{cases} u_i(t-\tau) \approx u_i(t) \\ \varphi(t-\tau) \approx \varphi(t) \end{cases} \tag{6-24}$$

根据式（6-23）和式（6-24），有下式成立：

$$s_i(t-\tau) \approx s_i(t)\mathrm{e}^{-\mathrm{j}\omega_0\tau} \qquad i = 1,2,\cdots,N \tag{6-25}$$

则可以得到第 l 个阵元的接收信号为

$$x_l(t) = \sum_{i=1}^{N} g_{li} s_i(t - \tau_{li}) + n_l(t) \qquad l = 1,2,\cdots,M \tag{6-26}$$

式中，g_{li} 为第 l 个阵元对第 i 个信号的增益，$n_l(t)$ 表示第 l 个阵元在 t 时刻的噪声，τ_{li} 表示第 i 个信号到达第 l 个阵元时相对于参考阵元的时延。

将 M 个阵元在特定时刻接收的信号排列成一个列矢量，可得

$$\begin{bmatrix} x_1(t) \\ x_2(t) \\ \vdots \\ x_M(t) \end{bmatrix} = \begin{bmatrix} g_{11}\mathrm{e}^{-\mathrm{j}\omega_0\tau_{11}} & g_{12}\mathrm{e}^{-\mathrm{j}\omega_0\tau_{12}} & \cdots & g_{1N}\mathrm{e}^{-\mathrm{j}\omega_0\tau_{1N}} \\ g_{21}\mathrm{e}^{-\mathrm{j}\omega_0\tau_{21}} & g_{22}\mathrm{e}^{-\mathrm{j}\omega_0\tau_{22}} & \cdots & g_{2N}\mathrm{e}^{-\mathrm{j}\omega_0\tau_{2N}} \\ \vdots & \vdots & & \vdots \\ g_{M1}\mathrm{e}^{-\mathrm{j}\omega_0\tau_{M1}} & g_{M2}\mathrm{e}^{-\mathrm{j}\omega_0\tau_{M2}} & \cdots & g_{MN}\mathrm{e}^{-\mathrm{j}\omega_0\tau_{MN}} \end{bmatrix} \begin{bmatrix} s_1(t) \\ s_2(t) \\ \vdots \\ s_N(t) \end{bmatrix} + \begin{bmatrix} n_1(t) \\ n_2(t) \\ \vdots \\ n_M(t) \end{bmatrix} \tag{6-27}$$

在理想情况下，假设阵列中各阵元是各向同性的且不存在通道不一致、互耦等因素的影响，则式（6-27）中的增益可以省略（即归一化为 1），在此假设下，式（6-27）可以简化为

$$\begin{bmatrix} x_1(t) \\ x_2(t) \\ \vdots \\ x_M(t) \end{bmatrix} = \begin{bmatrix} e^{-j\omega_0\tau_{11}} & e^{-j\omega_0\tau_{12}} & \cdots & e^{-j\omega_0\tau_{1N}} \\ e^{-j\omega_0\tau_{21}} & e^{-j\omega_0\tau_{22}} & \cdots & e^{-j\omega_0\tau_{2N}} \\ \vdots & \vdots & \vdots & \vdots \\ e^{-j\omega_0\tau_{M1}} & e^{-j\omega_0\tau_{M2}} & \cdots & e^{-j\omega_0\tau_{MN}} \end{bmatrix} \begin{bmatrix} s_1(t) \\ s_2(t) \\ \vdots \\ s_N(t) \end{bmatrix} + \begin{bmatrix} n_1(t) \\ n_2(t) \\ \vdots \\ n_M(t) \end{bmatrix} \tag{6-28}$$

将式（6-28）写成矢量形式：

$$X(t) = AS(t) + N(t) \tag{6-29}$$

式中：$X(t)$ 为阵列的 $M \times 1$ 维快拍数据矢量；$N(t)$ 为阵列的 $M \times 1$ 维噪声数据矢量；$S(t)$ 为空间信号的 $N \times 1$ 维矢量；A 为空间阵列的 $M \times N$ 维流形矩阵（导向矢量阵），且

$$A = \begin{bmatrix} a_1(\omega_0) & a_2(\omega_0) & \cdots & a_N(\omega_0) \end{bmatrix} \tag{6-30}$$

导向矢量

$$a_i(\omega_0) = \begin{bmatrix} \exp(-j\omega_0\tau_{1i}) \\ \exp(-j\omega_0\tau_{2i}) \\ \vdots \\ \exp(-j\omega_0\tau_{Mi}) \end{bmatrix} \qquad i = 1, 2, \cdots, N \tag{6-31}$$

式中：$\omega_0 = 2\pi c / \lambda$，其中 c 为光速，λ 为波长。

6.5.2 阵列天线的方向特性

阵列输出的绝对值与来波方向之间的关系，称为阵列天线的方向图。阵列天线的方向图一般有两类：一类是阵列输出的直接相加（不考虑信号及其来向），即静态方向图；另一类是带指向的方向图（考虑信号指向），当然信号的指向是通过控制加权的相位来实现的。

对于某一确定的信号模型可知，对于某一确定的 m 元空间阵列，在忽略噪声的条件下，第 l 个阵元的复振幅为

$$x_l = g_0 e^{-j\omega\tau_l} \qquad l = 1, 2, \cdots, m \tag{6-32}$$

式中，g_0 为来波的复振幅，τ_l 为第 l 个阵元与参考点之间的延迟。设第 l 个阵元的权值为 ω_l，那么所有阵元加权的输出相加所得到的阵列输出为

$$Y = \sum_{l=1}^{m} \omega_l g_0 e^{-j\omega\tau_l} \qquad l = 1, 2, \cdots, m \tag{6-33}$$

对式（6-33）取绝对值并归一化后，可得到空间阵列的方向图 $G(\theta)$ 为

$$G(\theta) = \frac{|Y_0|}{\max\{|Y_0|\}} \tag{6-34}$$

假设均匀线阵的间距为 d，且以最左边的阵元为参考点（最左边的阵元位于原点），又假设信号入射方位角为 θ，其中方位角表示与线阵法线方向的夹角，可知

$$\tau_l = \frac{1}{c}(x_k \sin\theta) = \frac{d}{c}(l-1)\sin\theta \tag{6-35}$$

则式（6-33）可简化为

$$Y = \sum_{l=1}^{m} \omega_l g_0 e^{-j\omega\tau_l} = \sum_{l=1}^{m} \omega_l g_0 e^{-j\frac{2\pi}{\lambda}(l-1)d\sin\theta} = \sum_{l=1}^{m} \omega_l g_0 e^{-j(l-1)\beta} \tag{6-36}$$

式中，$\beta = (2\pi d \sin\theta)/\lambda$，$\lambda$ 为入射信号的波长。

当 $\omega_l = 1$（$l = 1, 2, \cdots, m$）时，式（6-34）即为静态方向图 $G_0(\theta)$，此时式（6-33）可进一步简

化为

$$Y_0 = mg_0 e^{j(m-1)\beta/2} \frac{\sin(m\beta/2)}{m\sin(\beta/2)} \qquad (6\text{-}37)$$

可得均匀线阵的静态方向图:

$$G_0(\theta) = \left| \frac{\sin(m\beta/2)}{\sin(\beta/2)} \right| \qquad (6\text{-}38)$$

当 $\omega_l = e^{j(l-1)\beta_d}$,$\beta_d = \dfrac{2\pi d \sin\theta_d}{\lambda}(l=1,2,\cdots,m)$ 时,式(6-33)可简化为

$$Y_d = mg_0 e^{j(m-1)(\beta-\beta_d)/2} \frac{\sin(m(\beta-\beta_d)/2)}{m\sin[(\beta-\beta_d)/2]} \qquad (6\text{-}39)$$

于是可得指向为 θ_d 的阵列方向图:

$$G_d(\theta) = \left| \frac{\sin[m(\beta-\beta_d)/2]}{\sin[(\beta-\beta_d)/2]} \right| \qquad (6\text{-}40)$$

由式(6-37)及式(6-39)可知,静态方向图其实就是指向为 $\theta_d = 0°$ 时的阵列方向图。正是因为 $\theta_d=0°$,所以有 $\beta_d = 0$,即 $\omega_l = e^{j(l-1)\beta_d}$。图 6-22 示出了 16 阵元的均匀线阵的方向图,其阵元间距为半波长。其中,(a)为静态方向图;(b)为指向为 30°的方向图,另外加了旁瓣电平为−30 dB 的切比雪夫权。

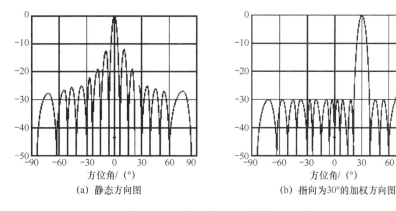

(a) 静态方向图　　　　　　　　(b) 指向为30°的加权方向图

图 6-22　16 阵元的均匀线阵的方向图

结论:

(1)当 $m\tan(\beta/2) = \tan(m\beta/2)$ 时,方向函数取得最大值,进一步可以推得:在 $\theta = 0°$ 和 $\theta = 180°$ 方位,天线阵接收电压的幅度为原信号幅度 m 倍。

(2)当 $\sin(m\beta/2) = 0$,即 $m\beta/2 = \pm i\pi (i=1,2,\cdots,i_m)$ 时,为零接收方向,可以得到以第一对零值接收点定义的主瓣宽度为 $2\arcsin[\lambda/(nd)]$。

(3)当 $\sin(m\beta/2) = 1$,即 $m\beta/2 = \pm(i\pi + \pi/2) (i=1,2,\cdots i_n)$ 时,出现一些小的峰值,称之为旁瓣峰值。

(4)半功率宽度是指主瓣功率从最大值下降到一半(或电场强度下降到 0.707 倍)时所对应的夹角,近似为 $0.844\lambda/(md)$(rad)或 $48.36\lambda/(md)$(°)。

注意:

(1)当 $d>\lambda$ 时,将出现与主瓣最大值相同的峰值,称之为栅瓣。栅瓣的出现将造成测向

模糊。通常情况下，考虑到馈电方便等原因，d 取值为 1/4 个波长，也有取半个波长的情况。

（2）实际应用中，往往采用和/差波束法来测向，并将线阵改用圆阵，即乌兰韦伯尔天线。

小结

在电子侦察系统中，电子侦察天线提供增益与方向性。在许多电子侦察测向系统中，天线参数是确定信号到达方向的数据源。

电子侦察测向天线首先要具有良好的方向特性，要使得天线接收的信号能够反映目标信号到达方向的信息，即：天线接收信号的幅度或相位与目标信号到达方向之间具有某一特定关系。在具有良好的方向特性的同时，天线的性能要稳定，包括方向特性对场地环境、气候条件等外界环境的变化不敏感，适应电波传播形式（天波或地波）和极化方式的变化，在尽可能宽的频段范围内具有平坦的响应特性。其次，作为一种接收天线，要具有高的接收灵敏度（天线增益高、噪声系数小、插入损耗低、天线与馈线之间匹配良好等），以便能够对微弱信号正常测向。

电子侦察测向天线有多种类型，与此对应的是测向设备的多种体制结构。测向天线与测向体制的这种对应关系，决定了测向天线在电子侦察测向技术中的重要性。不同类型的天线，其角度覆盖范围、所提供的增益、极化方式、体积、形状等参数各不相同。在通信对抗侦察设备中，采用什么类型的测向天线，需要充分地考虑对通信对抗侦察设备的技战术性能要求、所采用的测向体制和测向天线的性能特点。

通信对抗侦察应用中采用的测向天线类型有：环形天线、艾德考克天线、角度计天线、螺旋天线和由多个单元天线组合而形成的天线阵列等。

习题

1. 喇叭天线的增益与什么因素有关？
2. 环形天线的方向特性表现为什么？
3. 复合环形天线如何实现定单向功能？
4. 角度计天线是否存在定单向问题？能否采用复合环形天线的类似方式来定单向？
5. 均匀线阵什么情况下出现栅瓣，有何不利之处？
6. 分析对数周期天线的性能特点。

第7章 通信辐射源测向

7.1 无线电通信测向的基本概念

7.1.1 无线电通信测向的含义

无线电通信测向是利用无线电定向设备确定正在工作的无线电通信辐射源方位的过程;进一步可以利用无线电测向来确定辐射源的位置,简称定位。无线电通信测向与定位是通信对抗侦察的重要内容,是对通信信号进行分选、识别的重要依据。

无线电测向的物理基础是无线电波在均匀媒质中传播的匀速直线性以及定向天线接收电波的方向性。无线电测向实质上是测量电磁波波阵面的法线方向相对于某一参考方向(通常为通过测量点的地球子午线指北方向)之间的夹角。

电磁波到达角的方位信息可以由电场强度矢量 E 和磁场强度矢量 H 的方向及电磁波的传播方向 P(波前)给定。通常,以测向天线所在位置作为观测参考点,在水平面 0°~360° 范围内考察目标电台来波信号的方向,通过观测点(测向站位置)的子午线正北方向与被测电台到观测点的连线按顺时针所形成的夹角,称为来波信号的水平方位角,通常用符号 θ 来表示。

测向设备对某一目标电台的来波信号进行测向,所得到的实际测量值(或所得到的目标方位读数),称为示向度,通常用符号 Φ 来表示。若电波在理想的均匀媒质中传输且测向设备不存在测量误差,则示向度与方位角相同,即 $\Phi=\theta$。在实际测向过程中,入射电磁场往往由于不均匀媒质(电离层、地表层等)的传播效应而引起多径、散射、去极化等现象,从而使得来波成为有波前相位失真的非平面波,使得波阵面的法线方向偏离目标电台到测向天线之间的连线方向。另外,测向设备的测量误差总是不可避免、或大或小地存在。因此,测向设备所测得的示向度值 Φ 与目标电台真实方位值 θ 之间的差别将客观存在。

测向误差通常用 $\Delta\Phi$ 来表征,$\Delta\Phi=\theta-\Phi$,用以衡量目标电台真实方位值与测向设备对该目标电台来波信号进行测向所得到的示向度值之间的偏差。θ、Φ、$\Delta\Phi$ 三者的定义和彼此之间的关系如图 7-1 所示。

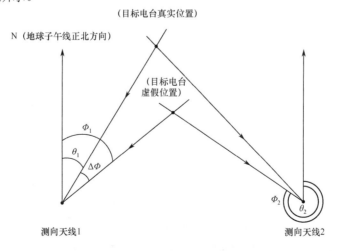

图 7-1 θ、Φ、$\Delta\Phi$ 三者的定义和彼此之间的关系

如果能够测得目标来波到达方向的三维空间数据，则称这种测向为双坐标无线电测向。在对地面或水面通信目标的测向中，一般只需要提供平面上的到达方位角信息，战术无线电测向场合大多采用只提供到达方位角信息的单坐标无线电测向设备。

7.1.2 测向设备的组成与分类

1. 测向设备的组成

现代无线电测向技术的物理实现应该包含三个环节：测向天线对目标来波信号的接收，测向信道对测向天线接收信号的变换处理，以及测向终端对来波方位信息的提取与显示。因此，现代无线电测向设备由测向天线、测向信道接收机、测向终端处理机三大部分组成，如图7-2所示。

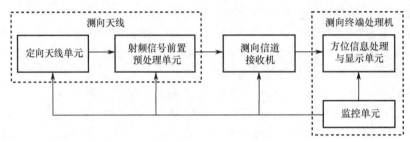

图 7-2　测向设备的基本组成框图

1）测向天线

测向天线通常包括天线单元和天线信号前置预处理单元两部分。

天线单元可以是单元定向天线，也可以是多元阵列全向或定向天线。天线接收来波信号，并使得信号的幅度或相邻天线元所接收信号的相位差中含有来波的方位信息。

天线信号前置预处理单元对天线单元输出的射频信号进行预处理。预处理方式视测向方法的不同而不同，但归结到一点，都是保证天线单元输出的电压与来波方位或空间角度之间有稳定且确定的幅度或相位关系。一般来说，天线单元通过天线信号前置预处理单元实现各天线元所接收电势的矢量相加或比相，由此形成其幅度或相位特性。在现代测向设备中，天线信号前置预处理单元除实现上述功能外，还包含了一些新的内容，如天线控制、自动匹配、宽带低噪声放大等。

2）测向信道接收机

测向信道接收机用于对测向天线输出信号进行选择、放大、变换等，使之适应后面测向终端处理机对信号的接口要求。根据测向方法的不同和特殊的需要，测向信道接收机可选择单信道、双信道或多信道接收机。通常，双信道和多信道接收机采用共用本振的方式，以确保多信道之间相位特性的一致性。

3）测向终端处理机

早期的测向终端处理只是采用人工辅助的方式完成方位数据的获取，它是由"监听耳机"与"方位读盘"或"模拟显示器"来完成。测向信道接收机输出的信号送到监听耳机或阴极射线管的偏转板，再由人耳听辨或观察荧光屏的显示亮线来确定来波方位。

现代测向终端处理机包括方位信息处理与显示单元及监控单元两个部分，通常包含 A/D 模块、高速 DSP 及工业（或军用）计算机。方位信息处理与显示单元将测向信道接收机输出信号中所包含的来波方位信息提取出来，并进行分析处理，最后按指定的格式和方式显示出来。监控单元对天线、测向信道接收机、方位信息处理与显示单元等的工作状态进行监视与控制。

2. 测向设备的分类

1）根据测向原理进行分类

目标信号的来波方位信息不是寄载在定向天线接收信号的振幅上就是寄载在其相位上。为了实现对目标辐射源来波方位的测量，所有的测向设备都是利用天线输出信号在振幅或相位上反映出来的与目标来波方位有关的特性来进行测量的。因此，从获取方位信息的原理上看，无线电测向技术可以分为两大类：一是利用测向天线输出感应电压的幅度来进行测向的"振幅法测向"；二是通过测量电磁波波前到达两副或多副天线的时间差或相位差来进行测向的"相位法测向"。

（1）振幅法测向。

振幅法测向是根据测向天线上感应的电压幅度具有确定的方向特性，当天线旋转或等效旋转时，其输出电压幅度按极坐标方向图而变化这一原理来进行测向，因而振幅法测向又被称为极坐标方向图测向。振幅法测向还可以进一步分为三类：最小信号法测向、最大信号法测向、比幅法测向。

最小信号法测向又称为小音点测向或"消音点"测向，它要求测向天线的极坐标方向图具有一个或多个零接收点，例如第 6 章介绍的具有 "8" 字形方向图的环形天线和艾德考克天线等。测向时旋转天线，当测向机输出的信号为最小值或听觉上为小音点（"消音点"）时，说明天线极坐标方向图的零接收点对准了来波方位，根据此时天线的转角就可以确定目标信号的来波方位值，如图 7-3 所示。由于在极坐标方向图的零接收点附近天线输出信号的强度变化急剧，天线旋转很小的角度就能引起信号的幅度发生很大的变化，因而其测向精度相对于最大信号法测向来说要高得多；但是在信号的最小值点及其附近，信噪比的降低也将引起测向精度的稍微降低。

最大信号法测向要求天线具有尖锐的方向特性。测向时旋转天线，当测向机的输出端出现最大信号值时，说明天线极坐标方向图的主瓣指向来波方位，根据此时天线主瓣的指向就可以确定目标信号的来波方位值，如图 7-4 所示。由于示向度值是在天线接收信号为最大值时获取，因而它具有对微弱信号的测向能力，但测向精度较低是它的主要缺点。因为天线极坐标方向图在最大值附近变化缓慢，只有当天线旋转较大的角度（半功率点波束宽度的 10%～25%）时才能测出其输出电压的明显变化。

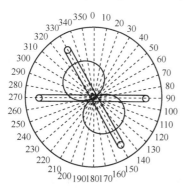

图 7-3　最小信号法测向示意图

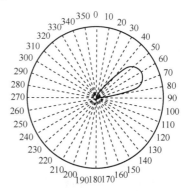

图 7-4　最大信号法测向示意图

比幅法测向则利用来波信号在结构和电气性能相同的两副天线上感应电压的幅度之比，即两个极坐标方向图的交叠点特性，来完成测向任务。如果测向天线是强方向性天线，则比幅法测向可以通过比较两副天线输出的信号是否相等来进行测向，又称之为等信号法测向，如图 7-5（a）所示。如果此时天线有稍微的旋转，两副天线输出的电压幅度就会有很大的差别，因而它与最小信号法测向一样有很高的测向精度，且由于是利用极坐标方向图的主瓣进行测向的，所以也有比较高的测向接收灵敏度。如果天线是"8"字形方向特性的天线，则要计算两副天线输出电压的比值才能完成测向任务，如图 7-5（b）所示。若将两副天线正交配置在 NS 和 EW 方位，则输出电压分别正比于 $\cos\theta$ 和 $\sin\theta$，其比值 $E_{\mathrm{EW}}/E_{\mathrm{NS}} = \sin\theta/\cos\theta = \tan\theta$，根据该比值就可以确定来波方位值 θ。

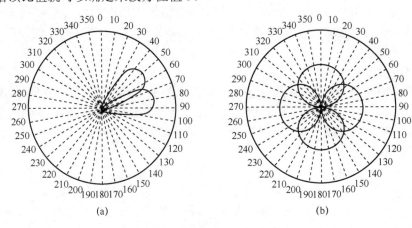

(a) (b)

图 7-5 比幅法测向示意图

（2）相位法测向。

相位法测向是通过测量电波到达测向天线体系中各天线元上感应电压之间的相位差来进行测向。电波在各天线元上所感应的电压幅度相同，但由于各天线元配置的位置不同，因而电波传播的路径不同，引起传播时间的不同，最后形成感应电压之间的相位差。在实际应用的测向方法中，干涉仪测向、多普勒法测向和时差法测向都属于相位法测向的范畴。

2）根据工作波段进行分类

测向设备通常工作在某一确定的波段范围内，从这个意义上进行分类，早期大多是单波段测向设备，如中长波测向设备、短波测向设备、超短波测向设备、微波测向设备等。现代测向设备通常覆盖数个波段。

3）根据运载方式的不同进行分类

根据测向设备的运载方式不同，通常可以分为地面固定式测向和战术移动式测向两大类。战术移动式测向设备又有便携式（背负式）、车载式、机载式、舰载式、卫星搭载式等。

地面固定式测向设备通常工作在短波以下波段，用于对远距离电台的测向定位。其测向天线有较多的阵元和较大的孔径，固定架设在一个视野比较宽阔、地面平整的阵地上。这种测向设备常称之为大基础测向设备（天线阵尺寸比工作波长大得多），它具有测向灵敏度高、测向精度高、抗干扰能力强等优点。

战术移动式测向设备中的便携式、车载式、机载式等通常是小基础测向设备，其天线体系尺寸小，比较轻便灵活，便于战术移动，但它的测向精度和灵敏度等指标一般来说不如大基础测向设备。

在理想情况下，辐射源远场区的波前等相位线是平行线；然而实际辐射源发射的电波，其波前沿着传播途径会不断受到各种干扰，因而到达测向天线的等相位线就不再是理想的直线，而是弯曲的结构。由于测向过程是以相邻天线元等效等相位线的法线方向来确定来波方向，在波前被干扰的情况下，宽孔径天线所产生的误差显然小于窄孔径天线。对于宽孔径与窄孔径的划分，通常以最低工作频率对应的波长来衡量：如果 $d/\lambda > 1$，则称之为宽孔径；否则，就称之为窄孔径。

7.1.3 测向设备的主要性能指标

各种型号的测向设备在技术资料中都会有关于其性能指标方面的说明，这是衡量测向设备性能是否满足用户要求的重要依据。对测向设备性能指标的描述有许多条款，从技术分析的角度可以归纳如下：

(1)测向准确度。测向准确度是指测向设备所测得的来波示向度与被测辐射源的真实方位之间的角度差，一般用均方根值表示。要求测向准确度越高越好，或者说要求测向误差越小越好。在实际考察测向设备的测向准确度指标时，有一个因素必须引起足够的注意，这就是对测向场地的要求。通常在给出测向准确度指标时都注明为标准场地测量条件；但测向设备在实际使用中，其天线周围的场地环境很难达到指标中所要求的标准场地条件。因此，实际测向准确度比指标中给出的往往会低一些。

(2)测向灵敏度。测向灵敏度是指在规定的测向误差范围内，测向设备或系统能测定辐射源方向的最小信号的场强或功率。测向灵敏度是一个与信噪比有关的指标，在给出测向灵敏度指标时要同时注明对信噪比的要求。

测向灵敏度指标的高低主要取决于测向天线和测向信道接收机。只有测向天线输入信号满足测向信道接收机的灵敏度要求，才能保证其输出满足方位信息处理单元所要求的信号强度与信噪比。所以说，提高测向天线对微弱信号的接收能力，或者提高测向信道接收机的灵敏度指标，都可以有效地提高测向设备的测向灵敏度。

当测向信道接收机的灵敏度达到一定的指标（微伏量级）后很难再有大的提高，此时要继续提高测向灵敏度，就只有在测向天线上寻找出路，因而引出了多种体制和类型的测向天线，包括小基础无源测向天线、小基础有源测向天线和大基础测向天线等。一般来说，不同的测向天线除了影响测向灵敏度外，往往也会影响测向准确度。

(3)工作频率范围。工作频率范围是指测向设备在正常工作条件下从最低工作频率到最高工作频率的整个覆盖频率范围。

测向设备的工作频率范围主要取决于测向天线的频率响应特性和信道接收机的工作频率范围。有时信道接收机能够覆盖某一宽阔的频率范围或整个波段，而单副测向天线在对应频率范围内的响应特性达不到指标要求，这时就需要采用多副测向天线来分别覆盖各个对应的子波段，最终实现对全波段的频率范围覆盖。

(4)处理带宽和频率分辨率。不同体制和调制样式的无线电通信信号，通常占据不同的信号带宽，这就要求测向信道接收机能够选择不同的处理带宽与之相适应。另外，测向设备在搜索状态下工作时，通常希望有较宽的处理带宽，以提高截获概率；而在测向状态下又希望有与目标信号相适应的尽量窄的带宽，便于滤除带外干扰，达到最佳的测向效果。

（5）可测信号的种类。测向设备可以对某些种类的信号进行正常测向，而除此之外的信号则无法正常测向。测向设备可测信号的种类主要受测向信道接收机体制和解调能力的制约，在某些情况下也与测向天线及测向设备的体制有关。

随着无线电通信技术的发展，信号的调制方式越来越多，也越来越复杂，特别是在军用无线电通信中，作为通信的一方为了防止信息在传输过程中被敌方侦察截获和干扰，采取了许多技术措施，形成了各种具有很强的抗侦察截获和抗干扰能力的通信体制和信号样式，如猝发通信、扩频通信、跳频通信等。无线电测向技术要适应通信技术的发展，首先要适应各种信号样式的变化，也就是要求测向设备对各种体制不同样式的通信信号都能自动或手动地选择相应的解调方式和其他技术措施，达到正常测向之目的。

（6）抗干扰性。测向设备的抗干扰性指标包括两个方面的内容：一是测向设备在有干扰噪声的背景下进行正常测向的能力，通常用测向设备在正常测向条件下所允许的最小信噪比来衡量；二是测向设备在干扰环境中选择信号、抑制干扰的能力，可用信号与干扰同时进入测向信道接收机时所允许的最大干信比来衡量。

（7）时间特性。测向设备的时间特性指标包括两个方面的内容：一是测向速度，二是完成测向所需的信号最短持续时间。

（8）可靠性。可靠性是衡量测向设备在各种恶劣的自然环境和战场环境下无故障正常工作的质量指标，它包括对工作温度范围的要求、对湿度的要求、对冲击震动的要求等，还包括对测向设备的平均故障间隔时间（MTBF）要求。

7.1.4　无线电测向的主要用途和在通信对抗中的地位

1. 无线电测向的主要用途

无线电测向在军事和公共社会两个领域都具有广泛的应用，用于通信对抗侦察仅仅是在军事领域应用的一部分。无线电测向的应用总的来说可以归结为对未知位置的目标辐射源进行无源定位和根据已知位置的目标辐射源确定测向设备自身所在平台的位置这两个目的，实际应用主要有辐射源寻的、导航、交会定位等，下面分别做简要介绍。

（1）辐射源寻的。测向设备利用目标辐射源的到达方向信息，使所在的平台朝辐射源所在的平台位置移动，这就是利用无线电测向的辐射源寻的。其中目标辐射源的位置可以是已知的，也可以是未知的。

（2）导航。无线电导航是根据移动测向设备对已知位置目标辐射源的测向数据，引导测向设备所在的平台沿所要求的路径航进。其过程是一个简单的测向和方位数据比较过程，通过对已知位置的辐射源测向，来估计自身位置是否位于某一指定的航线上，或根据其测向数据来修正当前航向与规定航线的偏离量。这里辐射源的位置不是测向设备所在平台的航程终点，而只是为其航程提供参考方向。

（3）交会定位。交会定位包括后方三角交会定位、平面三角交会定位、垂直三角交会定位。

后方三角交会定位是根据测向设备对已知位置的多个辐射源所测得的方位数据反过来进行定位，确定测向设备所在平台自身的坐标位置。

平面三角交会定位是根据分散在多个已知位置的固定测向设备对目标辐射源的静态方位测量数据进行交会定位，或根据能实时测定自身位置的单个移动测向设备对目标辐射源的动态方位测量数据进行交会定位，确定该辐射源的地理位置。

垂直三角交会定位的一个应用是在测得天波信号的到达水平方位角和仰角，并已知天波折射点电离层高度的情况下，确定辐射源的位置。这种定位方式只适用于天波信号，要求测向系统同时提供来波的水平方位角和仰角，并需要提供天波折射点电离层高度的精确值。垂直三角交会定位的另一个应用是根据机载测向设备对地面辐射源测得的水平方位角和俯角及测向设备所在平台（飞机）的高度进行定位，确定目标辐射源的地理位置。

2. 无线电测向在通信对抗中的地位

现代战场是陆、海、空、天四维立体战场的各军兵种协同作战，敌我双方都要求有四通八达、不间断的通信联络和信息传输，通信对抗面临一个复杂、密集和多变的电磁信号环境。在如此复杂的信号环境中，要快速、准确地截获并识别出敌方重要目标网台信号，光靠侦察分析系统的作用还远远不够。无线电通信信号在技术特征上并不携带任何敌我识别标志，而在通信信息普遍被加密传输的今天，破译其通信的信息内容在有限短的时间内几乎是不可能的事。由此可见，只有通过无线电测向定位技术确定目标电台的坐标位置，再综合战术侦察情报及其他途径获取的敌方兵力部署和战场背景等情报，才有可能快速、准确地识别出各目标信号的具体属性与威胁等级。

一旦截获并识别出敌方重要的目标网台信号，电子对抗决策控划系统应对其做出快速、有效的反应，或控制侦察分析系统对其进行不间断的监视控守并收集其电子情报，引导干扰系统对其实施有效的干扰压制，或引导武器系统对其进行火力摧毁等。收集电子情报时，目标网台的方位坐标是重要的情报内容；实施干扰时，需要方位数据引导干扰波束的指向。如果测向定位的精度足够高，则在进行火力摧毁时，需要位置坐标数据引导攻击目标的弹着点。

综上所述，无线电测向定位技术在通信对抗作战中所处的地位非常重要，方位（空域）侦察与技术参数（时域、频域、调制域）侦察并列为通信对抗的两大基石。

7.2　测向原理

7.2.1　最小信号法

最小信号法测向的基本原理是：利用具有零接收方向特性（如"8"字形方向特性）的侦察天线，以一定的速度在测角范围 Ω_{AOA} 内连续搜索；当收到的通信信号最小时，侦察天线的零接收方向就是通信辐射源信号的到达方向角。

最小信号法实际上是将侦察天线的波束零点对准来波方向。当波束零点对准来波方向时，天线感应信号为零，测向接收机输出信号为零，此时天线零点方向就被判断为来波方向。

最小信号法的测向精度和角度分辨率比最大信号法高，测向方法简单，可以使用简单的偶极子天线测向。这种方法主要用于长波和短波波段。

7.2.2　最大信号法

最大信号法测向的基本原理是：利用波束宽度为 θ_{r} 的窄波束侦察天线，以一定的速度在测角范围 Ω_{AOA} 内连续搜索；当收到的通信信号最强时，侦察天线最大接收方向就是通信辐射源信号的到达方向角。最大信号法测向示意图如图 7-6 所示。

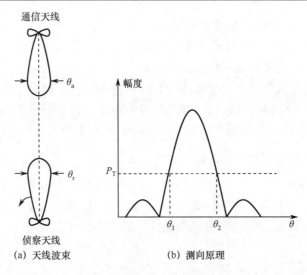

图 7-6 最大信号法测向示意图

最大信号法通常采用两次测量法，以提高测角精度。在天线搜索过程中，当通信辐射源信号的幅度分别高于、低于检测门限 P_T 时，分别记录波束指向角 θ_1 和 θ_2，且将它们的平均值作为到达角的一次估值：

$$\hat{\theta} = \frac{1}{2}(\theta_1 + \theta_2) \tag{7-1}$$

最大信号法的测角误差与波束宽度的平方成正比，与检测信噪比成反比。最大信号法的角度分辨率主要取决于测向天线的波束宽度。最大信号法主要应用在微波波段，因为微波波段容易得到具有强方向性的天线。

最大信号法测向的优点是：

（1）测向系统灵敏度高；

（2）成本低，只需要单个通道；

（3）具有一定的多信号测向能力；

（4）测向天线可以与监测共用。

最大信号法测向的缺点是：

（1）空域截获概率反比于天线的方向性；

（2）难以对驻留时间短的信号测向；

（3）测向误差较大。

7.2.3 振幅比较法

最小信号法测向和最大信号法测向，都是通过天线旋转来判断天线极坐标方向图的最小接收点或最大接收点所处的位置，由此确定目标信号的来波方位。显然天线或角度计的旋转速度限制了其测向速度，不适应战术无线电测向场合下对短时或猝发通信信号的测向要求，为此引出了振幅比较法测向体制，简称比幅法测向。

比幅法测向属于全向振幅单脉冲测向技术。比幅测向系统通过对两个或两个以上信道所接收的同一外界信号的幅度进行比幅来完成测向功能。

1. 比幅法测向基本原理

设比幅测向系统使用 N 个相同方向图函数的定向天线，均匀分布到 $360°$（2π）方向。对同一通信信号来说，总有一对相邻天线波束分别输出最强和次强的信号，通过比较这对相邻波束输出信号包络幅度的相对大小，就可以确定辐射源方位。这就是相邻比幅法。

设每个天线分别对应一个接收通道，天线方向图函数为 $F(\theta)$，相邻天线的张角为 $\theta_s = 2\pi/N$，则各天线方向图函数依次为

$$F(\theta-i\theta_s), \quad i=0,\ 1,\cdots,N-1 \tag{7-2}$$

各个天线接收的信号经过相应的幅度响应为 K_i 的接收通道，输出信号的包络为

$$s_i(t) = K_i F(\theta-i\theta_s) A(t), \quad i=0,1,\cdots,N-1 \tag{7-3}$$

式中，$A(t)$ 是通信信号的包络。

设天线方向图是对称的，即 $F(\theta)=F(-\theta)$，则当通信信号到达方向位于任意两个相邻天线之间，且偏离两天线等信号轴的夹角为 η 时（如图 7-7 所示），由于两天线的最大信号方向与通信信号入射方向的夹角分别为 $\dfrac{\theta_s}{2}-\eta$ 和 $\dfrac{\theta_s}{2}+\eta$，则对应通道的输出信号分别为

$$\begin{cases} s_1(t) = K_1 F\left(\dfrac{\theta_s}{2}-\eta\right) A(t) \\[2mm] s_2(t) = K_2 F\left(\dfrac{\theta_s}{2}+\eta\right) A(t) \end{cases} \tag{7-4}$$

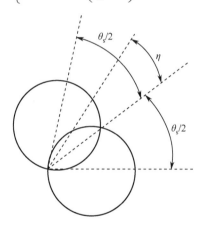

图 7-7　η 与 θ_s 关系示意图

将两个通道的输出信号相除，得到其输出电压比为

$$R = \frac{s_1(t)}{s_2(t)} = \frac{K_1 F\left(\dfrac{\theta_s}{2}-\eta\right)}{K_2 F\left(\dfrac{\theta_s}{2}+\eta\right)} \tag{7-5}$$

当各通道幅度响应 K_i 完全相同时，式（7-5）可以简化为

$$R = \frac{F\left(\dfrac{\theta_s}{2}-\eta\right)}{F\left(\dfrac{\theta_s}{2}+\eta\right)} \tag{7-6}$$

用分贝表示其对数电压比，则为：

$$R_{dB} = 20 \lg \left[\frac{F\left(\dfrac{\theta_s}{2} - \eta \right)}{F\left(\dfrac{\theta_s}{2} + \eta \right)} \right] \tag{7-7}$$

式（7-7）给出了两个相邻通道输出电压与到达方向的关系。如果方向图函数 $F(\theta)$ 在区间 $[-\theta_s, \theta_s]$ 内具有单调性，则 R 与 η 也具有单调的对应关系。因为测向系统的方向图函数 $F(\theta)$ 和相邻天线张角 θ_s 是已知的，因此可以利用式（7-7）计算到达方向角 η。

相邻比幅测向法是单脉冲测向技术的一种，典型的四通道单脉冲测向系统组成原理框图如图 7-8 所示。

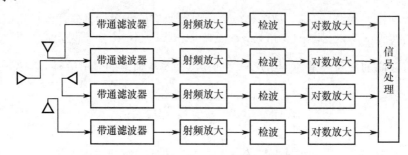

图 7-8 典型的四通道单脉冲测向系统组成原理框图

当采用高斯方向图函数的天线（如宽带螺旋天线）时，其方向图的表达式为

$$F(\theta) = e^{-1.3863 \frac{\theta^2}{\theta_r^2}} \tag{7-8}$$

式中，θ_r 是半功率波束宽度。设 $K_1 = K_2$，将 $F(\theta)$ 代入式（7-7），得到：

$$R = \frac{24\theta_s}{\theta_r^2} \eta \tag{7-9}$$

或者

$$\eta = \frac{\theta_r^2}{24\theta_s} R \tag{7-10}$$

2. 误差分析

引起测向误差的原因主要有系统误差和随机误差。

1）系统误差

对式（7-10）求全微分，得到：

$$d\eta = \frac{\theta_r}{12\theta_s} R d\theta_r - \frac{\theta_r^2}{24\theta_s^2} R d\theta_s + \frac{\theta_r^2}{24\theta_s} dR \tag{7-11}$$

可以看出：

（1）波束越窄，天线越多，系统误差就越小；

（2）R 越小，入射信号越靠近相邻波束的等信号方向，则系统误差也会越小。

2）随机误差

随机误差主要是由测向系统的内部噪声引起的。由于相邻通道的内部噪声是不相关的，因此在进行幅度比值运算时，二者不能互相抵消，从而引起通道失衡，造成测向误差。对于四天线相邻比幅测向系统，不相关热噪声所引起的测向误差为：

$$\Delta \eta = 32.5 \sqrt{\zeta \left(1 + 10^{0.026\eta} \right)} \tag{7-12}$$

式中，ζ 表示信噪比。

与最大/最小振幅测向法相比，相邻比幅测向法的优点是测向精度高，具有瞬时测向能力；但是其设备复杂，并且要求多通道的幅度响应具有一致性。

相邻比幅法是在相邻通道之间进行信号处理，这对于分辨不同方向的同时多信号是有好处的。但是，当有强信号到达时，由于天线旁瓣的影响，可能会使多个相邻通道同时过检测门限，从而造成虚假目标。

3. 沃森-瓦特测向法

沃森-瓦特测向法是沃森-瓦特（Watson-Watt）和黑德为研究闪电放电引起的"天电"干扰而研制的一种测向体制。它属于比幅测向法，采用这种测向体制时天线接收信号的来波方位几乎是立刻显示在荧光屏上。它可响应的信号最短持续时间长度取决于测向信道接收机的瞬态响应特性或接收机的通带宽度。

现代沃森-瓦特测向设备的典型构成框图如图 7-9 所示。

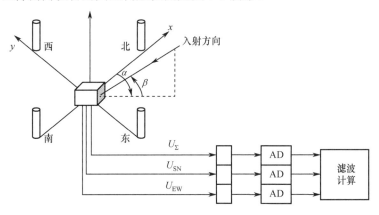

图 7-9　沃森-瓦特测向设备的典型构成框图

沃森-瓦特测向法利用正交的测向天线接收信号，分别经过两个幅度和相位响应完全一致的接收通道进行变频放大，然后测定来波方向。若为定单向，则需要增加一个中央垂直天线以提供全向信号；或者利用四个天线元接收信号合成后的全向特性来替代中央垂直天线，相应地增加一个第三接收信道。在具体实现时，也可以采用单信道的时分复用方式。多信道沃森-瓦特测向的特点是测向时效高，速度快，测向准确，可测跳频信号；但是其系统复杂，并且要求接收机通道幅度和相位一致，实现的技术难度较高。单信道沃森-瓦特测向系统简单、体积小、重量轻、机动性能好，但是测向速度受到一定的限制。

当一均匀平面波以方位角 α、仰角 β 照射到四元天线阵时（如图 7-10 所示），设天线阵中心点接收电压为

$$U_0 \left(t \right) = A \left(t \right) \cos \left(\omega t + \phi_0 \right) \tag{7-13}$$

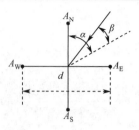

图7-10　通信信号入射到四元天线阵示意图

则在圆阵上均匀分布的四个天线单元的接收电压为

$$\begin{cases} U_{N}(t) = A(t)\cos\left(\omega t + \phi_0 - \frac{\pi d}{\lambda}\cos\alpha\cos\beta\right) \\ U_{S}(t) = A(t)\cos\left(\omega t + \phi_0 + \frac{\pi d}{\lambda}\cos\alpha\cos\beta\right) \\ U_{E}(t) = A(t)\cos\left(\omega t + \phi_0 - \frac{\pi d}{\lambda}\sin\alpha\cos\beta\right) \\ U_{W}(t) = A(t)\cos\left(\omega t + \phi_0 + \frac{\pi d}{\lambda}\sin\alpha\cos\beta\right) \end{cases} \tag{7-14}$$

式中：λ为信号波长；ω为信号角频率；$A(t)$为信号包络。

天线阵的输出是两组天线的电压差，即

$$U_{SN}(t) = U_{S}(t) - U_{N}(t) = 2A(t)\sin\left(\frac{\pi d}{\lambda}\cos\alpha\cos\beta\right)\sin(\omega t + \phi_0)$$

$$U_{EW}(t) = U_{E}(t) - U_{W}(t) = 2A(t)\sin\left(\frac{\pi d}{\lambda}\sin\alpha\cos\beta\right)\sin(\omega t + \phi_0) \tag{7-15}$$

当$d \ll \lambda$时，式（7-15）可化简为

$$U_{SN}(t) \approx 2A(t)\frac{\pi d}{\lambda}\cos\alpha\cos\beta \cdot \sin(\omega t + \phi_0)$$

$$U_{EW}(t) = 2A(t)\frac{\pi d}{\lambda}\sin\alpha\cos\beta \cdot \sin(\omega t + \phi_0) \tag{7-16}$$

可见，天线阵列输出的差信号的幅度分别是方位角的余弦函数和正弦函数，是仰角的余弦函数。

在方位角的提取上，传统沃森-瓦特测向采用CRT显示到达角。将两个差通道输出电压分别加到偏转灵敏度一致的阴极射线管的垂直和水平偏转板上，在理想情况下，荧光屏上将出现一条直线。该直线与垂直方向的夹角就是方位角 α。现代沃森-瓦特测向则采用数字信号处理技术，通过数字滤波器提取信号，计算来波方向。

典型沃森-瓦特测向的实质就是两天线的相邻比幅法测向，它采用了两副正交配置的艾德考克天线。从第 6 章对艾德考克天线方向性的描述可以知道：当$d \leq \lambda/2$时，其方向特性函数为：

$$F(\theta) \approx \frac{\pi d}{\lambda}\cos\theta \tag{7-17}$$

则两副正交配置的艾德考克天线方向图为两个正交的"8"字形方向图。在假定已完成定单向的条件下，可以认为$\theta_s = \pi/2$，根据式（7-6），则有：

$$R = \frac{\cos\left(\dfrac{\pi}{4} - \eta\right)}{\cos\left(\dfrac{\pi}{4} + \eta\right)} \tag{7-18}$$

令 $\vartheta = \dfrac{\pi}{4} - \eta$，则 ϑ 为通信信号辐射方向与指北方向的夹角，即方位角。代入式（7-18），得到：

$$R = \frac{\cos(\vartheta)}{\cos\left(\dfrac{\pi}{2} - \vartheta\right)} = \frac{\cos(\vartheta)}{\sin(\vartheta)} = \cot(\vartheta) \tag{7-19}$$

通过求解式（7-19）就能求得来波方位角。

7.2.4　相位法测向

1. 相位法测向基本原理

1）基于相位差测向

考虑图 7-10 所示的 N、S、E、W 四元天线阵，则电波到达 NS 天线对和 EW 天线对时所形成的相位差分别为：

$$\varphi_{\mathrm{NS}} = \frac{2\pi d}{\lambda} \cos\alpha\cos\beta \tag{7-20}$$

$$\varphi_{\mathrm{EW}} = \frac{2\pi d}{\lambda} \sin\alpha\cos\beta \tag{7-21}$$

由于 $\varphi_{\mathrm{EW}} / \varphi_{\mathrm{NS}} = \tan\alpha$，所以到达方位角为：

$$\alpha = \arctan\left(\frac{\varphi_{\mathrm{EW}}}{\varphi_{\mathrm{NS}}}\right) \tag{7-22}$$

到达仰角为：

$$\beta = \arccos\left[\frac{\lambda}{2\pi d}\left(\varphi_{\mathrm{NS}}^2 + \varphi_{\mathrm{EW}}^2\right)^{1/2}\right] \tag{7-23}$$

2）相位模糊问题

相位法测向又称为"干涉仪"测向，可分为长基线干涉仪和短基线干涉仪。长基线干涉仪的天线元间距比信号波长还要长，这样可以提高相位测量的精度；但带来的负面影响是出现相位模糊（大于 π 的相移量），进而引起来波方位测量的模糊。为了降低相位模糊或来波方位测量的模糊，要求 $d \leqslant \lambda_{\min}/2$，这就是短基线干涉仪，但它会引起测量精度和工作带宽的降低。

由式（7-20）和式（7-21），可得：

$$\mathrm{d}\varphi_{\mathrm{NS}} = -\frac{2\pi d}{\lambda} \cos\beta\sin\alpha\,\mathrm{d}\alpha \tag{7-24}$$

$$\mathrm{d}\varphi_{\mathrm{EW}} = \frac{2\pi d}{\lambda} \cos\beta\cos\alpha\,\mathrm{d}\theta \tag{7-25}$$

即：

$$|\Delta\theta| = \left| \frac{\Delta\varphi_{NS}}{2\pi\dfrac{d}{\lambda}\cos\beta\sin\alpha} \right| \tag{7-26}$$

$$|\Delta\theta| = \left| \frac{\Delta\varphi_{EW}}{2\pi\dfrac{d}{\lambda}\cos\beta\cos\alpha} \right| \tag{7-27}$$

可见，$\Delta\theta$ 正比于 $\Delta\varphi_{NS}$ 或 $\Delta\varphi_{EW}$，反比于 d/λ。d/λ 增加，则测向精度提高；反之，则带来测向精度的下降。在测向设备工作频率范围一定的情况下，d/λ 的增减归根到底是天线元间隔 d 的增减。因此，d 增大有利于提高测向精度；但是当 $d \geq \lambda/2$ 时，可能出现相位模糊现象。

为了解决相位模糊问题，可以采取以下两种方式：

（1）限定测向视角。以东西天线对的相位差[见式（7-21）]为例，最大相位差出现在 $\sin\alpha=1$（即 $\alpha=90°$）及其附近的来波方位。如果限定其测量视角为 $\pm\alpha_0$ 范围，$\alpha_0 \in (0, 90°)$，以保证

$$\varphi_{max} = \frac{2\pi d}{\lambda}\cos\beta|\sin\alpha_0| < \pi \tag{7-28}$$

则不会出现相位模糊问题，来波方位的测量值具有唯一性。

当然，限定测向视角是以牺牲测向天线的方位覆盖范围为代价，它需要多副覆盖 $\pm\alpha_0$ 的天线来完成对 360°水平方位范围的全覆盖。在实际测向设备中，通常是用 3 副天线来完成对 360°水平方位范围的全覆盖。

（2）采用长短基线法。如图 7-11 所示，由三个天线元分别输出 $e_1(t)$、$e_2(t)$ 和 $e_3(t)$ 到三信道接收机，由 $e_1(t)$ 和 $e_2(t)$ 得到的相位差为 φ_{12}，由 $e_1(t)$ 和 $e_3(t)$ 得到的相位差为 φ_{13}。

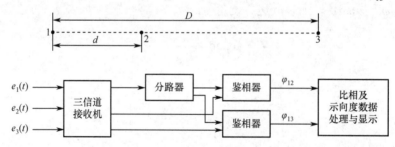

图 7-11　长短基线法测向原理框图

短基线 d 保证不出现相位模糊，即

$$\varphi_{12max} = \frac{2\pi d}{\lambda}\cos\beta < \pi \tag{7-29}$$

因此，由 φ_{12} 对应的来波方位粗测值具有唯一性，即

$$\alpha_{12} = \arcsin\left[\frac{\varphi_{12}}{\dfrac{2\pi}{\lambda}d\cos\beta} \right] \tag{7-30}$$

长基线 D 保证方位测量精度，它对应的相位差为：

$$\varphi_{13} = \frac{2\pi d}{\lambda}D\cos\beta\cos\alpha = k\pi + \tilde{\varphi}_{13} \tag{7-31}$$

式中，$\tilde{\varphi}_{13} \in (0, \pi)$，$k = 0, 1, 2, \cdots, N$。实际测量值为 φ_{13}，因此必须估计 k 的值，以得到正确的 φ_{13} 值。由

$$\alpha_{13(k)} = \arcsin\left[\frac{k\pi + \tilde{\varphi}_{13}}{\frac{2\pi}{\lambda}D\cos\beta}\right] \qquad (7\text{-}32)$$

寻找最接近 α_{12} 的 $\alpha_{13\,(k)}$ 值，就是比 α_{12} 更精确的来波方位测量值，即寻找

$$\min\left|\alpha_{13(k)} - \alpha_{12}\right| \qquad (7\text{-}33)$$

由此解决相位模糊所带来的方位测量模糊问题。

2. 相位测量方法

由上述相位法测向原理可以知道，相位法测向的首要问题就是对相位差的精确测量问题。因此，接下来介绍几种相位测量方法。

1）连续相位测量

连续相位测量是采用鉴相器测量双信道接收机两路中频输出信号之间的相位差 φ。鉴相器可以采用模拟电路，也可以采用数字电路，图 7-12 所示是一种采用乘积鉴相器的模拟电路框图，鉴相器的 I-Q 积分输出分别为 $\cos\varphi$（I：同相输出）和 $\sin\varphi$（Q：正交输出），该 I-Q 输出可继续进行如下处理：

（1）由 $\cos\varphi$ 和 $\sin\varphi$ 的矢量和获取 φ 的模拟测量值 $\hat{\varphi}$；

（2）由正弦——余弦数值变换器变换成数字形式后获取 φ 的数字测量值 $\hat{\varphi}$；

（3）直接加到 CRT 上，给出 φ 的图像显示。

这种测量方式可以瞬时地捕获方位信息，设备简便，无须转换天线，但视场范围有限，容易遭到近频（同时进入接收信道的通带）及邻频干扰，且需要已知仰角。另外，图 7-12 中采用检波后的积分相当于在多个相位差周期内求和（低通滤波），因而可以增强弱信号以改进其测量精度，同时也能够降低信号调制和多径干扰的影响。

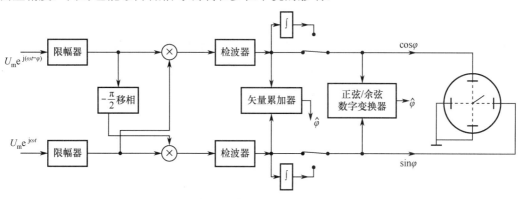

图 7-12　乘积鉴相器模拟电路框图

2）相位扫描相关

将双信道接收机的某一输出信道加到压控延迟网络，其延迟时间 $\tau(t)$ 受电压 $u(t)$ 的控制，将经过延迟后的中频输出 $u_2[t-\tau(t)]$ 与另一个信道经固定延迟的中频输出 $u_1(t-\tau_0)]$ 送到相关器进行相关运算，如图 7-13 所示。

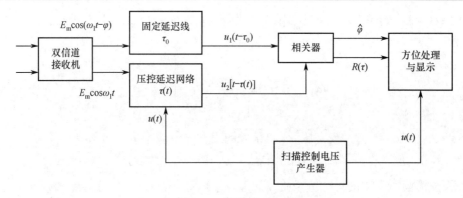

图 7-13　相位扫描相关测向原理框图

相关器的输出为：

$$R(\tau) = \int_0^T u_1(t-\tau_0)u_2[t-\tau(t)]\mathrm{d}t \tag{7-34}$$

式中，T 是依据相关器带宽而设定的一个比 $\tau(t)$ 大的值。设

$$u_1(t-\tau_0) = E_\mathrm{m}\cos[\omega_1(t-\tau_0)-\varphi] \tag{7-35}$$

$$u_2[t-\tau(t)] = E_\mathrm{m}\cos\omega_1[t-\tau(t)] \tag{7-36}$$

则有

$$\begin{aligned} R(\tau) &= \int_0^T u_1(t-\tau_0)u_2[t-\tau(t)]\mathrm{d}t \\ &= E_\mathrm{m}^2\int_0^T \cos\omega_1[t-\tau(t)]\cdot\cos[\omega_1(t-\tau_0)-\varphi]\mathrm{d}t \end{aligned} \tag{7-37}$$

当 $\varphi = \omega_1[\tau(t)-\tau_0]$ 时，$R(\tau)$ 达到最大值。反过来说，根据 $R(\tau)$ 达到最大值时对应 $\tau(t)$ 的值 $\hat{\tau}$ 就可以得到相位差的测量值 $\hat{\varphi}$。

采用时域相关法能够改善信噪比，有利于对远距离微弱信号的方位测量，但实际工程实现的难度比较大。另外，对于时域相关函数最大值的高精度测定和相关器对带内干扰的敏感问题，目前还没有很好的解决办法。

3）基于傅里叶变换的测量方法

基于傅里叶变换的测量方法是采用频域处理技术来测量两天线元接收信号之间的相位延迟，图 7-14 所示是其原理框图，它的后处理包括四个步骤：

（1）时域的 A/D 变换；

（2）频域的 FFT 变换与处理；

（3）相位延迟的计算与综合处理；

（4）来波方位的计算与综合处理。

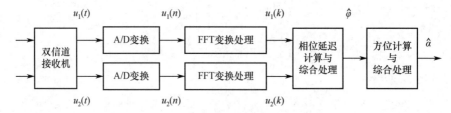

图 7-14　基于傅里叶变换的测量方法原理框图

时域 A/D 变换将双信道接收机输出的两路中频模拟信号变换成数字信号。为了保证后续 FFT 变换处理的性能，对 A/D 变换后的数字信号通常要选择合适的窗函数进行加窗处理。

模拟中频信号、数字采样信号及 FFT 变换结果三者之间的关系可以由下面的表达式来描述：

$$u_1(t) = E_m \cos(\omega_I - \varphi) \tag{7-38}$$

$$u_2(t) = E_m \cos(\omega_I t) \tag{7-39}$$

$$u_1(n) = E_m \cos(\omega_I n T_s - \varphi) \tag{7-40}$$

$$u_2(n) = E_m \cos(\omega_I n T_S) \tag{7-41}$$

$$U_1(k) = \sum_{n=0}^{N-1} u_1(n) \exp(-j \frac{2\pi nk}{N}) = U_{1r}(k) + j U_{1l}(k) \tag{7-42}$$

$$U_2(k) = \sum_{n=0}^{N-1} u_2(n) \exp(-j \frac{2\pi nk}{N}) = U_{2r}(k) + j U_{2l}(k) \tag{7-43}$$

式中：$T_s = 1/f_s$，f_s 为采样频率；$k = 0, 1, 2, 3, \cdots, N-1$；FFT 的频率分辨率为 $\Delta f = f_s/N$。

由于 $U_1(k)$ 和 $U_2(k)$ 都包含实部和虚部两个分量，因此对应第 k 点频谱的相位差为：

$$\varphi(k) = \arctan\left(\frac{U_{2l}(k)}{U_{2r}(k)}\right) - \arctan\left(\frac{U_{1l}(k)}{U_{1r}(k)}\right) \tag{7-44}$$

在 FFT 变换的每个频点上都可以采集得到一个相位差测量值，则每一帧的 N 个点可以得到 N 个相位差测量值，连续 M 帧的数据采样与 FFT 变换就可以得到 $M \times N$ 个相位差测量值。如果没有测量误差和干扰存在，且在接收信道的通带内只有单目标信号存在，则这 $M \times N$ 个相位差测量值都应该相等。而在实际工作中，总是不可避免地存在测量误差及各种干扰，这样不仅每一帧 N 个点所对应的相位差测量值各不相同，前后各帧的相位差测量值也会各不相同。因此，就需要对这些测量值进行综合处理，例如求其统计平均值或求其最小二乘估计值，等等，以得到最终的相位差估计值 $\hat{\varphi}$。

相位差测量中采用 FFT 技术，是无线电测向技术领域为适应现代数字信号处理理论与技术的发展，向数字化迈向的重要一步，它具有如下优点：

（1）它是一种数字频域处理技术，能降低信号幅度变化所带来的有害影响；

（2）采用频谱处理的方法，能够使得灵敏度得到显著的改善；

（3）便于相位误差的校正，可以在各个频率点都建立相应的相位校正系数表，频率间隔仅取决于 FFT 的频率分辨率；

（4）能够适应对短时间驻留信号的测向处理要求；

（5）具有灵活的频率选择性，可以抑制不需要的干扰频谱成分，适应在密集复杂的电磁环境下工作；

（6）能够预置各种处理模型，对测量数据进行灵活的处理，有效提高最终的测量精度。

3. 干涉仪测向设备

1）单基线双信道干涉仪

单基线双信道干涉仪测向原理框图如图 7-16 所示。

考虑以两个天线元中心轴线为方位角起点，则对于 α 方位的来波信号，相位差 φ 为

$$\varphi = \frac{2\pi d}{\lambda} \cos \beta \cos \alpha \tag{7-45}$$

如果来波仰角 β 已知或可估计，则根据 φ 的测量值就可由式（7-45）确定来波方位 α 的测量值。

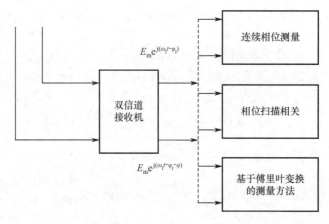

图 7-15　单基线双信道干涉仪测向原理框图

2）双基线双信道干涉仪

如果要求测向的视角范围覆盖整个 360°，并需要测量来波的仰角，就必须采用双基线干涉仪测向设备，如图 7-16 所示。

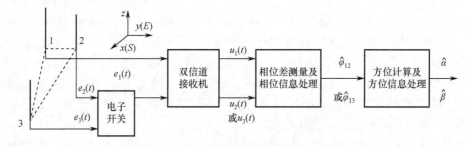

图 7-16　双基线双信道干涉仪测向原理框图

双基线由排列成 L 形或等边三角形的三个天线元组成，天线元 1 接收的信号直接送到双信道接收机的信道 1 输入端口，而天线元 2 和天线元 3 接收的信号则通过一个射频开关交替地送到双信道接收机的信道 2 输入端口，因此基线 1-2 和基线 1-3 之间的相位差被交替地测量。

设天线元 1-2 和天线元 1-3 成直角排列，且间距相等，以天线元 1 的相位作为参考，基线 1-2 和基线 1-3 之间的相位差分别用 φ_{12} 和 φ_{13} 来表示，则

$$\varphi_{12} = \frac{2\pi}{\lambda} d \cos\beta \sin\alpha \tag{7-46}$$

$$\phi_{13} = \frac{2\pi}{\lambda} d \cos\beta \cos\alpha \tag{7-47}$$

因此

$$\hat{\alpha} = \arctan\left(\hat{\varphi}_{12}/\hat{\varphi}_{13}\right) \tag{7-48}$$

$$\hat{\beta} = \arccos\left(\frac{\lambda\sqrt{\hat{\varphi}_{12}^2 + \hat{\varphi}_{13}^2}}{2\pi d}\right) \tag{7-49}$$

在实际工程设计中，要合理设置天线元 2 和天线元 3 之间的转换与驻留时间，既要保证开

关在某一状态接通的驻留时间与设备的响应处理时间相一致，又要有尽量快的转换周期，以保证对短时间驻留信号的可靠测量。

这种结构的测向设备有三个主要优点：

（1）能够同时测量来波信号的水平方位角和仰角；

（2）与单基线干涉仪测向机相比较，改善了视角范围；

（3）降低了天线散射和耦合带来的误差，这是因为在三个天线元中，总有一个天线元是处于断开状态。

但是，其主要缺点是需要对天线元 2 和 3 进行开关选通切换，增加了方位测量的时间。

3）双信道四单元天线干涉仪

将四个天线元按 N、S、E、W 四个方位排列，可以顺序获得四根基线的相位比较结果，如图 7-17 所示。

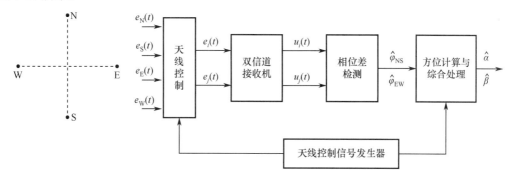

图 7-17 双信道四天线干涉仪测向原理框图

设相对天线元的间距为 d，以四个天线元的中心为参考，顺序测量 NS 和 EW 两条基线的相位差。若双信道接收机的相位失配为 φ_0，则

$$\varphi_{\mathrm{NS}} = \varphi_0 + \frac{2\pi}{\lambda} d \cos \beta \cos \alpha \qquad (7\text{-}50)$$

$$\varphi_{\mathrm{SN}} = \varphi_0 - \frac{2\pi}{\lambda} d \cos \beta \cos \alpha \qquad (7\text{-}51)$$

$$\varphi_{\mathrm{EW}} = \varphi_0 + \frac{2\pi}{\lambda} d \cos \beta \sin \alpha \qquad (7\text{-}52)$$

$$\varphi_{\mathrm{WE}} = \varphi_0 - \frac{2\pi}{\lambda} d \cos \beta \sin \alpha \qquad (7\text{-}53)$$

如果在四次顺序测量期间 φ_0 保持不变，则可以采用将四个相位差测量值两两相减的办法抵消两信道所固有的相位失配值 φ_0，即

$$\varphi_{\mathrm{NS}} - \varphi_{\mathrm{SN}} = \frac{4\pi}{\lambda} d \cos \beta \cos \alpha \qquad (7\text{-}54)$$

$$\varphi_{\mathrm{EW}} - \varphi_{\mathrm{WE}} = \frac{4\pi}{\lambda} d \cos \beta \cos \alpha \qquad (7\text{-}55)$$

由此得到

$$\hat{\alpha} = \arctan \left(\frac{\hat{\varphi}_{\mathrm{EW}} - \hat{\varphi}_{\mathrm{WE}}}{\hat{\varphi}_{\mathrm{NS}} - \hat{\varphi}_{\mathrm{SN}}} \right) \qquad (7\text{-}56)$$

$$\hat{\beta} = \arccos\left(\frac{\lambda}{4\pi d} \sqrt{\left(\hat{\varphi}_{\text{NS}} - \hat{\varphi}_{\text{SN}}\right)^2 + \left(\hat{\varphi}_{\text{EW}} - \hat{\varphi}_{\text{WE}}\right)^2} \right) \tag{7-57}$$

双信道四单元天线相位干涉仪测向设备的主要优点是：

（1）具有水平全方位（360°）的视角范围；

（2）由于采用了信道转换技术，所以信道之间无须严格匹配；

（3）可以同时测量来波的仰角和水平方位角。

但其缺点是：

（1）由于各天线元接收的信号是顺序截段地（分四个时序）通过双信道接收机，增加了目标信号到达方向的捕获时间，降低了接收机灵敏度；

（2）前端的顺序截段与后端数据处理要同步控制。

这种结构的测向设备除了在军事无线电测向领域应用外，还被广泛应用于 MF 频段和 HF 频段的电波传播研究领域。

4）三信道三单元天线干涉仪

将三个天线元排列成等边三角形（彼此以 120°夹角配置），天线元 1-2 排列在 NS 方位，相应地采用三信道接收机，如图 7-18 所示。

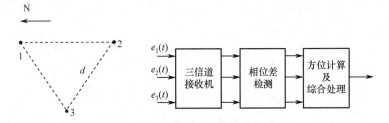

图 7-18　三单元天线干涉仪测向原理框图

三个天线元对应接收信号之间的相位差为：

$$\begin{cases} \varphi_{12} = \dfrac{2\pi}{\lambda} d \cos\beta \cos\alpha \\[2mm] \varphi_{13} = \dfrac{2\pi}{\lambda} d \cos\beta \cos\left(\alpha - \dfrac{2\pi}{3}\right) \\[2mm] \varphi_{23} = \dfrac{2\pi}{\lambda} d \cos\beta \cos\left(\alpha - \dfrac{4\pi}{3}\right) \end{cases} \tag{7-58}$$

用这三个相位差测量值计算来波的方位角和仰角，得到

$$\hat{\beta} = \arccos\left\{ \frac{\sqrt{\varphi_{12}^2 + \varphi_{23}^2 + \varphi_{13}^2}}{\sqrt{\dfrac{3}{2}}\dfrac{2\pi d}{\lambda}} \right\} \tag{7-59}$$

$$\hat{\theta} = \arctan\left\{ \frac{\cos\tilde{\varphi}_{12} + \cos\tilde{\varphi}_{13} + \cos\tilde{\varphi}_{23}}{\sin\tilde{\varphi}_{12} + \sin\tilde{\varphi}_{13} + \sin\tilde{\varphi}_{23}} \right\} \tag{7-60}$$

式中，
$$\tilde{\varphi}_{12} = \arctan\left\{ \frac{2\varphi_{23} + \varphi_{12}}{\sqrt{3}\varphi_{12}} \right\} \tag{7-61}$$

$$\tilde{\varphi}_{13} = \arctan\left\{\frac{-2\varphi_{13} - \varphi_{12}}{\sqrt{3}\varphi_{12}}\right\} \tag{7-62}$$

$$\tilde{\varphi}_{23} = \arctan\left\{-\frac{\varphi_{23} - \varphi_{13}}{\sqrt{3}\left(\varphi_{23} + \varphi_{13}\right)}\right\} \tag{7-63}$$

在三个相位差测量值中，只要使用其中的两个就可以推得来波方位估计值 $\hat{\alpha}$ 和仰角估计值 $\hat{\beta}$，但同时使用三个相位差测量值则可以降低随机测量误差，提高测量精度。

采用三信道三单元天线的干涉仪测向设备具有显著的优点，包括：

（1）能测量瞬时的来波到达方向信息；

（2）具有水平全方位（即 360° 范围）的测量视角；

（3）能同时测量方位角和仰角；

（4）能很好地与 FFT 处理技术兼容；

（5）具有很好的调制容限，能适应各种调制的信号；

（6）使用三根基线的相位差测量数据进行综合处理，可以有效提高测量精度。

其主要缺点是：

（1）要求主处理器有高速的运算能力；

（2）为了减小误差，需要定时进行信道幅度与相位失配的校正；

（3）设备结构相当复杂，工程造价高昂。

4. 多普勒测向

1）多普勒效应

当波源与观察者之间有相对运动时，观察者所接收到的信号频率 f 与波源所发出的信号频率 f_0 之间有一个频率增量 f_D，这种现象叫作多普勒效应，其对应的 f_D 就称为多普勒频移。设波源 B 与观察者 A 之间的相对运动速度为 $V(t)$，A 与 B 两点之间的初始距离为 R_0，则在 t 时刻两点之间的瞬时距离为

$$R(t) = R_0 - \int_0^t V(\tau)\mathrm{d}\tau \tag{7-64}$$

假设波源 B 在 t 时刻发出的信号表达式为：

$$e_B(t) = E_m \mathrm{e}^{\mathrm{j}(2\pi f_0 t - \varphi_0)} \tag{7-65}$$

则该信号到达 A 点后经历了 t_d 的时间延迟，$t_d = R(t)/c$，其中 c 为波的传播速度。所以，在 A 点接收到的信号为：

$$\begin{aligned} e_A(t) &= E_m \mathrm{e}^{\mathrm{j}[2\pi f_0(t - t_d) - \varphi_0]} \\ &= E_m \mathrm{e}^{\mathrm{j}\{2\pi f_0[t - R(t)/c] - \varphi_0\}} \end{aligned} \tag{7-66}$$

其对应的瞬时相位为：

$$\varphi(t) = 2\pi f_0[t - R(t)/c] - \varphi_0 \tag{7-67}$$

瞬时角频率为：

$$w_s(t) = \frac{\mathrm{d}\varphi(t)}{\mathrm{d}t} = 2\pi f_0[1 + V(t)/c] = 2\pi[f_0 + f_D(t)] \tag{7-68}$$

式中，$f_D(t)$ 表示多普勒频移，即

$$f_d(t) = \frac{V(t)}{c}f_0 \tag{7-69}$$

可见，多普勒频移 f_D 与波源自身所发出的信号频率 f_0 及波源和观察者之间的相对运动速度 $V(t)$ 成正比，与波的传播速度 C 成反比。

多普勒效应是日常生活中一种很常见的现象。例如：迎面开来的列车，其鸣号音听起来很尖锐；而远离的列车，其鸣号音相对来说就比较低沉。这是因为观察者实际听到的鸣号音频率增加（迎面开来）或减小（远离）了一个多普勒频移。

2）多普勒测向原理

如图 7-19 所示，全向天线 A 在半径为 R 的圆周上以 Ω 的角频率顺时针匀速旋转。设起始位置为正北方位，对于仰角为 β、水平方位为 α 的来波信号，在 t 时刻，其接收信号相对于中央全向天线的相位差为：

$$\varphi(t) = \frac{2\pi}{\lambda} R \cos\beta \cos(\Omega t - \alpha) \tag{7-70}$$

$\varphi(t)$ 是由于天线元 A 的圆周运动所产生的多普勒相移，其中包含来波的方位信息 α，这就是多普勒测向的前提保证。

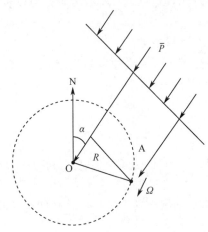

图 7-19　多普勒测向天线原理示意图

设中央全向天线 O 的接收电压为 $e_0(t) = E_m e^{j[\omega t + \varphi_0(t)]}$，则全向天线 A 的接收电压为

$$e_A(t) = E_m e^{j[\omega t - \varphi(t) + \varphi_0(t)]} \tag{7-71}$$

多普勒测向的基本思想就是将 $e_0(t)$ 与 $e_A(t)$ 进行比相，获取多普勒相移成分 $\varphi(t)$，再将 $\varphi(t)$ 与 $\cos(\Omega t)$ 一同进行鉴相，就可以获取来波的方位值 α。

在实际测向设备的工作过程中，目标信号可能是调角信号，也可能是具有寄生相位调制或相位噪声的非调角信号，所以这里用 $\varphi_0(t)$ 来代替它。在 $e_A(t)$ 中，$\varphi_0(t)$ 与 $\varphi(t)$ 混淆在一起，因此单从 $e_A(t)$ 中难以正确无误地检测出多普勒相移 $\varphi(t)$，只有通过与中央全向天线的接收信号进行比相，才能抵消掉 $\varphi_0(t)$ 成分，正确地检测出多普勒相移 $\varphi(t)$。

3）伪多普勒测向原理

要使天线元绕一个半径较长的圆周高速旋转，例如绕半径为 2 m 的圆周以 100 r/s 的速度高速旋转，这在工程设计上是不切实际的，实际的多普勒测向设备都是采用伪多普勒测向原理。所谓伪多普勒测向，就是用排列成圆阵的 N 个全向天线元的顺序扫描转换来模拟单个全向天线元的圆周机械旋转。图 7-20 所示是这种测向设备的原理框图。

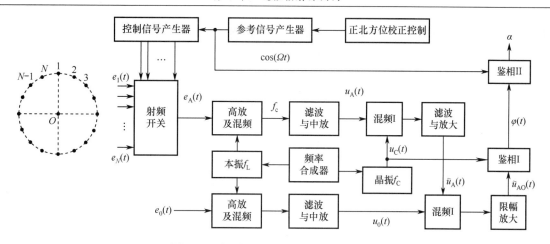

图 7-20 典型的伪多普勒测向机原理框图

下面简单分析其工作原理。

在正北方位校正信号控制下，参考信号产生器为控制信号产生器提供以正北方位为起始的标准余弦信号，以驱动射频开关动作，使得 $e_1(t), e_2(t), \cdots, e_{N-1}(t), e_N(t), e_1(t), \cdots$ 轮流输出，形成等效于绕圆周以 Ω 角频率匀速运动的天线输出电压 $e_A(t)$。

$e_0(t)$ 与 $e_A(t)$ 经过两路具有相同幅度相位特性的高放、混频及滤波与中放后，输出两路中频信号：

$$u_0(t) = U_m e^{j[\omega_I t + \varphi_0(t) + \varphi_I]} \tag{7-72}$$

$$u_A(t) = U_m e^{j[\omega_I t - \varphi(t) + \varphi_0(t) + \varphi_I]} \tag{7-73}$$

$u_A(t)$ 与频率为 f_c 的基准晶振信号再进行一次频率搬移，经过滤波与放大后，取下边带输出为：

$$\tilde{u}_A(t) = U'_m e^{j[(\omega_I - \omega_c)t - \varphi(t) + \varphi_0(t) + \varphi_I]} \tag{7-74}$$

再与 $u_0(t)$ 进行混频，取下边带，经限幅放大后的输出为：

$$\tilde{u}_{AO}(t) = \tilde{U}_{mo} e^{j\{\omega_I t + \varphi_0(t) + \varphi_I - [(\omega_I - \omega_c)t - \varphi(t) + \varphi_0(t) + \varphi_I]\}} = \tilde{U}_{mo} e^{j[\omega_c t + \varphi(t)]} \tag{7-75}$$

由此可见，$\tilde{u}_{AO}(t)$ 中既包含 $\varphi(t)$，又与目标来波信号的工作频率及相位调制无关。首先将 $\tilde{u}_{AO}(t)$ 与 $u_c(t)$ 一同送到鉴相器进行比较，检测出多普勒相移分量 $\varphi(t)$；然后将 $\varphi(t)$ 与参考信号 $\cos(\Omega t)$ 进行比相，从而可获得来波方位 α 的测量值。

多普勒测向设备的天线阵通常由 12～30 根偶极子或单极子天线元组成，均匀排列在直径小于等于 $\lambda/2$ 的圆周上。

5. 时差法测向

时差法测向是从接收同一辐射源信号的不同空间位置的多副天线上，测量或计算信号到达的时间差，以此来确定其方向的一种测向技术。这种技术通常只适用于数字脉冲信号。

图 7-21 所示是双基线三信道时差法测向的原理框图。

若以天线元 O 为参考，则

$$\begin{cases} t_{d1} = \dfrac{d}{c}\cos\beta\sin\alpha \approx 3.33 d \cos\beta\sin\alpha \\ t_{d2} = \dfrac{d}{c}\cos\beta\cos\alpha \approx 3.33 d \cos\beta\cos\alpha \end{cases} \tag{7-76}$$

式中，c 为光速，基线间隔单位为 m，到达时间差的单位为 ns。进一步可以得到

$$\begin{cases} \alpha = \arctan\left(t_{d1}/t_{d2}\right) \\ \beta = \arccos\left(\dfrac{\sqrt{t_{d1}^2 + t_{d2}^2}}{3.33d}\right) \end{cases} \tag{7-77}$$

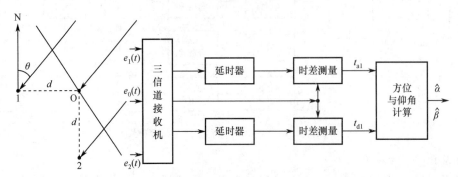

图 7-21　双基线三信道时差法测向原理框图

方位测量误差与时差测量误差之间的函数关系为：

$$\Delta\alpha = 17.2 \times \frac{\Delta t}{d\cos\beta\cos\alpha} \tag{7-78}$$

式中：$\Delta\alpha$ 为方位测量的均方根误差（°）；Δt 为时差测量的均方根误差（ns）。到达时间差（TDOA）测向需要将一个天线元作为参考，如图 7-21 中的天线元 O，以它为基准进行时间间隔的测量。但是如果入射信号先到达非参考天线，则时差的测量就会出现问题，因为无法测量"负"的时间延迟。为了解决这个问题，在非参考天线元对应的信道中插入了一个固定时延大于 $d/c(\mathrm{s})$ 的延时器。

从理论上说，短基线时差法测向简单直接，但它对信道均衡和时差测量的稳定度等指标都提出了非常高的要求，信道间的幅度不平衡将引起时差测量误差。在考虑短基线时差法测向设备的设计方案时，应综合考虑安装平台所允许的基线距离、时差测量分辨率和测量误差以及设备对方位测量精度的要求等。

小结

信号到达方向是描述信号特征，进行无源定位、信号分选与识别，引导定向电子干扰的重要依据。通信辐射源测向是通过测量来波信号的幅度、相位、频率、到达时间等参数以获取目标（通信辐射源）方向的各种技术。具体地说，通信辐射源测向是利用通信侦察测向设备测定从测量点观察目标（通信辐射源）所处位置的方向。按照测向原理，通信辐射源测向方法主要有：振幅法测向、相位法测向。

振幅法测向是根据接收信号幅度相对大小来判明信号到达角，包括最大信号法、最小信号法、比幅测向法等。其中，最大信号法、最小信号法用于搜索测向体制；比幅法测向法广泛用于非搜索测向体制，通过比较相邻波束侦收信号幅度的相对大小来确定辐射源所在的方位。采用比幅测向体制的测向设备有：间隔环测向设备、沃森-瓦特交叉环测向设备、乌兰韦伯测向设备、旋转环形天线测向设备、快速傅里叶测向设备等。

相位法测向是通过用两个相邻天线通道测量同一个信号的相位差来确定辐射源的到达角。属于这一类的测向设备有相位干涉仪测向设备、多普勒测向设备等。例如，单基线双信道相位干涉仪测向设备、采用连续相位测量/相位扫描相关/傅里叶变换法的双基线双信道干涉仪测向设备、双信道四单元天线干涉仪测向设备、三信道三单元天线干涉仪测向设备等。

习题

1. 无线电测向的主要用途是什么？
2. 测向灵敏度的含义是什么？它主要取决于哪些因素？
3. 简述无线电测向的发展趋势。
4. 简述最小信号法和最大信号法测向的基本方式。
5. 简述双信道比幅法测向的误差特性。
6. 对比双基线双信道干涉仪、双信道四单元天线干涉仪和三信道三单元天线干涉仪的优缺点。
7. 伪多普勒测向技术的优缺点是什么？
8. 比相法测向的固有体制误差有哪些？

第8章 通信辐射源定位

8.1 概述

通过多个不同位置的测向设备测量信号来波方向，可确定目标位置，该过程叫作定位。当然，也可以利用其他方法进行定位，如通过测量信号到达的时间差或频率差等方法实现定位。这种在工作平台上没有电磁辐射源，只通过接收电磁波信号对目标做出定位的技术，称之为无源定位，它是电子对抗的一个重要组成部分。

无源定位自身不发射信号，通过对目标上辐射源信号的截获测量，获得目标的位置和轨迹，具有作用距离远、隐蔽性好等优点，因而具有极强的生存能力和反隐身能力。随着信号截获和处理技术的不断发展，无源定位技术的应用必将越来越广泛，尤其在通信对抗领域将会发挥越来越重要的作用。

根据所使用的平台数量，无源定位可以分为单站无源定位和多站无源定位。

单站无源定位是利用一个观测平台，靠被动接收辐射源的信息来实现定位的技术。它的突出优点是系统相对简单，机动性和灵活性较好，适合在各种机载及车载定位系统中使用，不需要大量的数据通信；但定位所需的时间较长。

多站定位是靠多平台之间的协同工作，进行大量数据传输来完成的，具有定位速度快、精度高等优点；但系统相对较复杂，且当系统平台需要机动时，系统的复杂性更高。随着大规模电路及各种集成芯片、元件的出现，多站无源定位设备将朝着简单化发展，其灵活性也将不断提高，定位精度将大大提高，具有较为广阔的发展前景。

按应用的技术体制，无源定位又可以分为测向交叉无源定位、时差无源定位、相位差无源定位、频差无源定位以及它们之间的联合定位。其中，时差、相位差和频差无源定位是通过对同一辐射源信号的某一特征参数的测量，利用其时间上、相位上或频率上的差值来进行定位，也可同时测量多个差值，进而更精确地进行定位。

在时差定位中，较多采用多站进行定位，将两个或多个测量站分开部署，利用同一辐射源到达不同观测站的时间差来对目标进行定位，有较高的精度；但其机动性较差，同时也对目标的距离有一定要求，否则不能进行精确定位。

相位差定位是通过测量电波到达不同定位站中各测向天线之间的相位差来进行定位的。电波在各天线上所感应的电压幅度相同，但由于各天线元配置的位置不同，因而电波传播的路径不同，引起传播时间的不同，最后形成感应电压之间的相位差。

在频差定位中，应用较多的是差分多普勒无源定位。对于运动目标，可以利用目标的运动所引起的频率变化来确定目标的位置和运动特性；对于静止目标，可以人为地产生相对运动来确定目标的位置。

8.2 多站无源定位

8.2.1 测向交叉定位

测向交叉定位是利用在不同位置的多个测向工作站，根据所测得的同一辐射源的方向，进行波束交叉，确定辐射源的位置。多站测向定位也称为多站交叉定位，其中双站交叉定位是通信对抗领域中确定目标位置最常用也是最基本的方法。

1. 定位原理

因为两个测向站的地理位置是已知的，两测向站所测得的目标的方位角 θ_1 和 θ_2 也是已知的，两条方位线的交点就是目标辐射源的地理位置，其坐标（X_T, Y_T）可通过计算求得。如果测向站的地理位置是准确无误的，两测向站的示向度也是没有误差的，那么定位就是准确的一个点。但事实上，测向误差是不可避免的，所以示向度线不会是一条线，而是一个区域。交会点变成了四边形 $ABCD$（如图 8-1 所示），这个四边形所包围的区域就叫定位模糊区。模糊区越大，定位误差就越大。据分析和实际测量而得到的结论是：定位误差的大小与测向误差、定位距离和测向站的部署有关。

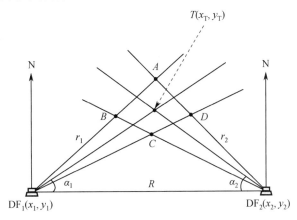

图 8-1　两站测向交叉定位原理图

2. 定位误差分析

1）定位模糊区分析

如果两个测向站站址的坐标定位 (x_1, y_1) 和 (x_2, y_2) 精确无误差，测向设备对目标辐射源实施测向时亦无测向误差，则按上面介绍的交会定位法而得到的交点位置就是目标辐射源的真实位置，没有定位误差。但实际上，站址的坐标定位及对目标辐射源测得的示向度都不可避免地存在误差，所以定位误差亦不可避免地存在。

若不考虑测向站站址坐标的误差，并假设两个站的最大测向误差均为 $\Delta\theta_{max}$，则真实来波方位分别位于以示向度线 (a_1, a_2) 为中心的 $\pm\Delta\theta_{max}$ 扇形区域范围内，参见图 8-1。目标辐射源的真实位置应该位于两扇形区相交的四边形 $ABCD$ 区域内，由于测向误差是 $\pm\Delta\theta_{max}$ 范围内的任意值，因此目标辐射源的真实位置可能出现在四边形 $ABCD$ 区域内的任何点上，称四边形区域 $ABCD$ 为定位模糊区。

定位模糊区面积的大小是决定定位精度高低的一个主要指标，若四边形 $ABCD$ 的面积越小，则说明定位精度越高。下面就具体分析四边形 $ABCD$ 的面积与哪些因素有关。

假定目标辐射源离测向站的距离很远，即相对于四边形 $ABCD$ 的边长来说，r_1 和 r_2 很大，$\Delta\theta_{max}$ 比较小，这样，四边形 $ABCD$ 就可以近似认为是平行四边形，如图 8-2 所示。

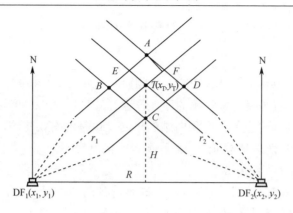

图 8-2 双站交会模糊区分析示意图

显然，平行四边形 $ABCD$ 的面积近似等于四边形 $AETF$ 面积的 4 倍。而平行四边形 $AETF$ 的两条边对应的高可以用对应的一段圆弧来近似，即

$$h_1 = r_1 \Delta\theta_{max} = \frac{H\Delta\theta_{max}}{\sin\alpha_1} = \frac{R\Delta\theta_{max}\sin\alpha_2}{\sin(\alpha_1 + \alpha_2)}$$
$$h_2 = r_2 \Delta\theta_{max} = \frac{H\Delta\theta_{max}}{\sin\alpha_2} = \frac{R\Delta\theta_{max}\sin\alpha_1}{\sin(\alpha_1 + \alpha_2)}$$

(8-1)

设边 AF 的长度为 L，则：

$$L = \frac{h_1}{\sin(\alpha_1 + \alpha_2)} = \frac{H\Delta\theta_{max}}{\sin\alpha_1 \sin(\alpha_1 + \alpha_2)} = \frac{R\Delta\theta_{max}\sin\alpha_2}{\sin^2(\alpha_1 + \alpha_2)}$$

(8-2)

可得：

$$S_{ABCD} = 4S_{AETF} = 4Lh_2$$
$$= \frac{4H^2\Delta\theta_{max}^2}{\sin\alpha_1 \sin\alpha_2 \sin(\alpha_1 + \alpha_2)} = \frac{4R^2\Delta\theta_{max}^2 \sin\alpha_1 \sin\alpha_2}{\sin^3(\alpha_1 + \alpha_2)}$$

(8-3)

可见，S_{ABCD} 的大小除了与 H（或 R）、$\Delta\theta_{max}$ 有关外，还与 α_1 和 α_2 有关。一般来说，$\Delta\theta_{max}$ 主要取决于测向设备的性能指标，当然也与测向场地环境有关；在测向设备与场地环境确定的情况下，$\Delta\theta_{max}$ 的值也相对确定。而 H（或 R）的值主要取决于测向任务所规定的区域（敌方目标辐射源可能覆盖的区域）及我方测向阵地所允许的配置条件等。在 $\Delta\theta_{max}$ 一定的情况下，H（或 R）越小，则 S_{ABCD} 也越小。如果 H（或 R）也一定，则 S_{ABCD} 的大小主要取决于 α_1 和 α_2，要使得 S_{ABCD} 最小，α_1 和 α_2 的选择就有一定的要求。

设 H 一定，令：

$$U = \sin\alpha_1 \sin\alpha_2 \sin(\alpha_1 + \alpha_2)$$

(8-4)

要使 S_{ABCD} 最小，应该满足：

$$\begin{cases} \dfrac{\partial U}{\partial \alpha_1} = \cos\alpha_1 \sin\alpha_2 \sin(\alpha_1 + \alpha_2) + \sin\alpha_1 \sin\alpha_2 \cos(\alpha_1 + \alpha_2) = 0 \\ \dfrac{\partial U}{\partial \alpha_2} = \sin\alpha_1 \cos\alpha_2 \sin(\alpha_1 + \alpha_2) + \sin\alpha_1 \sin\alpha_2 \cos(\alpha_1 + \alpha_2) = 0 \end{cases}$$

(8-5)

可简化为：

$$\begin{cases} \tan\alpha_1 = -\tan(\alpha_1 + \alpha_2) \\ \tan\alpha_2 = -\tan(\alpha_1 + \alpha_2) \end{cases}$$

(8-6)

最后得到式（8-6）的解：

$$\alpha_1 = \alpha_2 = \frac{\pi}{3} \tag{8-7}$$

由此可见，当 H 一定时，只有在满足式（8-7）条件下，对应的定位模糊区面积才为最小值。

设 R 一定，令：

$$U = \frac{\sin \alpha_1 \sin \alpha_2}{\sin^3(\alpha_1 + \alpha_2)} \tag{8-8}$$

要使 S_{ABCD} 达到最小值，应该满足：

$$\begin{cases} \dfrac{\partial U}{\partial \alpha_1} = \dfrac{\sin \alpha_2 \cos \alpha_1 \sin(\alpha_1 + \alpha_2) - 3\sin \alpha_1 \sin \alpha_2 \cos(\alpha_1 + \alpha_2)}{\sin^4(\alpha_1 + \alpha_2)} = 0 \\[4mm] \dfrac{\partial U}{\partial \alpha_2} = \dfrac{\sin \alpha_1 \cos \alpha_2 \sin(\alpha_1 + \alpha_2) - 3\sin \alpha_1 \sin \alpha_2 \cos(\alpha_1 + \alpha_2)}{\sin^4(\alpha_1 + \alpha_2)} = 0 \end{cases} \tag{8-9}$$

经过整理后可得：

$$\tan \alpha_1 = \tan \alpha_2 = \frac{1}{3} \tan(\alpha_1 + \alpha_2) \tag{8-10}$$

即 $\alpha_1 = \alpha_2 = \pi/6$。也就是说，当 R 一定时，只有在满足 $\alpha_1 = \alpha_2 = \pi/6$ 的条件下，对应的定位模糊区面积才为最小值。

2）位置误差分析

根据前面的分析，目标电台可能在定位模糊区（即四边形 $ABCD$）中的任意位置，通常以该四边形的中心（即两条示向度线的交点位置）作为真实电台位置的估计值。显然，当真实电台位于四边形的四个顶点之一时，其位置误差达到最大值。

在图 8-2 中，如果目标电台的真实位置位于 B 或 D 点，则对应的位置误差为：

$$\begin{aligned} l_1^2 &= \overline{BE}^2 + \overline{ET}^2 + 2\overline{BE} \cdot \overline{ET} \cdot \cos(\alpha_1 + \alpha_2) \\ &= \frac{\Delta\theta_{\max}^2}{\sin^2(\alpha_1 + \alpha_2)} \left[r_1^2 + r_2^2 + 2r_1 r_2 \cos(\alpha_1 + \alpha_2) \right] \end{aligned} \tag{8-11}$$

如果目标电台的真实位置位于 A 或 C 点，则对应的位置误差为：

$$\begin{aligned} l_2^2 &= \overline{AE}^2 + \overline{ET}^2 - 2\overline{AE} \cdot \overline{ET} \cdot \cos(\alpha_1 + \alpha_2) \\ &= \frac{\Delta\theta_{\max}^2}{\sin^2(\alpha_1 + \alpha_2)} \left[r_1^2 + r_2^2 - 2r_1 r_2 \cos(\alpha_1 + \alpha_2) \right] \end{aligned} \tag{8-12}$$

最大位置误差为 $l_{\mathrm{m}} = \max(l_1, l_2)$。

在两个测向站站址一定的情况下，R 也一定，因此有：

$$\begin{cases} l_1^2 = \dfrac{R^2 \Delta\theta_{\max}^2}{\sin^4(\alpha_1 + \alpha_2)} \left[\sin^2 \alpha_1 + \sin^2 \alpha_2 + 2\sin \alpha_1 \sin \alpha_2 \cos(\alpha_1 + \alpha_2) \right] \\[4mm] l_2^2 = \dfrac{R^2 \Delta\theta_{\max}^2}{\sin^4(\alpha_1 + \alpha_2)} \left[\sin^2 \alpha_1 + \sin^2 \alpha_2 - 2\sin \alpha_1 \sin \alpha_2 \cos(\alpha_1 + \alpha_2) \right] \end{cases} \tag{8-13}$$

可见，在 R、$\Delta\theta_{\max}$ 一定的条件下，l_{m} 随 α_1、α_2 而变化，l_{m} 最小时对应的 α_1、α_2 值应该使 l_1^2 最小同时满足 $l_1^2 \leqslant l_2^2$，或者使 l_2^2 最小同时满足 $l_2^2 \leqslant l_1^2$。不妨先求 l_1^2 达到极小值时对应的

α_1、α_2，这是一个二元极值求解问题，等价于求方程组

$$\begin{cases} \dfrac{\partial l_1^2}{\partial \alpha_1} = \dfrac{R^2 \Delta\theta_{max}}{\sin^4(\alpha_1+\alpha_2)} \bigg/ \\ \qquad \Big\{ \big[2\sin\alpha_1\cos\alpha_1 + 2\cos\alpha_1\sin\alpha_2\cos(\alpha_1+\alpha_2) - 2\sin\alpha_1\sin\alpha_2\sin(\alpha_1+\alpha_2) \big] - \\ \qquad \dfrac{4\cos(\alpha_1+\alpha_2)}{\sin(\alpha_1+\alpha_2)} \Big[\sin^2\alpha_1 + \sin^2\alpha_2 + 2\sin\alpha_1\sin\alpha_2\cos(\alpha_1+\alpha_2) \Big] \Big\} = 0 \\ \dfrac{\partial l_2^2}{\partial \alpha_2} = \dfrac{R^2 \Delta\theta_{max}}{\sin^4(\alpha_1+\alpha_2)} \cdot \\ \qquad \Big\{ \big[2\sin\alpha_2\cos\alpha_2 - 2\cos\alpha_2\sin\alpha_1\cos(\alpha_1+\alpha_2) + 2\sin\alpha_1\sin\alpha_2\sin(\alpha_1+\alpha_2) \big] - \\ \qquad \dfrac{4\cos(\alpha_1+\alpha_2)}{\sin(\alpha_1+\alpha_2)} \Big[\sin^2\alpha_1 + \sin^2\alpha_2 - 2\sin\alpha_1\sin\alpha_2\cos(\alpha_1+\alpha_2) \Big] \Big\} = 0 \end{cases}$$

(8-14)

的解，解该方程组得：

$$\alpha_1 + \alpha_2 = \pi/2 \tag{8-15}$$

可见，当 $\alpha_1 + \alpha_2 = \pi/2$ 时，$l_1^2 = l_2^2 = R^2 \Delta\theta_{max}^2$，因此它对应的是最大位置误差的最小值。由此得到结论：在以两测向站间距 R 为直径的圆周上，定位的最大位置误差具有最小值。

由位于不同位置的三个或三个以上的测向站对目标辐射源进行测向，然后进行交会定位的方法，称为多站定位。以三站定位为例，如果三个测向站的测向结果都没有误差，那么三条示向线肯定会交于一点，这个点就是目标的真实位置。但是，测向误差总是不可避免的，所以三条示向线不能保证只相交于一点，而是如图 8-3 所示。

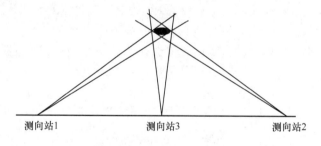

图 8-3　三站定位示意图

假设方位误差呈高斯分布，那么三个测向点方位的随机分布产生一个椭圆形的不定区域。（随机方位误差被定义为标准偏差或均方根误差。）区域的大小、位置和椭圆概率由若干个因子确定，如测向方位、方位范围和标准偏差等。为简便起见，通常按目标位于这个椭圆内的特定概率等级，通过换算，用等效误差圆半径来描述椭圆位置的估算值，被称为圆概率误差（CEP）。多站定位的准确程度比双站定位有明显的提高。

8.2.2　时差定位

时差定位是一种比较精确的定位方法。它通过处理三个或更多个测量站所采集到的信号到达时间测量数据对辐射源进行定位。在二维平面内，辐射源信号到达两测量站的时间差确定了一条以两站为焦点的双曲线，利用三个基站可形成两条双曲线来产生交点，以确定辐射源的位置。三维定位则需要四个基站产生三对双曲面，面面相交得线，线线相交得点，以此

来实现定位。时差定位系统具有定位精度高、定位速度快等优点；但在定位过程中也会出现多值现象，即定位模糊。基于时间的定位方法，其核心是需要高精度的时间测量值。

对辐射源进行二维时差定位，一般只需三个站，即可求得辐射源的二维坐标。如果可能对目标高程进行假设，则利用三个观测站，可实现目标的三维定位。当对目标高程无法假设时，则至少需要四个站，才能实现目标的三维定位。

下面以四站为例，说明运用时域相关法进行时差定位的基本原理。

1. 时域相关法的基本原理

设定位系统由 1 个主站及 3 个辅站构成，记各站的空间位置为 $(x_j, y_j, z_j)^{\mathrm{T}}$，$j = 0, 1, 2, 3$，其中 $j = 0$ 表示主站，$j = 1, 2, 3$ 表示辅站，辐射源的空间位置为 $(x, y, z)^{\mathrm{T}}$。r_j 表示辐射源与第 j 站之间的距离，Δr_j 表示辐射源到第 j 站之间与辐射源到主站之间的距离差，定位方程表示为

$$\begin{cases} r_0^2 = (x - x_0)^2 + (y - y_0)^2 + (z - z_0)^2 \\ r_i^2 = (x - x_i)^2 + (y - y_i)^2 + (z - z_i)^2 & (i = 1, 2, 3) \\ \Delta r_i = r_i - r_0 \end{cases} \tag{8-16}$$

通过求解定位方程，即可得到辐射源的空间位置为 $(x, y, z)^{\mathrm{T}}$。

由方程组（8-16），可得到下面的关系式：

$$\alpha \cdot r_0^2 + 2\beta \cdot r_0 + \gamma = 0 \tag{8-17}$$

式中：

$$\begin{cases} \alpha = n_1^2 + n_2^2 + n_3^2 - 1 \\ \beta = (m_1 - x_0)n_1 + (m_2 - y_0)n_2 + (m_3 - z_0)n_3 \\ \gamma = (m_1 - x_0)^2 + (m_2 - y_0)^2 + (m_3 - z_0)^2 \end{cases} \tag{8-18}$$

$$\begin{cases} m_i = \sum_{j=1}^{3} a_{ij} \cdot k_i \\ n_i = \sum_{j=1}^{3} a_{ij} \cdot \Delta r_j \end{cases} \quad (i = 1, 2, 3) \tag{8-19}$$

$$k_i = \frac{1}{2}\left[\Delta r_i^2 + (x_0^2 + y_0^2 + z_0^2) - (x_i^2 + y_i^2 + z_i^2)\right] \quad (i = 1, 2, 3) \tag{8-20}$$

由于通过式（8-17）可以解得 r_0 的两个值 r_{01} 及 r_{02}，因此对于辐射源的三维定位存在定位模糊问题。在四站系统中，定位方程确定的两组双曲线，最多可能有两个交点，这两个交点位置对称分布在四个站组成的面的两侧。当两组双曲线只有一个交点时，不存在定位模糊。对于定位模糊的消除方法，除了可利用几何位置的先验知识直接判断以外，还可以将时差测量数据分为两个子集，分别对辐射源进行二维定位，再利用最近距离匹配准则识别虚假定位点。

此外，对于通信信号来说，一般是以连续信号的形式出现的，因而不同观测站对到达信号的时差测量不易实现。为此，通常采用下面介绍的时差估计方法。

一个辐射源信号 $s(t)$，由于其到达两个接收站的距离不一样，而导致两站接收信号之间存在一个时差。因此，时差估计的信号模型为：

$$\begin{cases} x_1(t) = s(t) + n_1(t) \\ x_2(t) = \alpha s(t+D) + n_2(t) \end{cases} \tag{8-21}$$

式中，$s(t)$和$n_1(t)$、$n_2(t)$为实的联合平稳随机过程。假设信号$s(t)$与噪声$n_1(t)$、$n_2(t)$不相关，考虑到两站接收的信号幅度不一定一样，因此两站幅度存在一个比例因子α。

信号相关法是通过比较两路形状几乎一样的波形，由其相似性来估计两路信号之间的时延。将两个具有相同时间长度的信号的相关系数，定义为它们乘积的积分除以它们各自平方的积分的几何平均值：

$$R = \frac{\int f(t)g(t)\mathrm{d}t}{\sqrt{\int[f(t)]^2\mathrm{d}t}\sqrt{\int[g(t)]^2\mathrm{d}t}} \tag{8-22}$$

严格的数学分析可以证明，R的域值是绝对值不大于1的一个取值范围。当这两个信号随时间变化的规律完全相同，大小成比例时，$R=1$。相对移动两个信号，反复计算相关系数，其结果将不是一个单一的数值；而是这两个信号在相对移动一个时间τ后的所有的相关系数，是τ的函数，称之为相关函数，即

$$R(\tau) = \frac{\int f(t+\tau)g(t)\mathrm{d}t}{\sqrt{\int[f(t+\tau)]^2\mathrm{d}t}\sqrt{\int[g(t)]^2\mathrm{d}t}} \tag{8-23}$$

相关函数的值越大，两个信号的相近程度越高。因此，相关函数的峰值所对应的时间，用以代表这两个形状几乎一样的信号之间的时间差。

当信号从统计的角度看是平稳信号时，$\int[f(t+\tau)]^2\mathrm{d}t$几乎不随$\tau$变化，也就是说$R(\tau)$的分母几乎是一个常数。由于我们的问题不是求真实的相关系数，而仅仅是求相关函数的峰值位置。因此，需要计算的可以不是$R(\tau)$，而只是它们的分子$H(\tau)$，即

$$H(\tau) = \int[f(t+\tau)g(t)]\mathrm{d}t \tag{8-24}$$

设两个运动平台接收到的两路信号$x_1(t)$、$x_2(t)$分别是通信信号$s(t)$的延迟信号，则相关函数$R_{x12}(t)$为：

$$R_{x12}(t) = \int x_1(t+\tau)x_2(t)\mathrm{d}t \tag{8-25}$$

相关函数$R_{x12}(t)$的峰值所对应的时间就是所求的时间差。信号相关的方法，就是计算其相关函数，通过搜索相关函数的峰值来确定时差。

在实际应用中，信号在中频时被采样，采样间隔为T_s，相关计算中的积分计算实际上成为求和运算：

$$R_{x12}(k) = \sum s_1(nT_\mathrm{S} + kT_\mathrm{S}) \cdot s_2(nT_\mathrm{S}) \tag{8-26}$$

对于连续波信号，一般可以得到连续波的到达时间差（TDOA），也就大体知道了它们的时间差。这样计算所用的k的范围比较小，计算量不是很大，如图8-4所示。

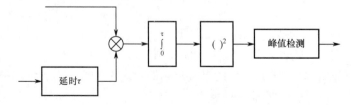

图8-4 时域相关法框图

参与运算的信号一般不可能无限长，因而先将信号进行截断。如果直接相关，得到相关函数 $\left|R_{S_1,S_2}(\tau)\right|$，这样得到的时差估计是一个正弦调制的三角波。这是由于两个信号都来自于真实信号乘以一个门信号，截断后相关，产生一个三角形函数。为了消除三角波形状，可以采用一个无偏的相关器：

$$R_s(\tau) = \frac{1}{T-|\tau|} E\left[s_1(t+\tau)s_2^*(t)\right] \tag{8-27}$$

该估计器可以消除时差估计中由于信号截断而引起的误差。有的信号存在直流分量，而直流分量将对相关的时差估计产生严重影响。也就是说，不管真实的时差为多少，有直流分量时所得到的估计时差都为 0；这是由于直流分量的积分远大于交流信号的积分，导致真实的时差反而被直流信号的相关"湮没"了。

例如，对于调幅信号

$$f(\tau) = 1 + \beta_{AM}\cos(\omega t + \theta_m) \quad (\beta_{AM}<1, 0<t<T) \tag{8-28}$$

由于调幅指数 β_{AM}，因此调幅信号 $f(t)$ 是一个直流分量叠加小幅度的交流信号。为此，必须采用消去信号直流分量的办法，得到

$$R_s(\tau) = \frac{1}{T-|\tau|} E\left[\left[f_1(t+\tau)-\mu_f\right]\left[f_2^*(t-\mu_f)\right]\right] \tag{8-29}$$

2. 时差测量的理论精度分析

对于每一个给定的时延 τ，相关函数计算的结果既包括有用信号之间的乘积，也包括无用信号与用信号之间的乘积以及它与噪声的乘积。为了能够准确地获得所需的峰值，达到足够低的虚警率，测量模块的输出信噪比要大于 10 dB。在此限制下，估计的误差来自于在真实峰值上所叠加的噪声抖动。相关函数测量法的测量是无偏的，且其方差可达到克拉美罗限（CRLB）：

$$\sigma_\tau = \frac{1}{\beta} \cdot \frac{1}{\sqrt{B_n T \gamma}} \tag{8-30}$$

式中：β 为均方根角频率，B_n 为输入噪声带宽，T 为信号积累时间，γ 为测量模块的等效输入信噪比。

由式（8-30）可以看出：σ_τ 与 $\sqrt{B_n}$、$\sqrt{T}$、$\sqrt{\gamma}$ 成反比。也就是说，B_n 越大，T 越大，γ 越大，σ_τ 就越小，时差测量的精度也就越高。

8.3　单站无源定位

单站无源定位技术是利用一个观测平台对目标进行无源定位的技术，由于获取的信息量相对较少，单站无源定位的实现难度相对较大。其定位的实现过程通常是：用单个运动的观测站对辐射源进行连续的测量，在获得一定量的定位信息积累的基础上，进行适当的数据处理以获取辐射源目标的定位数据。

目前，单站无源定位技术采用的方法主要有：测向定位法、到达时间定位法、频率法、方位-到达时间联合定位法、方位-频率联合定位法、多普勒频率变化率定位法和相位差变化率定位法等。其中，利用短波电离层反射进行测向定位的方法是单站无源定位的一种简单而直接的方法。

8.3.1 单站测向定位

单站测向定位是通过测量电离层反射波的方位和仰角，再根据电离层高度计算目标的位置。这种定位技术也称作垂直三角定位，主要用在短波波段。

单站测向定位原理图如图 8-5 所示。已知测向站 D 的坐标为 (x_d, y_d)，电离层高度为 H，如果测得的方位角为 α、仰角为 β，则按照三角函数的关系就可以很方便地计算出目标 T 的地理位置坐标 (x_t, y_t)。

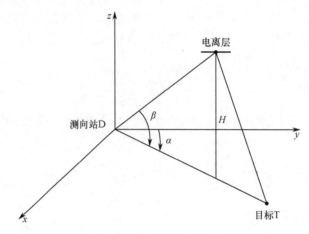

图 8-5　单站测向定位原理图

设目标辐射源与测向站的距离为 R，电波的反射点在中间点，并且简单地将地面近似为平面，则利用关系

$$R = 2H \tan \beta \tag{8-31}$$

和

$$\begin{cases} x_i = R \sin \alpha \\ y_i = R \cos \alpha \end{cases} \tag{8-32}$$

可以确定目标辐射源的位置。

上述推导是在假设电离层和地球是平面的条件下得到的，也可以使用球面来推导，结果会更精确，其几何关系如图 8-6 所示。

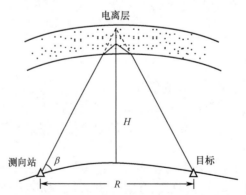

图 8-6　考虑地球半径的单站测向定位原理图

设测出的仰角为 β，给定的等效电离层高度为 H，地球半径为 R_E（=6 370 km），目标定位在方位角 α 方向的地球大圆上，则它与测向站的地面距离为

$$R = 2R_E\left[\frac{\pi}{2} - \beta - \arcsin\left(\frac{\cos\beta}{1 + H/R_E}\right)\right] \tag{8-33}$$

以上所述单站定位是以电波经过电离层一次反射为基础的，因而只能对沿一条路径传播的电波的辐射源进行定位。对于多条路径传播的电波，由单站定位技术计算得出的辐射源的距离比实际距离要短。即使是对一条路径传播的电波，由于电离层的高度是变化不定的，电波可能从不同高度反射，单站定位系统也难以给出目标的准确距离。典型情况下，误差椭圆的轴的长度是目标距离的 10%。虽然单站定位技术有上述局限性，但是如果将三角定位与单站定位相结合来确定辐射源的位置，会使定位的结果更加可靠。

如果单个测向站安装在运动平台上（如飞机、车辆等），在不同位置依次分时测向，再进行双站或多站定位的交会计算，也可实现单站测向定位。图 8-7 所示是机载战术移动式测向设备对固定位置的目标电台实现单站定位的示意图。侦察飞机绕战区前沿上空航行，若在 t_1 时刻飞机处于航线的 A 点，此时对目标电台 T 测向得到的示向度为 Φ_1；在 t_2 时刻处于航线的 B 点，此时测得的示向度为 Φ_2；在 t_3 时刻处于航线的 C 点，此时测得的示向度为 Φ_3……以此类推，在整个航程中可以在很多个航迹点对目标 T 进行测向。在不存在测向误差的理想情况下，各次测量所得的示向度线将相交于目标电台所处的坐标位置，考虑到实际测向误差的影响，各次测量所对应的示向度线无法交于一点，而是两两相交于某一个区域范围。若采用合适的数学模型进行处理，仍然可以比较精确地确定目标电台所处的坐标位置。

机载无线电测向设备的测向精度不受地理环境等因素影响，且具有反应速度快、机动灵活等优点，加上飞机的升空增益，因此与地面工作的同类测向设备相比，具有更加优越的性能。

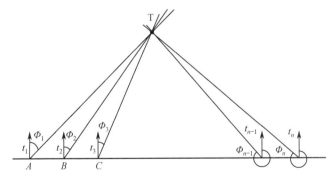

图 8-7　机载测向设备的单站测向定位示意图

8.3.2　多普勒定位

多普勒定位即利用多普勒频率或多普勒频率差对目标进行定位。对于运动目标来说，可以利用目标运动所引起的频率变化来确定目标的位置和运动特性；而对于静止目标，可以人为地产生相对运动来确定目标的位置。多普勒频率差测量定位，可以按照目标和接收机之间的相对运动方式，分为固定平台对运动目标的定位、运动平台对固定目标的定位以及运动平台对运动目标的定位。

多普勒频率是由于目标与接收机之间存在相对运动而产生的接收频率与实际频率之间的

偏差，它的改变量与目标和接收机之间的相对速度成正比。

多普勒频率由下式计算：

$$f_D = \frac{f_0}{c}(V_t \cos\theta_t + V_r \cos\theta_r) \tag{8-34}$$

式中：V_t 是辐射源的运动速度，θ_t 是辐射源的速度矢量与辐射源同接收机连线之间的夹角，V_r 是接收机的运动速度，θ_r 是接收机的速度矢量与辐射源同接收机连线之间的夹角，c 为光速，f_0 为辐射源的辐射频率。则接收机接收到的信号频率为：$f = f_0 + f_D$。

以地面为 x-y 平面，在三维空间中，假设一运动平台上装载有两台接收机，分别在平台的两端，其坐标为 $P_i(x_i, y_i, z_i)$ $(i = 1, 2)$；平台的运动速度为 $v(v_x, v_y, v_z)$；固定辐射源位于地面上，其坐标为 $T(x, y)$。运动平台与固定目标的位置图如图 8-8 所示。

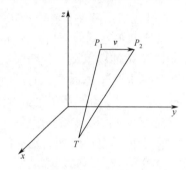

图 8-8　运动平台与固定目标位置图

辐射源发射信号的频率为 f_0，两台接收机在某个时刻接收到的辐射源信号的多普勒频率差为 f_D，则：

$$f_D = \frac{f_0}{c}\left[\frac{v_x(x-x_2) + v_y(y-y_2) + v_z(0-z_2)}{\sqrt{(x-x_2)^2 + (y-y_2)^2 + (0-z_2)^2}} - \frac{v_x(x-x_1) + v_y(y-y_1) + v_z(0-z_1)}{\sqrt{(x-x_1)^2 + (y-y_1)^2 + (0-z_1)^2}} \right] \tag{8-35}$$

式（8-35）表明，多普勒频率差是目标位置、接收机位置和接收机运动状态的函数。从几何角度来看，该方程确定了一个包含目标在内的曲面，如果得到多个这样的曲面，就可以通过这些曲面的交会而得到目标的位置，面与面相交得线，线与面相交得目标的位置点，从而实现对目标的定位。

为了便于理解，不妨先考虑二维平面内的定位问题。假定观测器和辐射源之间具有相对速度 v，在观测器为原点的参考坐标系中，相对速度可以分解成切向速度 v_t 和径向速度 v_r，如图 8-9 所示。

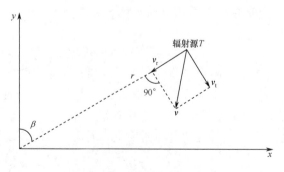

图 8-9　定位原理示意图

根据物理学中的质点运动原理，观测器和辐射源之间的距离 $r(t)$ 为

$$r(t) = \frac{v_{\mathrm{t}}(t)}{\dot{\beta}(t)} \tag{8-36}$$

式中，$\dot{\beta}(t)$ 是相对运动引起的角度变化率，t 为时间。但是通常辐射源（目标）的运动速度 v 是未知的，因而 $v_{\mathrm{t}}(t)$ 也是未知的，所以无法测距。又根据运动学原理，还有另外一个等式：

$$\ddot{r}(t) = \frac{v_{\mathrm{t}}^2(t)}{r(t)} \tag{8-37}$$

式中，离心加速度 $\ddot{r}$ 为距离标量 r 的二次导数。联立式（8-36）和式（8-37），可得如下关系式：

$$r(t) = \frac{\ddot{r}(t)}{\dot{\beta}^2(t)} \tag{8-38}$$

如果能够在某一时刻测得该时刻的离心加速度 $\ddot{r}(t)$ 和角速度 $\dot{\beta}(t)$，即可实现瞬时测距。通常观测器可以接收到辐射源辐射的信号，因此离心加速度信息即可从信号的频率信息获得，其原理如下：

根据多普勒效应，径向速度 v_{r} 和多普勒频率 f_{D} 之间的关系为：

$$v_{\mathrm{r}}(t) = \dot{r}(t) - \lambda f_{\mathrm{D}}(t) \tag{8-39}$$

对该式求导，可得离心加速度 $\ddot{r}(t)$ 和多普勒频率变化率 $\dot{f}_{\mathrm{D}}(t)$ 的关系为：

$$\ddot{r}(t) = -\lambda \dot{f}_{\mathrm{D}}(t) \tag{8-40}$$

代入式（8-38），可得：

$$r(t) = -\lambda \frac{\dot{f}_{\mathrm{D}}(t)}{\dot{\beta}^2(t)} \tag{8-41}$$

这就是基于多普勒频率变化率的单站测距公式。利用角度 $\beta(t)$ 的测量结果，可以确定目标在直角坐标系下的坐标：

$$\begin{cases} x(t) = r(t) \sin \beta(t) \\ y(t) = r(t) \cos \beta(t) \end{cases} \tag{8-42}$$

8.3.3　相位差定位

相位差定位是指利用目标反射电磁波的相位差及其变化率信息，解算出目标的方位以及它与观测平台之间的径向距离，从而实现对目标的无源定位。

在运动平台上放置基线为 d 的二天线单元构成干涉仪，测量干涉仪相位差及其变化率，即可获得辐射源的位置信息。这种单站无源定位方法是建立在干涉仪测向和相位差变化率测距基础上的。

干涉仪测向原理在第 7 章已经进行了阐述，其原理如图 8-10 所示。

设两天线 A_1、A_2 所接收信号的相位差为：

$$\Phi = \frac{2\pi f d \sin \alpha}{c} = \frac{2\pi}{\lambda} d \sin \alpha \tag{8-43}$$

则可求出信号入射角 α 如下：

$$\alpha = \arcsin \frac{\lambda \Phi}{2\pi d} \tag{8-44}$$

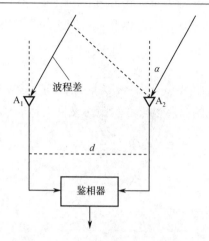

图 8-10　干涉仪测向原理图

1. 相位差变化率测距原理

相位差变化率测距原理示意图如图 8-11 所示。设辐射源位于 $P(x_0, y_0)$ 的位置，它相对于参考方向的方位角为 θ；侦察机 $A(x, y)$ 的飞行速度为 v，其飞行方向相对于参考方向的方位角为 β，它与辐射源 P 之间的斜距为 R。

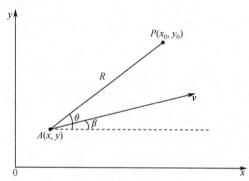

图 8-11　相位变化率测距原理示意图

根据几何关系，可列出下面的方程组：

$$\begin{cases} x - x_0 = -R\cos\theta \\ y - y_0 = -R\sin\theta \end{cases} \tag{8-45}$$

对时间 t 求导，并解微分方程组，得：

$$R = \left(\frac{\mathrm{d}x}{\mathrm{d}t}\sin\theta - \frac{\mathrm{d}y}{\mathrm{d}t}\cos\theta \right) \bigg/ \frac{\mathrm{d}\theta}{\mathrm{d}t} \tag{8-46}$$

式中：$\dfrac{\mathrm{d}x}{\mathrm{d}t}$、$\dfrac{\mathrm{d}y}{\mathrm{d}t}$ 分别表示飞行速度 v 在 X、Y 方向上的分量；而 $\dfrac{\mathrm{d}\theta}{\mathrm{d}t}$ 为辐射信号到达角的变化情况，即方位角速度（或称方位角变化率），以 ω 表示。

根据图 8-11 中的几何关系，可将式（8-46）写成以下形式：

$$R = \frac{v\cos\beta\sin\theta - v\sin\beta\cos\theta}{\omega} = \frac{v}{\omega}\sin(\theta - \beta) \tag{8-47}$$

从式（8-47）可以看出：只要能够测出方位角变化率 ω，则在已知目标方位角和载机运动速度的条件下，就可以实现测距，从而由角度和距离这两个要素完成对目标的定位。

在工程实现中，往往不是直接得到方位角变化率 ω，而是将其转化为对干涉仪接收机输出的相位差的变化率进行测量。因此，这种测距方法称为相位差变化率测距。

2. 相位差变化率的测量

在载机上沿载机飞行方向安装天线阵，如图 8-12 所示。

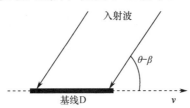

图 8-12　飞行方向与入射波之间的角度关系

对比图 8-10、图 8-11 和图 8-12，可以看出，α 与 θ、β 满足如下关系：

$$\theta - \beta = \frac{\pi}{2} - \alpha \tag{8-48}$$

于是，可以把式（8-43）写成

$$\Phi = \frac{2\pi f d \sin\alpha}{c} = \frac{2\pi}{\lambda} d \sin\alpha = \frac{2\pi}{\lambda} d \cos(\theta - \beta) \tag{8-49}$$

对时间 t 求导，得到：

$$\varphi = \frac{\mathrm{d}\Phi}{\mathrm{d}t} = -\frac{2\pi}{\lambda} d \sin(\theta - \beta)\frac{\mathrm{d}}{\mathrm{d}t}(\theta - \beta) \tag{8-50}$$

式中，$\varphi = \dfrac{\mathrm{d}\Phi}{\mathrm{d}t}$ 称为相位差变化率。

由图 8-11 可以看出：在位置 $P(x_0, y_0)$，载机运动只会产生角 θ 的变化，而 β 角不变，即

$$\frac{\mathrm{d}}{\mathrm{d}t}(\theta - \beta) = \frac{\mathrm{d}\theta}{\mathrm{d}t} = \omega \tag{8-51}$$

于是，式（8-50）可以写成

$$\varphi = -\frac{2\pi}{\lambda} d \omega \sin(\theta - \beta) \tag{8-52}$$

由此可得

$$\omega = -\frac{\lambda\varphi}{2\pi d \, \sin(\theta - \beta)} \tag{8-53}$$

即把方位角变化率 ω 的测量转变为相位差变化率 φ 的测量。

将式（8-53）代入式（8-47），就得到基本的测距公式：

$$R = -\frac{2\pi d v \sin^2(\theta - \beta)}{\lambda\varphi} - \frac{2\pi d v \cos^2\alpha}{\lambda\varphi} \tag{8-54}$$

3. 相位差变化率定位实现

利用式（8-54）测距和式（8-44）测向，则根据式（8-45）和式（8-48），就可对固定辐射源实现单站快速定位。

事实上，由上面的方法得到的定位数据，只是单次定位的结果。而一次测量和计算是存

在误差的，一般需要通过多次测量，经过适当的处理后，得到较为准确的结果。利用测量数据对未知变量或未知过程进行推算，其推算方法称为估计方法，推算的结果称为估计。若被估计的对象是变量，就称为变量估计；若被估计对象是随机过程，就称为过程估计。变量估计是这样一类估计问题，它根据测量值集合对待估变量的数学期望进行估算，并根据使用条件的差异，可由此衍生出各种相应的估计方法；当期望值是随机变量时，就称为随机变量估计，其中最经典的随机变量估计是最小二乘估计。过程估计则是根据测量序列对待估随机过程的数学期望进行估算。发展比较成熟的过程估计方法很多，其中运用较多且比较典型的一种为卡尔曼滤波。卡尔曼滤波是建立在数据递推基础之上的，它以递推滤波器作为其基本结构形式。

利用卡尔曼滤波估计得到的目标距离，结合方位角信息，即可确定目标的位置，即实现单站对辐射源目标的无源定位。

此外，还可采用其他的单站无源定位方法，如：时差定位、测向-时差定位、测向-多普勒定位等。

小结

在通信辐射源测向的基础上，可以进一步实现对通信辐射源的无源定位。实现无源定位的方法，不仅可以利用无源测向的结果，还可以借助于测时差、测多普勒频率差等信息，以及利用测向、时差和多普勒频率的联合信息进行对通信辐射源的定位。通信辐射源无源定位分为单站定位和多站定位两大类。

测向交叉定位是一种应用相对成熟的多站无源定位方法，利用在不同位置的多个测向工作站，根据所测得的同一辐射源的方向进行波束交叉，确定辐射源的位置；多站时差定位则通过处理三个或更多个测量站所采集到的信号到达时间测量数据对辐射源进行定位，可以获得更高的定位精度。在多站无源定位中，需要解决站间测量数据的传递和时统以及信号配对问题。

单站无源定位主要是在短波波段，通过测量电离层反射波的方位和仰角，再根据电离层高度计算目标位置的定位技术；也可通过观测站自身的运动，在不同位置上得到多个测向数据，利用测向交叉定位原理，确定辐射源的位置。单站无源定位的一个重要发展方向，就是采用测量参数与定位算法相结合的方法，提高定位的速度和精度，目前较为成熟的方法包括多普勒频率定位法和相位差变化率定位法等。

习题

1. 无源定位的方法有哪些？主要分为哪两大类？
2. 试分析双站交会定位的定位模糊区，并给出相应结论。
3. 试分析采用多普勒频率差方法进行单站无源定位的实现条件和定位精度。
4. 阐述相位差变化率测距的原理。
5. 阐述运用时域相关法进行时差定位的基本原理。
6. 影响时差定位效果的因素有哪些？

第9章　通信干扰原理

9.1　通信干扰的形成

面临复杂多变的信号环境，到达接收机天线的信号，除了需要的信号外，还有大量非所需信号，其中有一部分会进入接收机，在接收机中形成干扰。既然超外差式接收机已得到了广泛应用，因此，以超外差式接收机为例，进入接收机的干扰主要有以下几种：中频干扰、镜像干扰、邻频干扰、互调干扰、交调干扰、阻塞干扰和倒易混频干扰。

1. 中频干扰

当外来干扰信号频率等于（或近似等于）接收机的中频时，经输入电路、射频放大而不经过混频级的混频作用直接泄漏而进入中放，在中放放大后，再经解调、低放输出，形成干扰。

抑制中频干扰的主要措施有：提高输入电路和射放电路的选择性；在接收机输入端加中频陷波电路，合理选择中频频率值。在一次变频的接收机中，降低中频，则中频干扰对输入电路和射放选频电路的失谐量增大，显然对于抑制中频干扰是有利的。

2. 镜像干扰（又称像频干扰）

设一次变频超外差接收机的频率关系为：

$$f_i = f_L - f_s \qquad (9\text{-}1)$$

式中，f_i 为中频频率，f_L 为本振频率，f_s 为信号频率。

如果某一干扰信号频率为 $f_J = f_s + 2f_i$，则此干扰信号在接收机混频器中与本振信号相混频后，得到的差频信号频率也为中频，即

$$f_J - f_L = f_s + 2f_i - f_L = f_i \qquad (9\text{-}2)$$

此干扰信号称为镜像干扰或像频干扰。

镜像干扰是靠接收机的输入电路和射放选频电路抑制的。

从以上讨论可以看出，抑制中频干扰和抑制镜像干扰对接收机中频的要求是相矛盾的，前者要求降低中频，后者则要求提高中频。为了解决这一矛盾，同时达到对中频干扰和镜像干扰抑制的要求，通常的解决办法是采用二次变频的超外差接收机方案：第一中频选得很高，通常高出接收机的最高工作频率；第二中频则选得比较低，一般低于接收机工作的最低频率。

3. 邻频干扰

当干扰频率与所需信号频率相同或非常接近时，则干扰与所需信号一起进入接收机通带而形成干扰，这种干扰称为邻频干扰。由于接收机通带主要决定于中频电路的带宽，所以，对邻频干扰的抑制主要依靠接收机的中频选择性电路。

以上讨论的中频干扰、镜像干扰和邻频干扰都是单个频率对接收机直接形成的干扰，接收机对这些单频干扰抑制的能力，反映了接收机单频选择性的优劣。

4．互调干扰

互调干扰是指两个或多个干扰信号同时进入接收机时，由于射频放大器或混频器的非线性作用，产生这些干扰信号频率间的组合频率，若其中某些组合频率等于或接近有用信号频率，就会在接收机中形成干扰，这类干扰称为互调干扰。

抑制互调干扰的措施：提高射频电路的选择性；增大射放级的线性范围。

5．交调干扰

交调干扰是指受调制的干扰信号与有用信号同时进入接收机后，由于放大器和混频器的非线性作用，使干扰的调制信号转移到有用信号上，从而对有用信号形成干扰。其抑制措施与抑制互调干扰的相同。

6．阻塞干扰

当有用信号频率附近存在强干扰信号时，由于强干扰的影响，使得接收机射频放大器或混频器的工作状态进入晶体管特性的饱和区或截止区，从而导致输出信噪比下降。

抑制措施：提高射频电路的选择性；尽量采用动态范围大的器件。

7．倒易混频干扰

倒易混频干扰是指强干扰与本振信号的边带噪声在混频器中相互混频，使得进入接收机中频通带的噪声分量增大。

抑制措施：减小本振输出的边带噪声。

9.2 干扰信号特性

9.2.1 通信干扰的基本概念

通信干扰是以破坏或者扰乱敌方通信系统的信息（语音或者数据）传输过程为目的而采取的电子攻击行动的总称。通信干扰系统通过发射与敌方通信信号相关联的某种特定形式的电磁信号，破坏或者扰乱敌方无线电通信过程，导致敌方的信息传输能力（如指挥通信、协同通信、情报通信、勤务通信等）被削弱甚至系统瘫痪。

通信干扰技术是通信对抗技术的一个重要方面，是通信对抗领域中最积极、最主动的一个方面。由于军事信息在现代战争中的作用越来越大，所以，以破坏和攻击敌方信息传输为目的的通信干扰的作用和地位也日益重要。

1．通信信号

通信系统的基本用途就是把有用的信息通过电磁波从一个地方传送到另一个地方。在通信过程中，信息发送方使用的设备称为通信发射机，信息接收方使用的设备称为通信接收机，通信的过程就是信息传送的过程。但是严格来讲，通信系统所传送的客体并不是信息，而是信号。信息是信号的一种属性，是信号内容不确定性的统计的量度，信号内容的不确定性越大则其所包容的信息就越多，即该信号的信息量就越大。

信号在通信系统中被传送的过程是：信息源产生信息之后首先被变成为某种电信号（如音频信号、视频信号、数字信号等），这些信号在通信发射机中对载频进行调制，形成射频信号。被调制的携带了信息的射频信号（即通信信号）经功率放大之后由天线发射出去，经传播路径的衰耗之后，被接收天线截获，并由通信接收机解调，解调得到的信息送至通信接收终端，为终端所利用，完成通信过程。

2. 干扰目标

通信干扰装备是以无线电通信系统为攻击对象的人为有源干扰设施。通信干扰的对象是对方通信接收系统，目的是削弱和破坏通信接收系统对信号的截获及其信息的传输和交换能力。

3. 有效干扰

无线电通信系统主要有两种形式：模拟通信系统和数字通信系统。模拟通信系统的通信质量以接收端解调输出的语音的可懂度和清晰度来度量。可懂度与解调输出信噪比有关，而清晰度与通信系统的各种失真有关。数字通信系统的通信质量通常以解调器输出的误码率度量。在评价通信干扰有效性时，可以采用解调器输出的信噪比或者误码率作为度量指标。所以，对于模拟语音通信，当通信接收机解调输出信噪比降低到规定的门限值（干扰有效阀值）以下时，认为干扰有效；对于数字通信系统，当通信接收机解调输出误码率超过规定的门限值时，认为干扰有效。

为了实现干扰，必须在通信信号到达通信接收机的同时把干扰信号也传送至通信接收机。干扰信号与通信信号经通信接收机解调，从通信信号中还原出被传送的信息，而干扰信号经解调之后形成的只能是干扰。通信干扰的有效性表现为如下四种形式：

（1）通信压制。由于干扰的存在，实际的通信接收机可能完全被压制，在给定时间内收不到任何有用信号或者只能收到零星的极少量有用信号，在通信接收终端所得到的有用信息量近似等于零。

（2）通信破坏。由于干扰的存在，实际的通信接收机虽然没有被完全压制，或者通信网没有完全被阻断，但其在恢复信息的过程中产生了大量的错误，差错的存在使得信号内含的信息量减少，接收终端可获取的信息量不足，通信效能降低，决策战争行动困难。

（3）通信阻滞。由于干扰的存在，通信信道容量减小，信号的传输速率降低，单位时间内通信终端所获得的信息量减少，传送一定的信息量所花费的时间延长，干扰所造成的这种信息传输的延误使得通信接收终端不可能及时获取信息，因而造成了战机的贻误。

（4）通信欺骗。巧妙地利用敌方通信信道工作的间隙，发射与敌方通信信号特征和技术参数相同、但携带虚伪信息的假信号，用以迷惑、误导和欺骗敌方，使其产生错误的行动或做出错误的决策。

4. 干信比和干扰压制系数

不管是模拟通信还是数字通信，干扰是否有效，不但与干扰信号电平有关，还与通信信号电平有关。因此有必要引入干信比的概念，以衡量干扰功率和目标通信信号功率的关系。

1）干信比

设到达通信接收机输入端的目标信号的功率为 P_{rs}，干扰信号功率为 P_{rj}，则干信比（JSR）定义为通信接收机输入端的干扰功率与目标信号功率之比：

$$JSR = P_{rj}/P_{rs} \tag{9-3}$$

显然，干信比与目标通信系统收发设备之间的距离和发射功率、天线增益等因素有关，也与干扰机的功率、干扰天线及其与目标接收机的相对距离等因素有关。对于特定的目标通信接收机，干信比的大小与干扰机的特性有关。一般而言，为了提高干扰有效性，应尽可能提高干信比。提高干信比既可以提高干扰机辐射功率，还可以通过改善干扰信号的传播途径（如提升干扰平台的高度），降低传播损耗来实现。

2）干扰压制系数

为了定量地描述通信干扰对通信接收机影响的程度，引入"压制系数"（用 K_j 表示）的概念。压制系数 K_j 等于在确保通信干扰对通信接收机被完全压制（即上述第一种有效干扰形式）的情况下，在通信接收机输入端所必需的干扰功率与信号功率之比，即

$$K_j = \frac{P_j}{P_s} \tag{9-4}$$

式中：P_j 是为保证被完全压制的情况下，在通信接收机输入端所必需的干扰功率；P_s 为通信接收机输入端接收到的信号功率。

这里所说的"完全压制"是一个比较模糊的概念。一般来讲，若想在完全压制与非完全压制之间划一条界线的话，这条分界线与下面一些因素有关：

（1）通信接收机终端信息的差错率（误码率）。例如，多数研究人员认为，当无线电报或无线电话通信系统工作在传送报文时，完全压制的条件应该是传输差错率不小于 50%。这个结论是一个统计的结果，分析与实践证明，在这样的差错率情况下，所收到的信息中所包含的有用信息实际上已趋近于零。

（2）干扰目标的重要程度。干扰目标的重要程度即威胁优先等级。对那些威胁大、特别重要的目标，掌握的尺度就要严格些；而对那些不太重要、威胁等级不高的目标（如小型战术通信系统），就可以放松些。

由压制系数的定义可知，K_j 的量值与干扰的形式、接收的方法、信号的结构及特征有关。所以在谈及压制系数的时候必须指明是在什么样的传输形式、接收方法和信号特征情况下，对什么样的干扰而言，否则 K_j 的量值将是不确定的。例如：对于 FM 信号，所需的干扰压制系数只要 0 dB 左右；而对于 SSB 信号，可能需要 10 dB 左右。干扰压制系数还与干扰样式有关，不同的干扰样式要求的干扰压制系数也不同。达到相同的干扰效果所需的干信比最小的干扰样式，被称为最佳干扰样式。

5. 最佳干扰（最佳干扰样式）

由于军用无线电通信系统是多种多样的，其通信体制、信号形式、通信接收机的工作方式等各不相同，一种通用的、万能的最佳干扰样式实际上是不存在的。所谓的最佳干扰就是"对于给定的信号形式和通信接收方式所需压制系数最小的那种干扰样式。

对于一种无线电信号，可能有若干种接收方法，它们中的每一种接收方式只能对应于某种最佳干扰构成理想接收，而不可能对所有的最佳干扰都构成理想接收。因此，与之相应的将是有一种干扰是最有效的。基于此，引入绝对最佳干扰的概念。

定义9.1 已知对方通信信号的形式，不考虑对方接收机形式，接收的干扰样式和其他干扰样式相比，它对所有的接收方法都能起到较好的干扰效果，这种干扰称为对应于已知信号

的绝对最佳干扰。

为了说明绝对最佳干扰的概念，这里举一个简单例子。

例 9-1　设对某种通信信号形式，有施放四种不同样式干扰的可能性，对应于这种通信信号有五种不同的接收方式。四种干扰样式对应于五种接收方式的干扰效果数值如表 9-1 所示。

表 9-1　各种干扰对不同的接收方式的压制系数表

	干扰 1	干扰 2	干扰 3	干扰 4
接收机 1	10.0	0.25	0.125	1.0
接收机 2	2.0	0.4	4.0	0.15
接收机 3	2.5	0.6	0.25	0.8
接收机 4	0.3	0.5	2.0	5.0
接收机 5	0.4	0.6	1.2	1.8

从表 9-1 中可以看到：对于某一种通信形式，如果采用第一种接收机，最佳干扰是 3；如果用接收机 2，那么最佳干扰就是 4。总之，从表中数字不难看出，对每一种干扰都可以找到一种较理想的接收机，而对应于每一种接收机可以找到一种最佳干扰样式。在这些干扰中，对五种接收机都具有较好干扰效果的是干扰方式 2，它就是对五种接收机的绝对最佳干扰样式。

6. 干通比

通信干扰系统具有的干扰能力应体现在有效干扰距离上。有效干扰距离是一个多变量函数，它不但与干扰设备有关，而且与通信系统的体制与性能、收发信机相互之间的空间配置及其使用者的水平有关，设计时必须全面考虑。如果除去人的主观因素，有效干扰距离可用"干通比"表示。

1）定义

如图 9-1 所示，O 为通信发射设备（发信机）、A 为通信接收设备（收信机），B 为通信干扰机，则干通比 C 定义为

$$C = R_j / R_t \tag{9-5}$$

式中：R_t 表示通信发射机与通信接收机之间的距离；R_j 表示干扰发射机与通信接收机之间的距离。

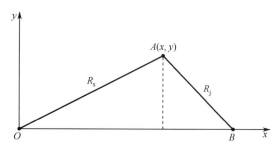

图 9-1　干通比示意图

2）干通比的选择

干通比的选择与压制系数、干扰信号和通信信号的功率、干扰天线和通信的发射天线增

益与方向图、通信接收天线方向图、通信接收系统信道带宽和干扰带宽，以及干扰信号与通信信号极化和传输路径不一致的系数等有关，不是简单地认为 C 大于 1 或大于 2 或更大就肯定干扰有效了。

在实施跳频跟踪干扰时，除干扰反应速度外，还必须考虑有效干扰区域等方面的要求。要获得有效干扰，干扰系统必须配置在以跳频通信发信机和收信机位置为焦点的椭圆内。若干扰机位于椭圆之外，则干扰不可能有效。

3）干扰功率

干扰系统输出功率是干扰能力的重要体现，但不是唯一的。为保证一定的干扰能力，增大干扰功率、减小干扰带宽（在一定限度内）和降低频率瞄准误差都是可取的。因此，在设计通信干扰系统时应该在这些技术参数之间权衡利弊，折中选取。一般情况下，干扰输出功率根据任务的不同可以是几瓦、几十瓦、几百瓦、几千瓦、几十千瓦、几百千瓦，甚至更大。

干信比、干扰压制系数和干通比是通信干扰的三个重要概念，它们对于掌握和理解通信干扰的原理，建立通信干扰的基本概念是十分重要的。

9.2.2 通信干扰的特点

对通信过程的干扰是在通信技术诞生之前就已经客观存在的，如天电干扰、工业干扰等，但是人为有意的干扰却是在通信技术成功应用于战争之后才研究发展起来的。所以，通信干扰从其诞生之日起就具有十分鲜明的特点。这些特点可归纳如下：

（1）对抗性。通信干扰是有源的、积极的、主动的，其目的是用干扰信号中携带的干扰信息去破坏或者扰乱敌方的通信信息，是以敌人的通信接收系统为直接目标。

（2）先进性。通信干扰以通信系统为对象，因此它必须跟踪通信技术的最新发展，并且要设法超过它，只有这样才能开发出克敌制胜的通信干扰设备来。但是世界各国通信技术的发展，特别是抗干扰军事通信技术的发展，都是在高度机密的情况下进行的，对敌情的探知比较困难。所以通信干扰是一项技术含量非常高的工作。

（3）灵活性。作为对抗性武器，通信干扰系统必须具备敌变我变的能力。现代战场情况瞬息万变，为了立于不败之地，通信干扰系统的开发和研究必须注重功能的灵活性。

（4）战技综合性。同其他硬武器一样，通信干扰系统的作用不仅仅取决于其技术性能的优良，在很大程度上还取决于战术使用方法，如使用时机、使用程序以及在作战体系中与其他作战力量的协同等。

（5）系统性。军事通信已经从过去单独的、分散的、局部的电台，发展成为联合的、一体的、全局的数字网络化通信指挥系统。因此通信对抗也不能再是局部的、点对点的对抗行动了。它已是现代战争中进行系统对抗的重要力量之一。

9.3 影响干扰效果的因素及最佳干扰

9.3.1 有效干扰的基本准则

有效的通信干扰必须满足时域准则、频域准则、空域准则和功率准则。

1. 时域准则

（1）时域重合性。对于通信侦察系统而言，它对所截获的通信信号缺乏先验知识。也就是说，对信号的出现时间和所携带的信息都缺乏先验知识。所以，为了获得有效干扰，就必须采取尽可能有效的措施保证干扰与通信信号在时间上重合。如果时域跟踪不上，重合不了，就会导致在敌方通信时没有发出干扰，通信方受不到干扰；而在通信停止时又发出干扰，既浪费干扰能量也暴露了自己。

（2）时域特征的一致性。时域准则的另一方面是指干扰信号和通信信号在时域特征上的一致性。通信信号和干扰信号都是时间的函数，两者的时域特征不一致时，有利于通信接收机从干扰背景中提取有用信号。所以为了保证干扰有效，就需要尽可能减小两者在时域特征上的差异。一般而言，最佳干扰样式是时域特征最类似的干扰样式。

2. 频域准则

通信系统传输的信息都是对通信载频信号进行某种调制形成的。调制之后，已调波的带宽展宽了，信息便存在于信号的带宽之中。通信接收系统为了保证通信的可靠性，必须保证信号频谱无失真地通过通信接收系统天线和前端选择电路。通信干扰若想有效，也必须保证干扰与信号有相近似的频域特性，这样才可进入通信接收系统天线和前端选择电路。

频域特性的一致性包含两方面的含义：一是干扰信号与通信信号的载频要重合；二是干扰信号与通信信号的带宽要一致。当然，频域特性的载频重合和带宽一致实际上是难以做到的，只能做到"近似"重合和一致。至于近似到什么程度才可以，对不同的信号类型要求也不一样。如对于手工电报，载频重合误差一般不能大于 $5\sim10\,Hz$；对于调幅话音通信，载频重合误差一般不能大于 $350\,Hz$；而对于调频话音通信，载频重合误差可以取 $1\sim2\,kHz$。

通信接收系统的带宽通常总比信号的频谱宽度要大些。所以，最佳干扰的干扰带宽也可以稍大于通信信号频谱宽度，但必须保证不大于通信接收系统的带宽；否则，将无法保证干扰信号的全部能量进入通信接收系统的输入端。

3. 空域准则

空域准则是不言而喻的，即干扰功率的辐射空域应覆盖被干扰的通信接收方。当然，辐射干扰功率的天线主瓣方向对准通信接收系统的天线主瓣方向是最理想的。

4. 功率准则

由于通信接收系统的非线性和有限的动态范围，随着干扰功率的增加，通信信道的传输速率降低，信息损失或误码率增加。无论何种干扰样式的干扰，只要有足够大的干扰功率，即使其时、频、空域的重合度差一些，最终也将导致通信接收系统无法正常工作而使干扰奏效。因此，干扰功率对干扰的有效性是一个关键因素。

当信息损失或误码率增加到规定的量值（这个量值通常是根据战术运用准则预先确定的）时，我们就认为这时通信已经被压制了。在这种情况下，通信接收系统输入端的干扰功率与信号功率之比就是压制系数 K_j。对于给定的信号形式、通信接收系统设备的特性和干扰样式，所得到的压制系数也只是一个近似值，近似的程度与所采用的"有效干扰"决策准则有关。这些准则在实践中有其客观的真理性，但是运用这些准则在具体事件的判决中也有其主观的随意性。虽然如此，仍然可以把压制系数 K_j 作为有效干扰功率准则的重要特征参数。只有在通信接收系统输入端的干信比达到 K_j，信道传输能力降低所造成的信息损失才能增加到

"有效干扰"的地步。

9.3.2 通信干扰能力

通信干扰能力包括以下几方面：支援侦察能力、干扰引导能力、干扰控制能力和系统管理能力。

1．支援侦察能力

通信干扰系统进入工作状态之后，其所属的侦察设备就必须在所覆盖的频率范围内进行不间断地搜索，发现并记录通信信号的活动情况。对干扰的支援侦察能力包括：

（1）对常规信号的侦察：在工作频率范围内的任意给定的频段上对目标的常规定频信号进行搜索、截获、分析和记录；

（2）对特殊信号的侦察：对各种低截获概率的通信信号，如跳频、直扩和猝发等非常规通信信号提供相应的搜索、截获、网台分选和频率集入库；

（3）显示：对电磁环境和目标活动等战场态势提供实时或综合显示；

（4）数据融合处理：对所截获的信号进行变换、识别、分选与测量的功能，并将所得结果与输入数据（如目标方位等）进行融合处理，给出干扰决策的建议方案；

（5）存储：将侦察结果写入数据库或记录设备，并送往指定数据输出口。

2．干扰引导能力

支援侦察的目的是为了引导干扰。干扰引导能力包括：实时截获目标信号，利用定频守候、重点搜索、连续搜索、跳频跟踪瞄准等方式引导干扰。

3．干扰控制能力

通信干扰系统具有各种不同情况下的干扰控制方式，如：间断观察式自动干扰、人工随机干扰、人工定时干扰、有优先级排序的多目标干扰及信道与频段保护等。

4．系统管理能力

通信干扰系统的控制设备对整个通信干扰系统的各组成部分提供必要的管理能力，如：自检与故障诊断、交连接口管理、功率等级设置和干扰样式选择等。

9.4 通信干扰的分类

通信干扰可以按照不同的方法进行分类，由于分类依据的不同，通信干扰可以有许多种分类方法。

1．按工作频段分类

按照通信干扰设备的工作频段，通信干扰可划分为针对超短波通信信号的超短波通信干扰、针对短波通信信号的短波通信干扰、针对微波通信信号的微波通信干扰、针对毫米波通信信号的毫米波通信干扰等。

2．按通信体制分类

按通信电台的通信体制分类，通信干扰分为针对常规通信信号的干扰、针对跳频通信的跳频通信干扰、针对扩频通信信号的扩频通信干扰、针对通信网信号的通信网干扰等。

3. 按照运载平台分类

按照干扰设备的运载平台，可以将通信干扰划分为地面、车载、机载、舰载、星载通信干扰等。

4. 按照干扰频谱分类

按照干扰信号的频谱宽度，可以将通信干扰划分为瞄准式通信干扰、半瞄准式通信干扰、拦阻式通信干扰等。

5. 按干扰样式分类

干扰样式即干扰信号的形成方式，或用于调制干扰载频的调制信号样式。按干扰样式，通信干扰可分为欺骗式干扰和压制式干扰两类。

欺骗式干扰是在敌方使用的通信信道上，模仿敌方的通信方式、语音等信号特征，冒充其通信网内的电台，发送伪造的虚假消息，从而造成敌接收方判断失误或产生错误行动。

压制式干扰是使敌方通信设备收到的有用信息模糊不清或被完全掩盖，以致通信中断。根据对目标信号的破坏程度分为全压制干扰、部分压制干扰和扫频干扰。

（1）全压制干扰，即实施对目标信号完全压制，造成对方通信中断的干扰。

（2）部分压制干扰。部分压制干扰又称破坏性干扰或搅扰式干扰，即利用噪声、语音、音乐、脉冲等干扰样式使敌接收终端信息判决困难或引起混乱，通信虽未完全中断，但造成通信时间迟滞，接收信息的差错率或误码率提高等。以定频语音通信为例：噪声对语音有极强的遮蔽效应，使语音无法判听；语音和音乐可以使听者发生错误的联想、精力被牵引从而削弱了对语言的判听能力；脉冲可以使听者心情烦乱，精力疲备，工作能力降低从而通信效果降低。

（3）扫频干扰。扫频干扰是干扰机的频率在一定频率范围内按照某种规则变化的干扰形式。它是自动化程度较高的干扰方式，它可以在预设的多个信道中反复检测信号，一旦出现预设的通信信号，马上进行扫频干扰。

9.5　常规通信信号干扰样式分析

9.5.1　概述

采用信噪比来衡量通信的质量一样，常用干信比作为衡量干扰对信号影响的程度。干信比就是干扰的平均功率与信号的平均功率之比，又称平均干信功率比，简称干信比。由于无线电发射机的功率受限于其峰值功率，有时也采用干扰峰值功率与信号的峰值功率之比，称作峰值干信功率比。一般衡量干扰效果时，应将峰值干信功率比转换为平均干信功率比。在干扰实验中，由于受到测量仪器的限制，有时也采用干扰电压与信号电压之比来衡量干扰效果，这时称其为干信电压比。在以后的讨论中，除特殊说明外，书中的干信比均指平均干信功率比。

对模拟通信信号和数字通信信号的干扰分析分别采用不同的分析方法。对模拟通信的干扰分析，是在一定的输入干信比下，用接收机输出的干信比大小作为衡量干扰效果的标志。

而干扰数字通信时，则是在一定的输入干信比下，用产生的误码率来衡量干扰的效果。

1. 通信干扰作用于模拟通信系统

1）干扰对话音的影响分析

话音通信设备是最常见的模拟通信系统（连续信息传输系统），话音通信传送的信息是语言和其他声音，话音通信接收系统终端的判决与处理机构是人，人的听力是耳与脑共同感知的结果，包括感受和判断两个过程。因此，当人从干扰的背景下判听话音信号时就必然会受干扰的影响，这些干扰对话音的影响表现在如下几个方面：

（1）压制效应。当干扰声响足够强大时，人们无法集中精力于对话音信号的判听；当干扰声响足够大而接近或达到人耳的痛阈时，听者由于本能的保护行动而失去对话音信号的判听能力。

（2）掩蔽效应。当干扰声响与话音信号的统计结构相似时，话音信号被搅扰，并淹没于干扰之中，使听者难于从这种混合声响中判听信号。

（3）牵引效应。当干扰是一种更有趣的语言，或是节奏强烈的音乐，或是旋律优美的乐曲，或是能强烈唤起人们想往的某种声响时，如田园中静谧夜空下的蛙鸣，狂欢节的喧闹声等，都能使听者的感情引起某种同步与共鸣，听者会不由自主地将注意力趋向于这些声响，从而失去对有用信号的判听能力，这就是牵引效应。

在通信接收系统终端，要压制话音信号，所需的声响强度是很大的。实践证明，为了有效地压制话音信号所需的干扰声响强度必须数倍乃至数十倍于信号才行。为了产生这种数倍乃数十倍于信号的干扰声响，当然并不一定要在通信接收系统输入端产生数倍乃至数十倍于信号的干扰功率，若选择恰当的干扰样式，可以用较小的干扰功率取得较好的干扰效果。

2）干扰作用于调幅通信设备

（1）话音调幅信号的频谱。一个话音调幅信号的频谱包含着一个载频和两个边带，其载频并不携带信息，所有信息都存在于边带之中。一个总功率为 P_s 的调幅信号，如果其调制深度为 m（$m \leqslant 1$），则其载频与边带之间的功率分配是：

$$\frac{边带功率}{载频功率} = \frac{m^2}{2} \tag{9-6}$$

可见，至少有一半功率被无用载波所占有。

（2）对话音信号干扰有效的机理。从施放干扰的角度来看，为了对通信造成有效的干扰，并不需要压制其无用的载频，而只需覆盖并压制其携带信息的边带，因此，没有必要发射不携带干扰信息的干扰载波。从另一角度看，发射调幅干扰则需要发射机工作在有载波状态，这也不利于充分利用干扰发射机的功率。

现在假定干扰信号的频谱只有两个与信号频谱相重叠的边带，且没有载波，这样的干扰与有用的通信信号同时作用于通信接收系统，在接收设备解调器的输出端便可得到四种信号，即：

- 通信信号的边带与其载频差拍得到的话音信号（有用信号）；
- 干扰边带与通信信号载频差拍得到的干扰声响（干扰信号）；
- 干扰分量之间差拍得到的干扰声响（干扰信号）；

- 干扰边带频谱各分量与通信信号边带频谱各分量相互作用得到的低频干扰声响（干扰信号）。

由此可见，在通信接收系统解调输出端所得到的干扰功率为后三部分之和。分析表明，通信接收系统解调输出的干扰功率与信号功率之比是输入端干信比和信号调幅度的函数。

只要通信接收系统输入端的干信比不等于零，解调输出端的干扰功率与信号功率之比就总是能够大大高于接收系统输入端的干信比，这就是对话音信号产生有效干扰的关键机理所在。

（3）对调幅设备的最佳干扰是准确瞄准式干扰，当然，在上述简单分析中，我们并没有考虑到载频重合误差的问题。事实上，干扰的中心频率与信号的载频不可能总是对准的，其间存在的偏差值就是载频重合误差，用 Δf 来表示。当 $\Delta f=0$ 时，干扰频谱可以与信号频谱较好地重合；当 $\Delta f \neq 0$ 时，随着 Δf 的增加，解调输出的干扰分量将趋于离散，与信号频谱相重叠的部分减少了，对信号频谱结构的搅扰和压制作用就将减弱，所以，对调幅通信设备的干扰以准确瞄准式干扰最好。

3）干扰作用于调频通信设备

（1）调频通信与调幅通信的差别。调频通信与调幅通信的不同之处在于，调频通信在解调之前，为了抑制寄生调幅的影响增加了一个限幅器；另外，调频通信的解调器是鉴频器。

（2）调频设备的门限效应。一个话音调频的通信信号和一个噪声调频的干扰信号同时通过调频解调器，情况是比较复杂的，精确计算比较困难，只能做定性的说明。

由于调频通信设备使用了限幅器，产生了人们熟知的门限效应，也就是说当通信信号强于干扰信号时，干扰受到抑制，通信几乎不受影响。但随着干扰强度的增大，当干扰超过"门限"时，通信接收设备便被"俘获"，这时强的干扰信号抑制了弱的通信信号。当干扰足够强时，通信接收设备只响应干扰信号而不响应通信信号，在这种情况下，通信完全被压制了。因此，在调频通信中，"搅扰"并不多见，"压制"倒是经常发生的。

2. 通信干扰作用于数字通信系统

1）数字通信系统的基本特点

数字通信系统传输的是数字信息，这些数字信息可能来源于模拟信号或者离散信号。模拟信号经过量化与编码转换为数字信号。不管数字信息的来源如何，当它们在数字通信系统这传输时，其本质上都是一种二进制比特流。原始的二进制比特流进入通信系统后，一般需要经过信源编码与纠错编码处理，转换为一种可满足特定传输要求的二进制比特流（数字基带信号）。数字基带信号实际上是一种按照某种规则进行了编码的二进制序列。在这个序列中，除了包含原始的信息外，还包含有各种同步信息，如位同步信息、帧同步信息、群同步信息等。同步信息对于接收方恢复原始信息是十分重要的。

将数字基带信号在数字调制器中进行调制后得到数字调制信号，数字调制信号的基本调制方式包括幅度调制（MASK）、频率调制（MFSK）和相位调制（MPSK）等，此外还有幅度相位联合调制（MQAM）、正交多载波调制（OFDM）等先进的调制方式。在无线通信信道中传输的通信信号通常都是数字调制信号。

在通信接收机中，数字调制信号经过解调器解调后，恢复为数字基带信号。数字基带信号经过与发送方相反的译码过程转换为原始数字信息。尽管通信接收机的解调器的形式很多，但是按照其基本原理可以分为两类：一类是非相干解调器，如包络检波器；另一类是相干解调器。两者的主要差别是，非相干解调器不需要本地相干载波就可以实现解调，而相干解调器必须利用本地相干载波才能实现解调，也就是说后者的解调过程需要载波同步。在对数字调制信号解调后，为了正确和可靠地恢复数字基带序列，解调器必须在正确的时间进行抽样与判决，而正确的抽样时间是由位同步单元保证的。在恢复数字基带信号后，还需要对它进行相应的译码变换处理，才能还原出通信信号携带的原始数字信息。在译码变换过程中，译码器需要利用帧同步或群同步信息等，才能得到正确的结果。

2）干扰数字通信系统的可行途径

从上面的数字通信系统的工作特点可以看出，干扰信号进入通信系统的有效途径是通信信道。通信接收机从信道中选择己方的发射信号，该信号的参数（如频率、调制方式和参数等）是收发双方预先约定好的。如果信道中存在干扰信号，只要干扰信号的频率落入通信接收机带宽内，通信接收机就允许干扰信号进入接收机。因此，进入通信接收机的干扰信号和通信信号之间的关系是叠加关系。在通信接收机的解调和译码过程中，两者间的这种叠加关系使得干扰信号与通信信号始终处于一种竞争过程。如果干扰获得了优势，那么干扰就有效；否则，干扰就无效或者不能发挥作用。

根据数字通信系统的特点，干扰数字通信的可行途径如下：

（1）对信道的干扰。它是针对通信系统的解调器的特点施加的干扰。当解调器输入端的干扰信号与通信信号叠加后，包含干扰信号的合成信号会扰乱解调器的门限判决过程，造成判决错误，使其传输误码率增加。

各种压制干扰可以用于实施信道干扰，随着解调器输出干信比的增加，解调器输出误码率增加。误码率的增加意味着正确传输的信息量减少和通信线路的效能降低，当误码率达到某一值（如对某一通信系统为50%时），就认为通信传输过程已被破坏，干扰有效。

（2）对同步系统的干扰。它是针对通信系统的同步系统的特点施加的干扰，其目的是破坏或者扰乱数字通信系统中接收设备与发信设备之间的同步，使其难以正确的恢复原始信息。被破坏或者扰乱的同步环节包括：破坏或者扰乱解调过程中的载波同步或者位同步环节，引起解调输出误码率的增加；破坏或者扰乱译码器的译码过程中的帧同步或者群同步，使译码器输出误码率的增加；破坏或者扰乱某些通信系统的同步码，如帧同步信息、网同步信息等，造成其同步失步，不能恢复信息。虽然多数通信系统在失步之后，可以在短时间内恢复，但有效干扰造成的持续或反复失步仍可使数字通信系统瘫痪。

对同步系统的干扰即可以采用压制干扰，也可以采用欺骗干扰。压制干扰主要用于干扰解调过程中的同步环节，欺骗干扰主要用于干扰通信系统的同步码。

（3）对传输信息的干扰。它是针对通信系统的传输的信息施加的干扰，它利用与通信信号具有相同的调制方式和调制参数，但是携带虚假信息内容的欺骗干扰，在通信系统恢复的信息中掺入虚假信息，引起信息混乱和判读错误。

前两种干扰途径是针对信号传输实施的干扰，相对比较容易实现，因此也是目前通信干扰的主要方式。而对传输信息的干扰的难度比前两种干扰难度大的多，原因是军事通信系统通常对信息进行了加密，而要获得其加密方法和密钥是十分困难的。干扰信号的参数通常与被干扰的通信信号的参数是有关的。分析和实践证明，任何一种与通信信号的时域、频域、调制域特性相近，功率信号的时相当的干扰信号进入数字通信接收机都可能搅乱解调器或者编码器的正常工作，从而有效地增加其误码率。一个与通信域、频域特性相似，功率相当的带限高斯白噪声也可以有效地破坏数字通信系统的工作。

9.5.2　对 AM 通信信号的干扰

最重要和最常用的模拟调制方式就是用正弦波作为载波的幅度调制和角度调制。幅度调制是由调制信号去控制高频载波的幅度，使之随调制信号做线性变化的过程，调幅（AM）就是幅度调制的典型实例之一。对 AM 信号的解调可采用非相干解调或相干解调，实际中 AM 解调很少使用相干解调，更多的是利用包络检波器的非相干解调。基于这一考虑，我们对 AM 信号干扰的分析采用以下思路。

当对 AM 信号采用非相干解调时，确定干扰条件下理想包络检波器的输出模型，以该模型为基础，结合不同的干扰样式，考虑干扰小于信号和干扰大于信号这两种情况下的输出信噪比，来衡量对 AM 信号的干扰效果。

任意调幅信号为：

$$S_{AM} = \left[A + m(t)\right]\cos\left(\omega_c t + \phi_s\right) \tag{9-7}$$

式中：$m(t)$ 为基带信号，A 为直流成分，ω_c 为载波频率，ϕ_s 为信号的初始相位。

为分析方便，设 $\phi_s = 0$，则：

$$S_{AM} = \left[A + m(t)\right]\cos(\omega_c t) \tag{9-8}$$

干扰信号的一般形式可写成：

$$j(t) = J(t)\cos\left[\omega_j t + \phi_j(t)\right] \tag{9-9}$$

式中：$J(t)$ 为干扰振幅，ω_j 为干扰载频，$\phi_j(t)$ 为干扰相位。

假设干扰能够通过接收机的通带而不被抑制，则信号与干扰的合成信号为：

$$
\begin{aligned}
x(t) &= s_{AM}(t) + j(t) = \left[A + m(t)\right]\cos\omega_c t + J(t)\cos\left[\omega_j(t) + \phi_j(t)\right] \\
&= \left\{A + m(t) + J(t)\cos\left[\left(\omega_j - \omega_c\right)t + \phi_j(t)\right]\right\} \cdot \\
&\quad \cos(\omega_c t) - J(t)\sin\left[\left(\omega_j - \omega_c\right)t + \phi_j(t)\right]\sin(\omega_c t)
\end{aligned}
\tag{9-10}
$$

利用三角恒等式可得：

$$x(t) = R(t)\cos\left[\omega_c t + \theta(t)\right] \tag{9-11}$$

式中，

$$R(t) = \left\{\left[A + m(t)\right]^2 + J^2(t) + 2\left[A + m(t)\right]J(t)\cos\left[\left(\omega_j - \omega_c\right)t + \phi_j(t)\right]\right\}^{1/2} \tag{9-12}$$

$$\theta(t) = \arctan\frac{J(t)\sin\left[\left(\omega_j - \omega_c\right)t + \phi_j(t)\right]}{A + m(t) + J(t)\cos\left[\left(\omega_j - \omega_c\right)t + \phi_j(t)\right]} \tag{9-13}$$

瞬时振幅 $R(t)$ 相对于 $\omega_c(t)$ 做缓慢变化，则理想包络检波器的输出与 $R(t)$ 成比例，设检波器系数为 1，此时理想包络检波器的输出 $x_0(t)$ 为：

$$x_0(t) = \left[A + m(t)\right]\left\{1 + 2\frac{J(t)}{A + m(t)}\cos\left[\left(\omega_j - \omega_c\right)t + \phi_j(t)\right] + \frac{J^2(t)}{\left[A + m(t)\right]^2}\right\}^{1/2} \tag{9-14}$$

1. 干扰小于信号的情况

以 $J(t)/[A+m(t)]$ 为参数将此平方根展开成在原点的泰勒级数。当 $A+m(t) \geqslant 2J(t)$ 时，将此级数截短，只保留展开式的前三项，对于这种截短，在 $A+m(t) \geqslant 2J(t)$ 时仅有相当小的误差。可得：

$$x_0(t) \approx A+m(t)+J(t)\cos\left[\left(\omega_{\mathrm{j}}-\omega_{\mathrm{c}}\right)t+\phi_{\mathrm{j}}(t)\right]+$$
$$\frac{J^2(t)}{4\left[A+m(t)\right]}-\frac{J^2(t)}{4\left[A+m(t)\right]}\cos\left[2\left(\omega_{\mathrm{j}}-\omega_{\mathrm{c}}\right)t+2\phi_{\mathrm{j}}(t)\right] \tag{9-15}$$

式（9-15）表明了干扰与信号同时作用于检波器输入端时，在干扰幅度小于信号幅度时的检波器输出情况。由此来讨论不同干扰信号对 AM 信号的干扰。

1）单频正弦波干扰

此时，式（9-9）的单频正弦波干扰信号为：

$$j(t)=A_{\mathrm{mj}}\cos\left[\omega_{\mathrm{j}}t+\phi_{\mathrm{j}}(t)\right] \tag{9-16}$$

代入式（9-15），检波器输出为：

$$x_0(t) \approx A+m(t)+A_{\mathrm{mj}}\cos\left[\left(\omega_{\mathrm{j}}-\omega_{\mathrm{c}}\right)t+\phi_{\mathrm{j}}(t)\right]+$$
$$\frac{A_{\mathrm{mj}}^2}{4\left[A+m(t)\right]}-\frac{A_{\mathrm{mj}}^2}{4\left[A+m(t)\right]}\cos\left[2\left(\omega_{\mathrm{j}}-\omega_{\mathrm{c}}\right)t+2\phi_{\mathrm{j}}(t)\right] \tag{9-17}$$

由于 $4[A+m(t)] \gg A_{\mathrm{mj}}^2$，忽略式（9-17）中的后两项，此时干扰项为单频干扰，对于人耳收听的 AM 信号，不易产生好的干扰效果。当 $\omega_{\mathrm{j}} \approx \omega_{\mathrm{c}}$ 时，检波器输出的干扰项是一缓变的直流分量，它会被检波器的隔直流电容器所抑制。

2）双边带调制干扰

从频谱特性上看，对 AM 信号的干扰采用双边带调制干扰是比较理想的。双边带调制干扰信号为：

$$j_{\mathrm{DSB}}(t)=J(t)\cos\left[\omega_{\mathrm{j}}t+\phi_{\mathrm{j}}(t)\right] \tag{9-18}$$

式中，$J(t)$ 为无直流成分的基带干扰信号，通常 $J(t)$ 多采用白噪声。

将式（9-18）代入式（9-15），检波器输出为：

$$x_0(t) \approx A+m(t)+J(t)\cos\left[\left(\omega_{\mathrm{j}}-\omega_c\right)t+\phi_{\mathrm{j}}(t)\right]+$$
$$\frac{J^2(t)}{4\left[A+m(t)\right]}-\frac{J^2(t)}{4\left[A+m(t)\right]}\cos\left[2\left(\omega_{\mathrm{j}}-\omega_c\right)t+2\phi_{\mathrm{j}}(t)\right] \tag{9-19}$$

同样，为分析简单，忽略式（9-19）中的后两项，此时可得干扰输出功率为：

$$P_{\mathrm{jo}}=\overline{J^2(t)\cos^2\left[\left(\omega_{\mathrm{j}}-\omega_c\right)t+\phi_{\mathrm{j}}(t)\right]}=\frac{1}{2}\overline{J^2(t)} \tag{9-20}$$

其中，"—"表示统计平均（对随机信号）或时间平均（对确知信号），下同。

信号输出功率为：

$$P_{\mathrm{so}}=\overline{m^2(t)} \tag{9-21}$$

所以，输出干信比为：

$$\frac{P_{\text{jo}}}{P_{\text{so}}} = \frac{\frac{1}{2}\overline{J^2(t)}}{\overline{m^2(t)}} = \frac{1}{2}\frac{\overline{J^2(t)}}{\overline{m^2(t)}} \tag{9-22}$$

由式（9-8）可得检波器输入端信号功率：

$$P_{\text{s}} = \frac{1}{2}\left[A^2 + \overline{m^2(t)}\right] \tag{9-23}$$

由式（9-18）可得检波器输入端干扰功率：

$$P_{\text{j}} = \frac{1}{2}\overline{J^2(t)} \tag{9-24}$$

所以，输入干信比为：

$$\frac{P_{\text{j}}}{P_{\text{s}}} = \frac{\frac{1}{2}\overline{J^2(t)}}{\frac{1}{2}\left[A^2 + \overline{m^2(t)}\right]} = \frac{\overline{J^2(t)}}{A^2 + \overline{m^2(t)}} \tag{9-25}$$

比较式（9-22）和式（9-25），可得：

$$\frac{P_{\text{jo}}}{P_{\text{so}}} = \frac{1}{2}\frac{\left[A^2 + \overline{m^2(t)}\right]}{\overline{m^2(t)}}\frac{\overline{J^2(t)}}{\left[A^2 + \overline{m^2(t)}\right]} = \frac{1}{2}\left(1 + \frac{A^2}{\overline{m^2(t)}}\right)\frac{P_{\text{j}}}{P_{\text{s}}} \tag{9-26}$$

分析：由式（9-26）可见，输出干信比正比于输入干信比，AM 信号的调制度越深，其抗干扰性越强。

3）调频干扰

窄带调频信号的频谱与 AM 信号的频谱相似，假设 FM 干扰仍不被接收机通带所抑制，调频干扰信号为：

$$j_{\text{FM}}(t) = A_{\text{mj}}\cos\left[\omega_{\text{j}}t + \phi_{\text{j}}(t)\right] \tag{9-27}$$

代入式（9-15），可以得到检波器输出为：

$$x_0(t) \approx A + m(t) + A_{\text{mj}}\cos\left[(\omega_{\text{j}} - \omega_{\text{c}})t + \phi_{\text{j}}(t)\right] +$$
$$\frac{A_{\text{mj}}^2}{4\left[A + m(t)\right]} - \frac{A_{\text{mj}}^2}{4\left[A + m(t)\right]}\cos\left[2(\omega_{\text{j}} - \omega_{\text{c}})t + 2\phi_{\text{j}}(t)\right] \tag{9-28}$$

忽略二次项，干扰输出功率为：

$$P_{\text{jo}} = \frac{1}{2}A_{\text{mj}}^2 \tag{9-29}$$

信号输出功率可由式（9-21）给出，则输出干信比为：

$$\frac{P_{\text{jo}}}{P_{\text{so}}} = \frac{\frac{1}{2}A_{\text{mj}}^2}{\overline{m^2(t)}} = \frac{1}{2}\frac{A_{\text{mj}}^2}{\overline{m^2(t)}} \tag{9-30}$$

而输入干信比为：

$$\frac{P_{\text{j}}}{P_{\text{s}}} = \frac{\frac{1}{2}A_{\text{mj}}^2}{\frac{1}{2}\left[A^2 + \overline{m^2(t)}\right]} = \frac{1}{2}\frac{A_{\text{mj}}^2}{A^2 + \overline{m^2(t)}} \tag{9-31}$$

可得：

$$\frac{P_{jo}}{P_{so}} = \frac{1}{2}\frac{\left[A^2 + \overline{m^2(t)}\right]}{\overline{m^2(t)}}\frac{A_{mj}^2}{\left[A^2 + \overline{m^2(t)}\right]} = \frac{1}{2}\left(1 + \frac{A^2}{\overline{m^2(t)}}\right)\frac{P_j}{P_s} \tag{9-32}$$

可见，输出干信比与输入干信比的关系与式（9-26）相同，即当采用相同功率的 FM 干扰和 DSB 调制干扰，去干扰同一 AM 信号时，它们所获得的输出干信比相同。虽然从平均功率的角度看 FM 干扰和 DSB 调制干扰的效果相同，但是考虑到干扰信号峰值功率受限于干扰发射机，就同一部干扰机，采用 FM 干扰将获得更大的平均干扰功率。

4）调幅干扰

最后我们来讨论下 AM 干扰的效果，调幅干扰信号为：

$$j_{AM}(t) = \left[A_{mj} + J(t)\right]\cos\left[\omega_j t + \phi_j(t)\right] \tag{9-33}$$

式中，A_{mj} 为 AM 干扰信号的载波幅度。此时，检波器输出为：

$$x_0(t) \approx A + m(t) + \left[A_{mj} + J(t)\right]\cos\left[\left(\omega_j - \omega_c\right)t + \phi_j(t)\right]$$
$$+ \frac{\left[A_{mj} + J(t)\right]^2}{4\left[A + m(t)\right]} - \frac{\left[A_{mj} + J(t)\right]^2}{4\left[A + m(t)\right]}\cos\left[2\left(\omega_j - \omega_c\right)t + 2\phi_j(t)\right] \tag{9-34}$$

同理，忽略式中的高次项。在剩下的二项干扰中，第一项 $A_{mj}\cos\left[\left(\omega_j - \omega_c\right)t + \phi_j(t)\right]$ 在 $\omega_j \approx \omega_c$ 时，其在检波器的输出是一缓变的直流分量，同样可被隔直流电容器抑制，对信号的干扰作用很小，在输出干扰中我们不考虑这一项。输出的干扰功率主要决定于第二项，即：

$$P_{jo} = \overline{J^2(t)\cos\left[\left(\omega_j - \omega_c\right)t + \phi_j(t)\right]} = \frac{1}{2}\overline{J^2(t)} \tag{9-35}$$

输出干信比为：

$$\frac{P_{jo}}{P_{so}} = \frac{\frac{1}{2}\overline{J^2(t)}}{\overline{m^2(t)}} = \frac{1}{2}\frac{\overline{J^2(t)}}{\overline{m^2(t)}} \tag{9-36}$$

而此时的输入干信比为：

$$\frac{P_j}{P_s} = \frac{\frac{1}{2}\left[A_{mj}^2 + \overline{J^2(t)}\right]}{\frac{1}{2}\left[A^2 + \overline{m^2(t)}\right]} = \frac{A_{mj}^2 + \overline{J^2(t)}}{A^2 + \overline{m^2(t)}} \tag{9-37}$$

由此得到：

$$\frac{P_{jo}}{P_{so}} = \frac{1}{2}\frac{\left[A_{mj}^2 + \overline{J^2(t)}\right]}{\left[A^2 + \overline{m^2(t)}\right]}\frac{\left[A^2 + \overline{m^2(t)}\right]}{\overline{m^2(t)}}\frac{\overline{J^2(t)}}{\left[A_{mj}^2 + \overline{J^2(t)}\right]}$$
$$= \frac{1}{2}\left(1 + \frac{A^2}{\overline{m^2(t)}}\right)\frac{1}{1 + \frac{A_{mj}^2}{\overline{J^2(t)}}}\frac{P_j}{P_s} \tag{9-38}$$

可见，输出干信比与输入干信比的关系与式（9-26）相比，多了一相乘项 $1/\left[1+A_{\mathrm{mj}}^2/J^2(t)\right]$。

因为始终有 $A_{\mathrm{mj}} \geqslant J(t)$，用 AM 干扰去干扰 AM 信号不如 FM 干扰和 DSB 干扰效果好。这是由于 AM 干扰信号中至少占三分之二能量的载波分量对检波输出的干扰作用太小所致。若想提高载波分量对信号的干扰效果，应在接收机通带内使 ω_j 远离 ω_c，但此时会使得部分干扰边频分量因未与信号频谱重合而被接收机选择性电路所抑制，从而使干扰边频的干扰功率减小。实际中由于 AM 干扰在技术上非常容易实现，并且其峰值因数也不太高，故也常被采用。

2. 干扰大于信号的情况

当干扰大于信号时，检波器输入端的合成信号变为：

$$
\begin{aligned}
x(t) &= s_{\mathrm{AM}}(t)+j(t)=\left[A+m(t)\right]\cos(\omega_c t)+J(t)\cos\left[\omega_j(t)+\phi_j(t)\right] \\
&= \left\{J(t)+\left[A+m(t)\right]\cos\left[\left(\omega_c-\omega_j\right)t-\phi_j(t)\right]\right\}\cos\left[\omega_j t+\phi_j(t)\right]- \\
&\quad \left[A+m(t)\right]\sin\left[\left(\omega_c-\omega_j\right)t-\phi_j(t)\right]\sin\left[\omega_j t+\phi_j(t)\right] \\
&= R(t)\cos\left[\omega_j t+\phi_j(t)+\theta(t)\right]
\end{aligned}
\tag{9-39}
$$

式中：

$$
R(t)=\left\{\left[A+m(t)\right]^2+J^2(t)+2\left[A+m(t)\right]J(t)\cos\left[\left(\omega_c-\omega_j\right)t-\phi_j(t)\right]\right\}^{1/2}
\tag{9-40}
$$

$$
\theta(t)=\arctan\frac{\left[A+m(t)\right]\sin\left[\left(\omega_j-\omega_c\right)t+\phi_j(t)\right]}{J(t)+\left[A+m(t)\right]\cos\left[\left(\omega_c-\omega_j\right)t-\phi_j(t)\right]}
\tag{9-41}
$$

此时，理想包络检波器的输出 $x_0(t)$ 为：

$$
x_0(t)=J(t)\left\{1+2\frac{\left[A+m(t)\right]}{J(t)}\cos\left[\left(\omega_c-\omega_j\right)t-\phi_j(t)\right]+\frac{\left[A+m(t)\right]^2}{J^2(t)}\right\}^{1/2}
\tag{9-42}
$$

同理，可以 $\left[A+m(t)\right]/J(t)$ 为参数将此平方根展开成在原点的泰勒级数，且在 $J(t)\geqslant 2\left[A+m(t)\right]$ 时，将此级数截短，只保留展开式的前三项，则

$$
\begin{aligned}
x_0(t) &\approx J(t)+\left[A+m(t)\right]\cos\left[\left(\omega_c-\omega_j\right)t-\phi_j(t)\right]+ \\
&\quad \frac{\left[A+m(t)\right]^2}{4J(t)}-\frac{\left[A+m(t)\right]^2}{4J(t)}\cos\left[2\left(\omega_c-\omega_j\right)t-2\phi_j(t)\right]
\end{aligned}
\tag{9-43}
$$

无论何种干扰，式（9-43）中都没有独立的信号项，除了直接的干扰外，只有受到 $\cos\left[\left(\omega_c-\omega_j\right)t-\phi_j(t)\right]$ 调制的信号项，此时检波器的性能急剧下降，这就是由包络检波器的非线性作用引起的"门限效应"，故当干扰大到使 AM 系统发生"门限效应"时，无论何种干扰样式都会产生良好的干扰效果。

3. 对 AM 通信信号干扰方法分析与比较

由上述分析可知，用 AM 信号、FM 信号和 DSB 信号三种干扰信号，在到达解调器输入端的干信比相同的条件下，采用 FM 干扰和 DSB 调制干扰的干扰效果相同，而采用 AM 干扰

的输出干信比中多了一相乘项，总是小于 FM 干扰和 DSB 调制干扰的输出干信比，因此采用 AM 干扰去干扰 AM 信号不如 FM 扰和 DSB 干扰效果好，这是由于 AM 干扰信号中至少占三分之二能量的载波分量对检波输出的干扰作用太小所致。实际中由于 AM 干扰在技术上非常容易实现，故也常用 AM 干扰。

当载频差为 0、信号和干扰均为单音调制时，假设三种干扰样式的带宽取值相同，则采用调频干扰样式和抑制载波的双边带调制干扰样式的干扰效果相同，且优于调幅干扰样式。采用 AM 干扰样式时，对干信载频差的要求低于其他干扰样式。

考虑到干扰信号峰值功率受限于干扰发射机，若采用同一部干扰机发射不同样式的干扰信号，这时干扰信号的峰值功率一定，发射不同样式的干扰信号所产生的平均功率与该干扰样式的峰值因数有关，在 AM 信号和 AM 干扰都是满调幅、干信载频差等于 0 的情况下，对 AM 信号施加干扰，采用调频干扰样式的干扰效果最好，调幅干扰样式次之，双边带干扰样式最差，这是由于调频信号的峰值因数最小，同样的干扰峰值功率，采用 FM 干扰将获得更大的干扰平均功率。随着干扰基带信号峰值因数的增大，双边带干扰样式的干扰效果变得更差。

通过各种干扰信号对 AM 信号干扰效果的分析可得，FM 干扰是对 AM 信号干扰的最佳干扰。

9.5.3 对 FM 通信信号的干扰

设 FM 信号表示为：

$$\begin{cases} s(t) = A\cos\left[\omega_0 t + \varphi_{\mathrm{s}}(t)\right] \\ \varphi_{\mathrm{s}}(t) = k_{\mathrm{fs}} \int_{-\infty}^{t} m(\tau)\mathrm{d}\tau \end{cases} \tag{9-44}$$

式中：A 是信号幅度；ω_0 是信号的载波频率；k_{fs} 是最大角频偏；$m(t)$ 是基带调制信号。

干扰信号为：

$$\begin{cases} j(t) = J(t)\cos\left[\omega_{\mathrm{j}} t + \varphi_{\mathrm{j}}(t)\right] \\ \varphi_{\mathrm{j}}(t) = k_{\mathrm{fj}} \int_{-\infty}^{t} m_{\mathrm{j}}(\tau)\mathrm{d}\tau \end{cases} \tag{9-45}$$

式中：$J(t)$ 是干扰信号的包络；ω_{j} 是中心频率；$\varphi_{\mathrm{j}}(t)$ 是相位函数。为分析方便，假设干扰信号可以通过接收机通带而不被抑制。不考虑噪声的影响，则进入接收机的合成信号为

$$x(t) = s(t) + j(t) = A\cos\left[\omega_0 t + \varphi_{\mathrm{s}}(t)\right] + J(t)\cos\left[\omega_{\mathrm{j}} t + \varphi_{\mathrm{j}}(t)\right] \tag{9-46}$$

利用三角恒等式，可以将式（9-46）重新写为

$$x(t) = R(t)\cos\left[\omega_0 t + \theta(t)\right] \tag{9-47}$$

式中：$R(t)$ 是合成信号的瞬时包络；$\theta(t)$ 是瞬时相位。$R(t)$ 和 $\theta(t)$ 分别为

$$R(t) = A\left\{1 + 2\frac{J(t)}{A}\cos\left[(\omega_{\mathrm{j}} - \omega_0)t + \varphi_{\mathrm{j}}(t) - \varphi_{\mathrm{s}}(t)\right] + \frac{J^2(t)}{A^2}\right\}^{1/2} \tag{9-48}$$

$$\theta(t) = \varphi_{\mathrm{s}}(t) + \arctan\left\{\frac{J(t)\sin\left[(\omega_{\mathrm{j}} - \omega_0)t + \varphi_{\mathrm{j}}(t) - \varphi_{\mathrm{s}}(t)\right]}{A + J(t)\cos\left[(\omega_{\mathrm{j}} - \omega_0)t + \varphi_{\mathrm{j}}(t) + \varphi_{\mathrm{s}}(t)\right]}\right\} \tag{9-49}$$

FM 信号通常使用鉴频器进行解调。FM 信号的解调器模型如图 9-2 所示。

图 9-2　FM 信号的解调器模型

鉴频解调器输出正比于合成信号的瞬时频率，其输出与干扰和信号的相对幅度比有关，下面分别进行讨论。

1. 大干扰情况

大干扰是指满足条件 $J(t) \gg A$，此时合成信号的瞬时相位简化为

$$\theta(t) \approx \varphi_j(t) + \frac{A}{J(t)} \sin\left[(\omega_j - \omega_0)t + \varphi_j(t) - \varphi_s(t)\right] \qquad (9\text{-}50)$$

鉴频器输出为

$$f(t) = \frac{\mathrm{d}\theta(t)}{\mathrm{d}t} = k_{fj}m_j(t) - A\frac{J'(t)}{J^2(t)}\sin\left[(\omega_j - \omega_0)t + \varphi_j(t) - \varphi_s(t)\right] +$$

$$\frac{A}{J(t)}\left[\omega_j - \omega_0 + \varphi_j'(t) - \varphi_s'(t)\right]\cos\left[(\omega_j - \omega_0)t + \varphi_j(t) - \varphi_s(t)\right] \qquad (9\text{-}51)$$

可见，在干扰远大于信号的情况下，鉴频器的输出中已没有独立的信号项，这是由于大干扰的作用，鉴频器会把有用信号扰乱成无用的干扰，这就是所谓的"门限效应"。这种门限效应是由鉴频器的非线性解调作用引起的，输出中全部都是干扰，干扰已大到足以使接收机对干扰而不是对信号有所反应，此时干扰完全压制了信号。

当出现"门限效应"的情况下，不管使用哪种干扰样式，都会得到良好的干扰效果。

2. 小干扰情况

小干扰是指满足条件 $A \gg J(t)$，此时合成信号的瞬时相位简化为

$$\theta(t) \approx \varphi_s(t) + \frac{J(t)}{A}\sin\left[(\omega_j - \omega_0)t + \varphi_j(t) - \varphi_s(t)\right] \qquad (9\text{-}52)$$

鉴频器输出为

$$f(t) = \frac{\mathrm{d}\theta(t)}{\mathrm{d}t} = k_{fs}m(t) + \frac{J'(t)}{A}\sin\left[(\omega_j - \omega_0)t + \varphi_j(t) - \varphi_s(t)\right] +$$

$$\left(\omega_j - \omega_0 + \varphi_j'(t) - \varphi_s'(t)\right)\frac{J(t)}{A}\cos\left[(\omega_j - \omega_0)t + \varphi_j(t) - \varphi_s(t)\right] \qquad (9\text{-}53)$$

可以看到，式（9-53）的第一项是信号分量，后两项是干扰分量。下面分几种干扰样式对小干扰情况进行讨论。

1）单音干扰

单音干扰是单频一个正弦波，即

$$j(t) = A_j\cos(\omega_j t + \varphi_0) \qquad (9\text{-}54)$$

此时鉴频器输出为

$$f(t) = k_{fs}m(t) + \left(\omega_j - \omega_0 - k_{fs}m(t)\right)\frac{A_j}{A}\cos\left[(\omega_j - \omega_0)t + \varphi_j - \varphi_s(t)\right] \qquad (9\text{-}55)$$

从式（9-55）可以看出，干扰项（第二项）是一个调幅调频信号，其带宽与目标调频信号相同。一般情况下，该调幅调频信号的带宽大于音频带宽，其超出部分将被鉴频器的音频滤

波器抑制。如果用 F_k 表示带宽不匹配引起的干扰能量损失，则鉴频器输出的音频干扰信号的功率为

$$P_{jo} = \frac{1}{2} \left((\omega_j - \omega_0)^2 - k_{fs}^2 \overline{m^2(t)} \right) \frac{A_j^2}{A^2} F_k \qquad (9-56)$$

鉴频器输出的音频信号功率为

$$P_{so} = k_{fs}^2 \overline{m(t)} \qquad (9-57)$$

鉴频器输出的音频干信比为

$$\text{JSR}_o = \frac{P_{jo}}{P_{so}} = \frac{1}{2} \left[1 + \frac{(\omega_j - \omega_0)^2}{k_{fs}^2 \overline{m^2(t)}} \right] \frac{A_j^2}{A^2} F_k \qquad (9-58)$$

鉴频器输入的干信比为

$$\text{JSR}_i = \frac{A_j^2}{A^2} \qquad (9-59)$$

鉴频器输出和输入的干信比的关系为

$$\text{JSR}_o = \frac{1}{2} \left[1 + \frac{(\omega_j - \omega_0)^2}{k_{fs}^2 \overline{m^2(t)}} \right] F_k \times \text{JSR}_i \qquad (9-60)$$

从式（9-60）可以看出：适当增加干扰信号与目标信号的载频差，有利于提高干扰效果；但是载频差也不能过大，否则会被鉴频器的音频滤波器抑制掉。

2）调频干扰

调频干扰信号为

$$j(t) = A_j \cos \left[\omega_j t + \varphi_j(t) \right] \qquad (9-61)$$

此时可以得到合成信号的瞬时频率为

$$f(t) = k_{fs} m(t) + \left[\omega_j - \omega_0 + k_{fj} m_j(t) - k_{fs} m(t) \right] \frac{A_j}{A} \cos \left[(\omega_j - \omega_0) t + \varphi_j(t) - \varphi_s(t) \right] \qquad (9-62)$$

类似地，可以得到鉴频器输出和输入的干信比的关系为

$$\text{JSR}_o = \frac{1}{2} \left[1 + \frac{(\omega_j - \omega_0)^2}{k_{fs}^2 \overline{m^2(t)}} + \frac{k_{fj}^2 \overline{m_j^2(t)}}{k_{fs}^2 \overline{m^2(t)}} \right] F_k \times \text{JSR}_i \qquad (9-63)$$

从式（9-63）可以看出，调频干扰与单音干扰类似。适当增加干扰信号与目标信号的载频差，或者适当提高最大角频偏，有利于提高干扰效果。但是载频差也不能过大，否则会被鉴频器的音频滤波器抑制掉。同时最大角频偏过大，干扰带宽增加，干扰能量不能全部进入目标接收机。因此，需要综合考虑载频差和最大角频偏的影响。

3. 对 FM 通信信号干扰方法分析与比较

针对调频通信采用调频干扰样式、单频正弦波干扰样式、调幅干扰样式和双边带干扰样式的输出干信比，在到达接收机解调器输入端干信比相同的条件下（干扰信号带宽小于等于信号带宽），在信号和干扰都是单音调制、干信载频差等于 0 时，干扰带宽小于调频信号带宽的情况下，四种干扰样式对调频通信的干扰效果基本相同；采用与调频信号带宽相接近的调频干扰样式，干扰效果明显优于其他几种干扰。

由于单频正弦波干扰在时域上的规则性，很易为对方发觉，采用抵消法即可消除，且不能带来更高的输出干信比，所以实际中很少采用。

信号和干扰都是单音调制、载频差不等于 0 情况下，由于输出干信比与载频差的平方成正比，因此，在载频差不等于 0 时，输出干信比随着载频差的增大而增大。但实际上，在不同条件下，干扰效果的改善程度并不相同。对于窄带调频信号，输出干信比明显增大；对于宽带调频信号，输出干信比的增大并不明显。这一方面说明了随着调频信号调频指数（即带宽）的增加，调频信号的抗干扰性能明显增加；另一方面，也说明了对于宽带调频信号，一定的干信载频差对干扰效果的影响不大，还需要注意的是，载频差的存在会导致带通滤波系数增加、干扰功率利用率降低，而且要保证干信载频差小于等于鉴频器后面的低通滤波器截止频率，所以载频差也不能太大。

实际中，到达接收机输入端干信比相同的条件下，根据解调器前接收通道的带宽、干扰信号的带宽以及干信载频差的大小，分别考虑检波器前接收通道对各种干扰信号的滤波情况，重新进行输出干信比的比较。

考虑到不同干扰信号的峰值因数不同，在到达接收机输入端峰值干信比相同的条件下，由于调频信号的峰值因数最小，当干扰发射机峰值功率一定时，采用 FM 干扰的功率利用率最高，干扰效果最好。

9.5.4　对 SSB 通信信号的干扰

AM 信号经常使用单边带（SSB）形式，SSB 信号为

$$s(t) = m(t)\cos(\omega_0 t) \mp \hat{m}(t)\sin(\omega_0 t) \tag{9-64}$$

式中：ω_0 是信号的载波频率；$m(t)$ 是基带调制信号；$\hat{m}(t)$ 是 $m(t)$ 的 Hilbert 变换。在式（9-64）中取"－"号对应上边带，取"＋"号对应下边带。

干扰信号为

$$j(t) = J(t)\cos\left[\omega_j t + \varphi_j(t)\right] \tag{9-65}$$

式中：$J(t)$ 是干扰信号的包络；ω_j 是中心频率；$\varphi_j(t)$ 是相位函数。通信接收机输入端的合成信号为

$$x(t) = s(t) + j(t) = m(t)\cos(\omega_0 t) \mp \hat{m}(t)\sin(\omega_0 t) + J(t)\cos\left[\omega_j t + \varphi_j(t)\right] \tag{9-66}$$

SSB 信号通常采用相干解调器解调，用本地载波与上式相乘并滤除高频分量后，得到相干解调器的输出为

$$
\begin{aligned}
x_0(t) &= x(t)\cos(\omega_0 t) \\
&= \frac{1}{2}m(t) + \frac{1}{2}J(t)\cos\left[(\omega_j - \omega_0)t + \varphi_j(t)\right]
\end{aligned} \tag{9-67}
$$

式中，第一项为信号分量，第二项为干扰分量。因此，解调器输出的音频干信比为

$$JSR_o = \frac{P_{jo}}{P_{so}} = \frac{\overline{\left\{\dfrac{1}{2}J(t)\cos\left((\omega_j - \omega_0)t + \varphi_j(t)\right)\right\}^2}}{\overline{\left\{\dfrac{1}{2}m(t)\right\}^2}} = \frac{1}{2}\frac{\overline{J^2(t)}}{\overline{m^2(t)}} \tag{9-68}$$

解调器输入的音频干信比为

$$JSR_i = \frac{1}{2} \frac{\overline{j^2(t)}}{\overline{s^2(t)}} = \frac{\frac{1}{2} \overline{J^2(t)}}{\frac{1}{2} \overline{m^2(t)} + \frac{1}{2} \overline{\hat{m}^2(t)}} = \frac{1}{2} \frac{\overline{J^2(t)}}{\overline{m^2(t)}} \tag{9-69}$$

可见，解调器输入干信比和输出干信比相同。

注意：在上述分析过程中，假设了音频干扰信号可以全部通过解调器之前的滤波器。SSB 解调器在解调之前可能还设有上边带或者下边带滤波器，干扰信号通过这样的边带滤波器后，其干扰能量会发生变化。

1. 用 AM 干扰 SSB 通信信号

AM 干扰信号为

$$j(t) = \left[A_j + m_j(t) \right] \cos(\omega_j t + \varphi_j) \tag{9-70}$$

干扰功率由载波功率 P_{jc} 和边带调制功率 P_{jm} 两部分组成，分别为

$$P_{jc} = \frac{1}{2} A_j^2, \quad P_{jm} = \frac{1}{2} \overline{m_j^2(t)} \tag{9-71}$$

其中单个边带的功率为

$$P_{jms} = \frac{1}{2} P_{jm} = \frac{1}{4} \overline{m_j^2(t)} \tag{9-72}$$

当 SSB 解调器解调之前设有上边带或者下边带滤波器时，干扰信号经过边带滤波器后变成单边带信号，即

$$j(t) = \frac{1}{2} m_j(t) \cos(\omega_j t + \varphi_j) \mp \frac{1}{2} \hat{m}_j(t) \sin(\omega_j t + \varphi_j) \tag{9-73}$$

进入解调器的合成信号为

$$x(t) = s(t) + j(t)$$

$$= m(t)\cos(\omega_0 t) \mp \hat{m}(t)\sin(\omega_0 t) + \frac{1}{2} m_j(t)\cos(\omega_j t + \varphi_j) \mp \frac{1}{2} \hat{m}_j(t)\sin(\omega_j t + \varphi_j) \tag{9-74}$$

相干解调器的输出为

$$x_o(t) = \frac{1}{2} m(t) + \frac{1}{4} m_j(t)\cos\left[(\omega_j - \omega_0)t + \varphi_j\right] \mp \frac{1}{4} \hat{m}_j(t)\sin\left[(\omega_j - \omega_0)t + \varphi_j\right] \tag{9-75}$$

输出音频干信比为

$$JSR_o = \frac{P_{jo}}{P_{so}} = \frac{\frac{1}{32}\overline{m_j^2(t)} + \frac{1}{32}\overline{\hat{m}_j^2(t)}}{\frac{1}{32}\overline{m^2(t)}} = \frac{1}{4} \frac{\overline{m_j^2(t)}}{\overline{m^2(t)}} \tag{9-76}$$

输入音频干信比为

$$JSR_i = \frac{\overline{j^2(t)}}{\overline{s^2(t)}} = \frac{\frac{1}{2}\left(A_j^2 + \overline{m_j^2(t)}\right) + \frac{1}{32}\overline{\hat{m}_j^2(t)}}{\frac{1}{2}\left(\overline{m^2(t)} + \overline{\hat{m}^2(t)}\right)} = \frac{1}{2} \frac{A_j^2 + \overline{m_j^2(t)}}{\overline{m^2(t)}} \tag{9-77}$$

因此，输出和输入干信比的关系为

$$JSR_o = \frac{1}{2}\left(\frac{1}{1 + A_j^2 / \overline{m_j^2(t)}}\right) \times JSR_i \tag{9-78}$$

由式（9-78）可见，干扰信号的调制度越深，干信比越大，干扰效果越好。当采用 100％ 调幅度时，$A_j^2 / \overline{m_j^2(t)} = 2$，此时输出和输入干信比的关系简化为

$$\mathrm{JSR_o} = \frac{1}{6} \times \mathrm{JSR_i} \tag{9-79}$$

式（9-79）说明：当使用 AM 干扰样式对 SSB 信号进行瞄准干扰时，解调器输出干信比只有其输入干信比的 1/6（下降 8 dB），干扰效率很低。

为了提高干扰效率，在对 SSB 信号进行瞄准式干扰时，应该采用谱中心重合方式。干扰信号不必瞄准 SSB 信号的载波频率，而是瞄准其边带谱的中心。此外，干扰信号带宽最好与 SSB 信号带宽一致。

对 SSB 干扰的干扰样式可以采用双边带调制干扰信号，如 AM 干扰、窄带调频干扰等，此时最好采用谱中心重合方式。还可以采用 SSB 干扰信号，此时最好采用载波频率重合方式，但是需要使用与目标信号相同的边带方式，以保证干扰信号频谱与目标信号频谱的良好重合。

2．对 SSB 通信信号干扰方法分析与比较

SSB 信号相干解调器前带通滤波器的作用是非常重要的。在到达接收机输入端干信比相同的条件下，由于不同干扰样式的时域、频谱特点都不相同，必然导致经过带通滤波器后解调器的输入干信比不同，这时，干扰效果也不相同。

对单边带通信的相干解调中，带通滤波器的作用是选择信号、抑制干扰，因此其带宽很窄，对干扰信号功率的抑制可能很大，显然，只有落入边带滤波器的干扰分量才能对信号产生干扰。

对于一般的模拟调制信号，载频都在信号的频谱中心，载频差可以反映干扰与信号在频域上的重合程度，通常情况下，载频差越小，频谱重合程度越高。而对于 SSB 信号就不是这样了，其载频低于信号的所有频率分量（上边带 USB 信号）或高于信号的所有频率分量（下边带 LSB 信号），因此，载频差为 0，即干扰载频瞄准 SSB 信号的载频时，频谱重合程度不高，而载频差增大到干扰载频瞄准 SSB 信号的频谱中心时，频谱重合程度反而是最高的。

干信载频差为 0，是指干扰载频瞄准 SSB 信号载频的情况。对 SSB 信号进行相干解调，需要获取相干载波。干扰方一旦获得了 SSB 信号的载波，就可以引导干扰信号的载频瞄准 SSB 信号的载频实施干扰了。显然，采用采用 SSB 干扰样式干扰 SSB 信号时，干扰信号的边带应与被干扰信号的边带相同。这就要求侦察不仅要获得被干扰信号的载频，而且要知道该信号是上边带还是下边带。

干信载频差不为 0 时，干扰信号的带宽、干扰载频的偏离方向以及偏离大小等因素将会对干扰效果产生影响。若干扰信号的载频向单边带信号的频谱中心偏离，当偏离量为信号带宽一半时，干扰信号的载频就瞄准了 SSB 信号频谱中心，对于信号载频就是频谱中心的调幅、调频干扰样式来说，就等同于干扰的频谱中心瞄准了信号的频谱中心，而对于 SSB 干扰样式而言，SSB 干扰样式的频谱中心对准 SSB 信号的频谱中心，相当于载频差为 0、干扰与信号同为上边带或下边带的情况。

可见，无论是从干扰效果、还是从实现难度的角度考虑，干扰频谱中心瞄准信号频谱中心的情况都优于干扰载频瞄准信号载频的情况，尤其是调幅干扰样式的干扰效率明显提高。

同样，考虑到调频信号的峰值因数最小，在干扰发射机峰值功率一定的情况下，仍然是采用 FM 干扰的输出干信比最高，干扰效果最好。

9.5.5 对 2ASK 通信信号的干扰

2ASK 信号可以表示为

$$s(t) = \begin{cases} A\cos(\omega_c t), & \text{发送 "1" 时} \\ 0, & \text{发送 "0" 时} \end{cases} \tag{9-80}$$

设干扰信号为

$$j(t) = J(t)\cos\left[\omega_j t + \varphi_j(t)\right] \tag{9-81}$$

到达目标通信接收机输入端的信号、干扰和噪声的合成信号为

$$x(t) = \begin{cases} A\cos(\omega_c t) + J(t)\cos\left[\omega_j t + \varphi_j(t)\right] + n(t), & \text{发送 "1" 时} \\ J(t)\cos(\omega_j t + \varphi_j(t)) + n(t), & \text{发送 "0" 时} \end{cases} \tag{9-82}$$

式中：$n(t)$ 为信道的窄带高斯噪声，假定它的均值为 0，方差为 σ_n^2。窄带高斯噪声可以表示为

$$n(t) = n_c(t)\cos(\omega_c t) - n_s(t)\sin(\omega_c t) \tag{9-83}$$

1. 单音干扰

下面以单音干扰为例来进行分析说明。单音干扰是单频一个正弦波，即

$$j(t) = A_j\cos(\omega_j t + \varphi_0) \tag{9-84}$$

为简单起见，设 $\omega_j = \omega_c$，$\varphi_0 = 0$。于是，到达通信接收机输入端的合成信号为

$$x(t) = \begin{cases} \left(A + A_j\right)\cos(\omega_c t) + n(t), & \text{发送 "1" 时} \\ A_j\cos(\omega_c t) + n(t), & \text{发送 "0" 时} \end{cases} \tag{9-85}$$

在通信系统中，2ASK 信号的解调器有两种，一种是相干解调器，一种是非相干解调器。而经常用非相干的包络解调器。

2ASK 信号的包络解调器模型如图 9-3 所示。

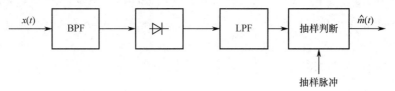

图 9-3 2ASK 信号的包络解调器模型

包络解调器输出的包络为

$$v(t) = \begin{cases} \sqrt{\left[A + A_j + n_c(t)\right]^2 + n_s^2(t)}, & \text{发送 "1" 时} \\ \sqrt{\left(A_j + n_c(t)\right)^2 + n_s^2(t)}, & \text{发送 "0" 时} \end{cases} \tag{9-86}$$

输出包络为随机过程，它服从广义瑞利分布。设解调器判决门限为 b，发 "1" 时包络检波器输出的信号加干扰的幅度为 $a_1 = A + A_j$，发 "0" 时包络检波器输出的干扰的幅

度为 $a_0 = A_j$，则按照通信信号检测理论，当信息码等概分布时，可以得到 2ASK 系统的错误概率为

$$P_e = \frac{1}{2}(P_{e1} + P_{e0}) = \frac{1}{2}\left(1 - Q\left(\frac{a_1}{\sigma_n}, \frac{b}{\sigma_n}\right) + Q\left(\frac{a_0}{\sigma_n}, \frac{b}{\sigma_n}\right)\right) \tag{9-87}$$

式中：P_{e1} 是发 "1" 时的错误概率；P_{e0} 是发 "0" 时的错误率；$Q(\alpha, \beta)$ 是 Q 函数，其定义为

$$Q(\alpha, \beta) = \int_\beta^\infty tI_0(\alpha t)\exp\left(-\frac{t^2 + \alpha^2}{2}\right)dt \tag{9-88}$$

在式（9-87）中，令 $r_s = A/\sigma_n$，$r_j = A_j/\sigma_n$，$b_0^* = b^*/\sigma_n$ 表示归一化门限，则误码率可以表示为

$$\begin{aligned} P_e &= \frac{1}{2}\Big[1 - Q(r_s + r_j, b_0) + Q(r_j, b_0)\Big] \\ &= \frac{1}{2}\Big\{1 - Q\big[r_s(1 + \sqrt{JSR}), b_0\big] + Q\big[r_s\sqrt{JSR}, b_0\big]\Big\} \end{aligned} \tag{9-89}$$

式中，$JSR = A_j^2/A^2$ 为接收机输入端的干信比。当检测器取归一化最优门限 $b_0^* = A/(2\sigma_n) = 1/(2r_s)$，同时在大信噪比条件下，$Q$ 函数可以用误差函数近似为

$$Q(\alpha, \beta) \approx 1 - \frac{1}{2}\text{erfc}\left(\frac{\alpha - \beta}{\sqrt{2}}\right) \tag{9-90}$$

此时，误码率表示为

$$\begin{aligned} P_e &= \frac{1}{2}\left[1 + \frac{1}{2}\text{erfc}\left(r_s\frac{1 + 2\sqrt{JSR}}{2\sqrt{2}}\right) - \frac{1}{2}\text{erfc}\left(r_s\frac{2\sqrt{JSR} - 1}{2\sqrt{2}}\right)\right] \\ &= \frac{1}{4}\left[\text{erfc}\left(r_s\frac{1 + 2\sqrt{JSR}}{2\sqrt{2}}\right) + \frac{1}{2}\text{erfc}\left(r_s\frac{1 - 2\sqrt{JSR}}{2\sqrt{2}}\right)\right] \end{aligned} \tag{9-91}$$

在上面的分析中，检测器的最优门限是在无干扰存在的条件下确定的。当存在干扰时，如果通信系统具有根据干扰电平自适应调节门限的能力，则可以使干扰无效。如果无干扰的最优门限是 $b = A/2$，则存在干扰时的归一化门限修正为

$$b_0^* = \frac{b}{\sigma_n} = \frac{r_s}{2}\left(1 + 2\sqrt{JSR}\right) \tag{9-92}$$

其误码率修正为

$$\begin{aligned} P_e &= \frac{1}{2}\Big\{1 - Q\big[r_s(1 + \sqrt{JSR}), b_0^*\big] + Q\big(r_s\sqrt{JSR}, b_0^*\big)\Big\} \\ &\approx \frac{1}{2}\left[\frac{1}{2}\text{erfc}\left(\frac{r_s}{2\sqrt{2}}\right) + \frac{1}{2}\text{erfc}\left(\frac{r_s}{2\sqrt{2}}\right)\right] = \text{erfc}\left(\frac{r_s}{2\sqrt{2}}\right) \end{aligned} \tag{9-93}$$

由式（9-93）可见：当通信系统采用自适应门限后，误码率与干信比无关。这种情况下单频干扰对 2ASK 信号无效。

2. 对 2ASK 通信信号干扰方法分析与比较

采用多种干扰方法，选取不同的干扰样式参数，对 2ASK 通信采用不同解调参数，将会得到不同的干扰效果。

1）干扰和信号载频相等的情况

（1）不同门限比较。

当 2ASK 通信系统受到单频正弦波干扰样式干扰的情况下，其干扰效果与被干扰目标通信系统的接收判决门限密切相关，如果 2ASK 通信系统的判决门限能够随着干扰幅度自适应增大，则误码率明显下降，甚至与干扰无关。

当 2ASK 通信系统受到随机振幅键控干扰样式干扰的情况下，在干信比小于 0 dB 时，误码率能够随着接收判决门限的选择降低；但在干信比大于 0 dB 之后，误码率大于 25%，而且接收判决门限随着干扰幅度自适应增大时，误码率反而明显上升，这时 2ASK 通信系统很难通过调整门限来改善其接收性能，干扰效果很好。

（2）不同干扰样式比较。

当判决门限取输入信号电压的一半时，采用单频正弦波干扰样式产生的误码率，总是比随机振幅键控干扰样式产生的误码率高1倍，这是由于 2ASK 干扰出现传号的概率比正弦波干扰时少一半的原因引起的，但实际中，往往不采用单频正弦波干扰样式，这是因为：

- 由于单频正弦波干扰的规则性，易被接收机抑制。尤其是采用人工听抄接收 2ASK 信号时，人的听声系统具有良好的窄带滤波功能，可以对这种固定的音调不理会，在这种情况下，采用单频正弦波干扰的实际干扰效果并不好。
- 当 2ASK 通信系统受到单频正弦波干扰的情况下，通信系统可以通过调整判决门限电平，使得误码率明显下降，甚至出现干扰无效的情况。
- 采用随机振幅键控干扰样式干扰 2ASK 通信系统时，在干信比大于 0 dB 的情况下，通信系统的误码率大于 25%，并且随着干信比的增大明显增大，而且通信系统无法通过调整判决门限电平来降低误码率，干扰效果很好。

（3）不同解调方式比较。

在大干信比的条件下，非相干解调与相干解调的误码率基本相间，而在小干信比的条件下，采用非相干解调方式的误码率大于相干解调，即相干解调通信系统的抗干扰性能优于非相干解调系统。

2）干扰和信号载频不相等的情况

当干扰与信号间存在载频差时，对干扰效果产生的影响可以从两方面来分析：一方面，当干扰与信号间存在载频差时，即使干扰与信号的初相位相同，干扰与信号的所有码元之间不再保持同步，随着信号和干扰码元状态的不同，合成信号不再是只有四种等概的状态，此时，在信号的每一个码元持续时间内，都可能出现干扰从"0"码转变为"1"码、或从"1"码转变为"0"码的情况，从而导致一个码元的判决结果出现变化，可能从正确判决变为错误判决，也可能从错误判决变为正确判决，当然也有可能保持不变。

另一方面，载频差会导致干扰功率的利用率降低。考虑到接收通道对干扰信号的抑制情况，如果经过接收通道后，到达解调器输入端的干扰功率降低，则会导致误码率的下降，对干扰效果产生影响。

采用 2ASK 干扰 2ASK 通信的情况下，假设干扰键控频率近似等于信号键控频率，这时干扰带宽近似等于信号带宽，当载频差为 0 时，干扰功率不受接收通道的抑制，而当干扰与信号间存在载频差时，落入接收通道干扰功率小于输入端的干扰功率，必须尽可能减小载频差。

我们知道，2ASK 信号带宽为码元速率的两倍，在这种情况下，虽然干扰频谱与信号频谱不能完全重合，但考虑到 2ASK 信号频谱的特点，干扰信号仍有绝大多数频谱分量落在接收通道内，对干扰效果影响不大。

9.5.6 对 2FSK 通信信号的干扰

2FSK 信号在一个码元持续时间内可以表示为

$$s(t) = \begin{cases} A\cos(\omega_1 t), & \text{发送 "1" 时} \\ A\cos(\omega_2 t), & \text{发送 "0" 时} \end{cases} \tag{9-94}$$

设目标通信接收机采用非相干解调器（即包络解调器）解调信号。该解调器有两个独立的通道，使频率 ω_1 通过的通道称为"传号"通道，使频率 ω_2 通过的通道称为"空号"通道。

2FSK 信号的包络解调器模型如图 9-4 所示。

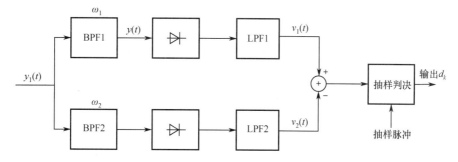

图 9-4　2FSK 信号的包络解调器模型

设单音干扰信号与目标信号的频率完全重合，则它可以表示为

$$j(t) = A_{j1}\cos(\omega_1 t + \phi_{j1}) + A_{j2}\cos(\omega_2 t + \phi_{j2}) \tag{9-95}$$

发"1"时，传号通道和空号通道输出的合成信号分别为

$$x_{11}(t) = A\cos(\omega_1 t) + A_{j1}\cos(\omega_1 t + \phi_{j1}) + n_1(t)$$
$$= B_1\cos(\omega_1 t + \phi_1) + n_1(t) \tag{9-96}$$

$$x_{12}(t) = A_{j2}\cos(\omega_2 t + \phi_{j2}) + n_2(t) \tag{9-97}$$

式（9-96）中，

$$B_1^2 = A^2 + 2AA_{j1}\cos\phi_{j1} + A_{j1}^2 \tag{9-98a}$$

$$\phi_1 = \arctan\left(\frac{A_{j1}\sin\phi_{j1}}{A + A_{j1}\cos\phi_{j1}}\right) \tag{9-98b}$$

分别为合成信号的包络和相位。$n_1(t)$ 和 $n_2(t)$ 分别是传号通道和空号通道输出的窄带高斯噪声，它包括两个部分，其中一部分是接收机内部噪声，另一部分是有意干扰噪声，设其平均功率（方差）为

$$\begin{cases} N_1 = N_t + N_{j1} \\ N_2 = N_t + N_{j2} \end{cases} \tag{9-99}$$

同理，发"0"时，传号通道和空号通道输出的合成信号分别为

$$x_{01}(t) = A_{j1}\cos\left(\omega_1 t + \phi_{j1}\right) + n_1(t) \tag{9-100}$$

$$x_{02}(t) = A\cos(\omega_2 t) + A_{j2}\cos(\omega_2 t + \phi_{j2}) + n_2(t)$$
$$= B_2\cos(\omega_2 t + \phi_2) + n_2(t) \tag{9-101}$$

式中：

$$B_2^2 = A^2 + 2AA_{j2}\cos\phi_{j2} + A_{j2}^2 \tag{9-102a}$$

$$\phi_2 = \arctan\left(\frac{A_{j2}\sin\phi_{j2}}{A + A_{j2}\cos\phi_{j2}}\right) \tag{9-102b}$$

发"1"或"0"时，传号通道和空号通道输出的合成信号是个随机过程，当采用包络检波器检测时，输出包络均服从广义瑞利分布。检测器对传号通道和空号通道进行判决，当传号通道输出大于空号通道输出时，判决为"1"；否则，判决为"0"。可以证明，发"1"或"0"时的错误概率分别为

$$P_{e1} = Q\left(\frac{A_{j2}}{\sqrt{N_0}}, \frac{B_1}{\sqrt{N_0}}\right) - \frac{N_1}{N_0}\exp\left(-\frac{B_1^2 + A_{j2}^2}{2N_0}\right)I_0\left(\frac{B_1 A_{j2}}{N_0}\right) \tag{9-103}$$

$$P_{e0} = Q\left(\frac{A_{j1}}{\sqrt{N_0}}, \frac{B_2}{\sqrt{N_0}}\right) - \frac{N_2}{N_0}\exp\left(-\frac{B_2^2 + A_{j1}^2}{2N_0}\right)I_0\left(\frac{B_2 A_{j1}}{N_0}\right) \tag{9-104}$$

其中，$I_0(\cdot)$是零阶贝赛尔函数，$N_0 = N_1 + N_2$。当发"1"和发"0"等概率时，总的误码率为

$$P_e = \frac{1}{2}(P_{e1} + P_{e0}) \tag{9-105}$$

式（9-105）是在单音干扰初始相位已知的条件下的误码率的表达式。一般情况下，单音干扰的初始相位是 $[0, 2\pi]$ 内均匀分布的随机变量，此时总误码率为

$$P_e = \frac{1}{4\pi}\int_0^{2\pi}(P_{e1} + P_{e0})\mathrm{d}\phi \tag{9-106}$$

下面分别讨论不同的干扰策略时，2FSK 系统的误码率。

1. 对传号通道的单音干扰

当只对传号通道进行单音干扰时，在式（9-95）中令 $A_{j2}=0$，则 $B_2=A$，$N_0 = N_1 = N_2 = N_t$，分别代入式（9-103）和式（9-104），可以得到

$$P_{e1} = Q\left(0, \frac{B_1}{\sqrt{2N_t}}\right) - \frac{1}{2}\exp\left(-\frac{B_1^2}{4N_t}\right)I_0(0) = \frac{1}{2}\exp\left(-\frac{B_1^2}{4N_t}\right) \tag{9-107a}$$

$$P_{e0} = Q\left(\frac{A_{j1}}{\sqrt{2N_t}}, \frac{A}{\sqrt{2N_t}}\right) - \frac{1}{2}\exp\left(-\frac{A^2 + A_{j1}^2}{4N_t}\right)I_0\left(\frac{AA_{j1}}{2N_t}\right) \tag{9-107b}$$

根据 $Q(0,\beta) = \exp\left(-\dfrac{\beta^2}{2}\right)$，$I(0)=1$，可以得到总误码率为

$$P_e = \frac{1}{4\pi}\int_0^{2\pi}(P_{e1} + P_{e0})\mathrm{d}\phi = \frac{1}{4\pi}\int_0^{2\pi}P_{e1}\mathrm{d}\phi + \frac{1}{2}P_{e0} \tag{9-108}$$

根据贝赛尔函数定义，有

$$I_0(x) = \frac{1}{2\pi}\int_0^{2\pi}\exp[x\cos(v+u)]\mathrm{d}v \tag{9-109}$$

式（9-108）中的第一项表示为

$$P'_{e1} = \frac{1}{4} \exp\left(-\frac{A^2 + A_{j1}^2}{4N_t} \right) \frac{1}{2\pi} \int_0^{2\pi} \exp\left(\frac{AA_{j1}}{2N_t} \cos\phi \right) \mathrm{d}\phi$$

$$= \frac{1}{4} \exp\left(-\frac{A^2 + A_{j1}^2}{4N_t} \right) I_0 \left(\frac{AA_{j1}}{2N_t} \right) \tag{9-110}$$

因此，总误码率为

$$P_e = P'_{e1} + \frac{1}{2} P_{e0} = \frac{1}{2} Q\left(\frac{A_{j1}}{\sqrt{2N_t}}, \frac{A}{\sqrt{2N_t}} \right) \tag{9-111}$$

2. 对空号通道的单音干扰

当只对空号通道进行单音干扰时，在式（9-95）中，令 $A_{j1}=0$，则 $B_1=A$，$N_0 = N_1 = N_2 = N_t$，分别代入式（9-103）和式（9-104），可以得到

$$P_{e1} = Q\left(\frac{A_{j2}}{\sqrt{2N_t}}, \frac{A}{\sqrt{2N_t}} \right) - \frac{1}{2} \exp\left(-\frac{A^2 + A_{j2}^2}{4N_t} \right) I_0 \left(\frac{AA_{j2}}{2N_t} \right) \tag{9-112a}$$

$$P_{e0} = Q\left(0, \frac{B_2}{\sqrt{2N_t}} \right) - \frac{1}{2} \exp\left(-\frac{B_2^2}{4N_t} \right) I_0 (0) = \frac{1}{2} \exp\left(-\frac{B_2^2}{4N_t} \right) \tag{9-112b}$$

与传号通道单音干扰的推导过程类似，可以得到总误码率为

$$P_e = \frac{1}{2} Q\left(\frac{A_{j2}}{\sqrt{2N_t}}, \frac{A}{\sqrt{2N_t}} \right) \tag{9-113}$$

由此可见，如果 $A_{j1} = A_{j2}$，那么空号通道和传号通道的误码率相等。因为它们是完全对称的。

3. 对空闲通道的单音干扰

所谓空闲通道干扰是指发送"1"时干扰空号通道，发送"0"时干扰传号通道，这实际上是一种同步单音干扰。根据前面的分析，可以得到发送"1"和"0"的错误概率分别为

$$P_{e1} = Q\left(\frac{A_{j2}}{\sqrt{2N_t}}, \frac{A}{\sqrt{2N_t}} \right) - \frac{1}{2} \exp\left(-\frac{A^2 + A_{j2}^2}{4N_t} \right) I_0 \left(\frac{AA_{j2}}{2N_t} \right) \tag{9-114a}$$

$$P_{e0} = Q\left(\frac{A_{j1}}{\sqrt{2N_t}}, \frac{A}{\sqrt{2N_t}} \right) - \frac{1}{2} \exp\left(-\frac{A^2 + A_{j1}^2}{4N_t} \right) I_0 \left(\frac{AA_{j1}}{2N_t} \right) \tag{9-114b}$$

当 $A_{j1} = A_{j2} = A_j$ 时，$P_{e1} = P_{e0}$，可以得到总误码率为

$$P_e = Q\left(\frac{A_j}{\sqrt{2N_t}}, \frac{A}{\sqrt{2N_t}} \right) - \frac{1}{2} \exp\left(-\frac{A^2 + A_j^2}{4N_t} \right) I_0 \left(\frac{AA_j}{2N_t} \right) \tag{9-115}$$

4. 对双通道的双音干扰

所谓双通道双音干扰，是指利用两个频率为 ω_1 和 ω_2 的单音同时干扰传号通道和空号通道。此时，令 $A_{j1} = A_{j2} = A_j$，$N_0 = N_1 = N_2 = N_t$，分别代入式（9-103）和式（9-104），可以得到发送"1"和"0"的错误概率为

$$P_{e1} = P_{e0} = Q\left(\frac{A_j}{\sqrt{2N_t}}, \frac{B}{\sqrt{2N_t}}\right) - \frac{1}{2}\exp\left(-\frac{B^2 + A_j^2}{4N_t}\right)I_0\left(\frac{BA_j}{2N_t}\right) \tag{9-116}$$

式中，

$$B = \sqrt{A^2 + 2AA_j\cos\phi + A_j^2} \tag{9-117}$$

总的误码率为

$$P_e = \frac{1}{2\pi}\int_0^{2\pi} P_{e1}\mathrm{d}\phi = \frac{1}{2\pi}\int_0^{2\pi} P_{e0}\mathrm{d}\phi$$

$$= \frac{1}{2\pi}\int_0^{2\pi}\left\{Q\left(\frac{A_j}{\sqrt{2N_t}}, \frac{B}{\sqrt{2N_t}}\right) - \frac{1}{2}\exp\left(-\frac{B^2 + A_j^2}{4N_t}\right)I_0\left(\frac{BA_j}{2N_t}\right)\right\}\mathrm{d}\phi \tag{9-118}$$

为了与单通道单音干扰性能进行比较，双音干扰的总功率应该等于单音干扰的功率，这样双音干扰时每个单音的功率只有单音干扰时的一半。所以式（9-118）中的 A_j 应该用 $A_j/\sqrt{2}$ 代替，则总误码率为

$$P_e = \frac{1}{2\pi}\int_0^{2\pi}\left\{Q\left(\frac{A_j}{2\sqrt{N_t}}, \frac{B}{\sqrt{2N_t}}\right) - \frac{1}{2}\exp\left(-\frac{2B^2 + A_j^2}{8N_t}\right)I_0\left(\frac{BA_j}{2\sqrt{2N_t}}\right)\right\}\mathrm{d}\phi \tag{9-119}$$

式中，

$$B = \sqrt{A^2 + \sqrt{2}AA_j\cos\phi + A_j^2/2} \tag{9-120}$$

5. 对单通道的噪声干扰

所谓单通道噪声干扰，是指利用中心频率为 ω_1 或 ω_2 的窄带高斯噪声只对传号通道或者空号通道进行的干扰。如对传号通道进行单通道噪声干扰时，令 $A_{j1} = A_{j2} = 0$，$B_1 = B_2 = A$，$N_1 = N_t + N_j$，$N_2 = N_t$，分别代入式（9-103）和式（9-104），可以得到发送"1"和"0"的错误概率分别为

$$P_{e1} = Q\left(0, \frac{A}{\sqrt{2N_t + N_j}}\right) - \frac{N_t + N_j}{2N_t + N_j}\exp\left(-\frac{A^2}{2(2N_t + N_j)}\right)I_0(0)$$

$$= \frac{N_t}{2N_t + N_j}\exp\left(-\frac{A^2}{2(2N_t + N_j)}\right) \tag{9-121}$$

$$P_{e0} = Q\left(0, \frac{A}{\sqrt{2N_t + N_j}}\right) - \frac{N_t}{2N_t + N_j}\exp\left(-\frac{A^2}{2(2N_t + N_j)}\right)I_0(0)$$

$$= \frac{N_t + N_j}{2N_t + N_j}\exp\left(-\frac{A^2}{2(2N_t + N_j)}\right) \tag{9-122}$$

总的误码率为

$$P_e = \frac{1}{2}(P_{e1} + P_{e0}) = \frac{1}{2}\exp\left(-\frac{A^2}{2(2N_t + N_j)}\right) \tag{9-123}$$

同理可以得到：在对空号通道进行单通道噪声干扰时，其误码率与式（9-123）相同。

6. 对空闲通道的噪声干扰

所谓空闲通道噪声干扰，是指发送"1"时干扰空号通道，发送"0"时干扰传号通道。所以，发送"1"时，令 $A_{j1} = A_{j2} = 0$，$B_1 = B_2 = A$，$N_1 = N_t$，$N_2 = N_t + N_j$；发送"0"时，令 $A_{j1} = A_{j2} = 0$，$B_1 = B_2 = A$，$N_1 = N_t + N_j$，$N_2 = N_t$。可以得到发送"1"和"0"的错误概率分别为

$$P_{e1} = Q\left(0, \frac{A}{\sqrt{2N_t + N_j}}\right) - \frac{N_t}{2N_t + N_j}\exp\left(-\frac{A^2}{2\left(2N_t + N_j\right)}\right)I_0(0)$$

$$= \frac{N_t + N_j}{2N_t + N_j}\exp\left(-\frac{A^2}{2\left(2N_t + N_j\right)}\right) \tag{9-124}$$

$$P_{e0} = Q\left(0, \frac{A}{\sqrt{2N_t + N_j}}\right) - \frac{N_t}{2N_t + N_j}\exp\left(-\frac{A^2}{2\left(2N_t + N_j\right)}\right)I_0(0)$$

$$= \frac{N_t + N_j}{2N_t + N_j}\exp\left(-\frac{A^2}{2\left(2N_t + N_j\right)}\right) = P_{e1} \tag{9-125}$$

总的误码率为

$$P_e = \frac{1}{2}\left(P_{e1} + P_{e0}\right) = \frac{N_t + N_j}{2N_t + N_j}\exp\left(-\frac{A^2}{2\left(2N_t + N_j\right)}\right) \tag{9-126}$$

7. 对双通道的噪声干扰

所谓双通道噪声干扰，是指利用两个频率为 ω_1 和 ω_2 的窄带高斯噪声同时干扰传号通道和空号通道。此时令 $A_{j1} = A_{j2} = 0$，$B_1 = B_2 = A$，$N_1 = N_2 = N_t + N_j$，可以得到发送"1"和"0"的错误概率为

$$P_{e1} = P_{e0} = Q\left(0, \frac{A}{\sqrt{2N_t + N_j}}\right) - \frac{1}{2}\exp\left(-\frac{A^2}{4\left(N_t + N_j\right)}\right)I_0(0)$$

$$= \frac{1}{2}\exp\left(-\frac{A^2}{4\left(N_t + N_j\right)}\right) \tag{9-127}$$

总的误码率为

$$P_e = \frac{1}{2}\left(P_{e1} + P_{e0}\right) = \frac{1}{2}\exp\left(-\frac{A^2}{4\left(N_t + N_j\right)}\right) \tag{9-128}$$

同样，为了与单通道噪声干扰性能进行比较，式（9-128）中的 N_j 应该用 $N_j/2$ 代替，则总误码率为

$$P_e = \frac{1}{2}\exp\left(-\frac{A^2}{2\left(2N_t + N_j\right)}\right) \tag{9-129}$$

8. 对 2FSK 通信信号干扰方法分析与比较

前面分析了几种针对 2FSK 系统的干扰样式，给出了相应的误码率的表达式。为了对这

几种干扰样式的误码率性能进行比较，下面采用统一的信噪比 r_s、单音干扰的干信比 r_j 和噪声干扰的干信比 r_n 来表示，其定义为

$$r_s = \frac{A^2}{2N_t}, \quad r_j = \frac{A_j^2}{2A^2}, \quad r_n = \frac{2N_j}{A^2} \tag{9-130}$$

单通道单音干扰的误码率为

$$P_e = \frac{1}{2}Q\left(\sqrt{r_s}\sqrt{r_j}, \sqrt{r_s}\right) \tag{9-131}$$

空闲通道单音干扰的误码率为

$$P_e = Q\left(\sqrt{r_s}\sqrt{r_j}, \sqrt{r_s}\right) - \frac{1}{2}\exp\left(-\frac{r_s}{2}(1+r_j)\right)I_0\left(r_s\sqrt{r_j}\right) \tag{9-132}$$

双通道双音干扰的误码率为

$$P_e = \frac{1}{2\pi}\int_0^{2\pi}\left\{Q\left(\sqrt{r_s}\sqrt{\frac{r_j}{2}}, \sqrt{r_s}d_1(\phi)\right) - \frac{1}{2}\exp\left(-r_s d_2(\phi)\right)I_0\left(r_s\sqrt{\frac{r_j}{2}}d_1(\phi)\right)\right\}d\phi \tag{9-133}$$

式中：

$$d_1(\phi) = \sqrt{1 + 2\sqrt{\frac{r_j}{2}}\cos\phi + \frac{r_j}{2}} \tag{9-134}$$

$$d_2(\phi) = \frac{1}{2} + \sqrt{\frac{r_j}{2}}\cos\phi + \frac{r_j}{2} \tag{9-135}$$

单/双通道噪声干扰的误码率为

$$P_e = \frac{1}{2}\exp\left[-\left(\frac{2}{r_s} + r_n\right)^{-1}\right] \tag{9-136}$$

空闲通道噪声干扰的误码率为

$$P_e = \frac{\frac{1}{r_s} + r_n}{\frac{2}{r_s} + r_n}\exp\left[-\left(\frac{2}{r_s} + r_n\right)^{-1}\right] \tag{9-137}$$

可见，当干扰和信号载频相等时，对 2FSK 通信系统，采用随机移频键控干扰样式的干扰效果较好。当干信比大于 0 dB 之后时，误码率能达到 25%以上。而当干扰和信号载频不相等时，如果干信比大于 0 dB，则一般采用 2FSK 干扰 2FSK 通信。载频差对干扰效果的影响与 2ASK 的分析方法相似：一方面，载频差使得每一个码元持续期间内，可能给判决带来变化；另一方面，载频差也会导致落入分路带通滤波器中干扰功率发生随机变化，该变化量与 2FSK 信号的频移间隔、码速以及载频差的偏离方向都有关系。参考 2ASK 的分析结论，在干扰键控频率近似等于信号键控频率的情况下，可以认为载频差对干扰效果的影响不大。

9.5.7　对 2PSK 通信信号的干扰

2PSK 信号在一个码元持续时间内可以表示为

$$s(t) = \begin{cases} A\cos(\omega_0 t), & \text{发送 "1" 时} \\ -A\cos(\omega_0 t), & \text{发送 "0" 时} \end{cases} \tag{9-138}$$

设干扰为单音信号和噪声，则单音干扰可以表示为

$$j_k(t) = A_{j,k} \cos(\omega_j t + \varphi_{j,k}), \quad k = 0,1 \tag{9-139}$$

当单音干扰载波相位 $\varphi_{j,k}$ 是 $[0, 2\pi]$ 内均匀分布的随机变量，合成信号为

$$\begin{cases} x(t) = s(t) + j(t) + n(t) \\ x_1(t) = A\cos(\omega_0 t) + A_{j1}\cos\left(\omega_j t + \phi_{j1}\right) + n_1(t), & \text{发送 "1" 时} \\ x_0(t) = -A\cos(\omega_0 t) + A_{j0}\cos\left(\omega_j t + \phi_{j0}\right) + n_0(t), & \text{发送 "0" 时} \end{cases} \tag{9-140}$$

式中：$n_1(t)$ 和 $n_0(t)$ 是窄带高斯噪声，其均值为 0，方差（平均功率）分别为 N_1 和 N_0。即

$$n_{1k}(t) = n_{c,k}(t)\cos(\omega_0 t) - n_{s,k}(t)\sin(\omega_0 t), \quad k = 0,1 \tag{9-141}$$

它包括信道噪声和人为干扰噪声两部分，两者是统计独立的，并且满足 $N_1 = N_t + N_{j1}$，$N_0 = N_t + N_{j0}$。

设目标通信接收机采用相干解调器解调 2PSK 信号。该解调器有一个通道，它将本地载波与信号相乘后，经过低通滤波，然后进行判决，恢复信息码元。2PSK 信号的相干解调器模型如图 9-5 所示。

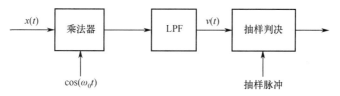

图 9-5 2PSK 信号的相干解调器模型

当单音干扰频率与目标信号的频率完全重合时，低通滤波器实际上是在一个码元持续时间 T 内对输入信号的积分，其输出在发 "1" 和发 "0" 时分别为

$$v_1(t) = \frac{A^2}{2}T + \frac{AA_{j1}\cos\phi_{j1}}{2}T + \frac{A}{2}\int_{nT}^{(n+1)T} n_{c1}(t)\mathrm{d}t$$
$$v_0(t) = -\frac{A^2}{2}T + \frac{AA_{j0}\cos\phi_{j0}}{2}T + \frac{A}{2}\int_{nT}^{(n+1)T} n_{c0}(t)\mathrm{d}t \tag{9-142}$$

式中，$n_{co}(t)$ 和 $n_{c1}(t)$ 是噪声的同相分量，它仍然是窄带高斯噪声，其均值分别为

$$\mu_1 = E\{v_1(t)\} = \frac{A^2}{2}T + \frac{AA_{j1}\cos\phi_{j1}}{2}T$$
$$\mu_0 = E\{v_0(t)\} = -\frac{A^2}{2}T + \frac{AA_{j0}\cos\phi_{j0}}{2}T \tag{9-143}$$

其方差分别为

$$\sigma_1^2 = E\left\{\left(v_1(t) - \mu_1\right)^2\right\} = E\left\{\left(\frac{A}{2}\int_{nT}^{(n+1)T} n_{c1}(t)\mathrm{d}t\right)^2\right\}$$
$$= \frac{A^2}{4}\int_{nT}^{(n+1)T}\int_{nT}^{(n+1)T} E\{n_{c1}(\tau)n_{c1}(t)\}\mathrm{d}\tau\,\mathrm{d}t$$
$$= \frac{A^2}{4}n_{10}T \tag{9-144}$$

$$\sigma_0^2 = E\left\{\left(v_0(t) - \mu_0\right)^2\right\} = \frac{A^2}{4}n_{00}T \tag{9-145}$$

式中，n_{10} 和 n_{00} 分别为噪声 $n_{c1}(t)$ 和 $n_{c0}(t)$ 的单边带功率谱密度。

因此，在发"1"和发"0"时，低通滤波器输出的抽样值 $v_1 = v_1(t_0)$ 和 $v_0 = v_0(t_0)$ 分别是 $N\left(\mu_1, \sigma_1^2\right)$ 和 $N\left(\mu_0, \sigma_0^2\right)$ 的高斯变量，其概率密度函数为

$$p_{vk}(x) = \frac{1}{\sqrt{2\pi}\sigma_k}\exp\left(-\frac{(x-\mu_k)^2}{2\sigma_k^2}\right), \quad k = 0,1 \tag{9-146}$$

发"1"的错误概率为

$$P_{e1} = \int_{-\infty}^{0} p_{v1}(x)\mathrm{d}x = 1 - \int_{0}^{\infty} p_{v1}(x)\mathrm{d}x = 1 - Q\left(-\frac{\mu_1}{\sigma_1}\right) = Q\left(\frac{\mu_1}{\sigma_1}\right) \tag{9-147}$$

发"0"的错误概率为

$$P_{e0} = \int_{0}^{\infty} p_{v0}(x)\mathrm{d}x = Q\left(-\frac{\mu_0}{\sigma_0}\right) = 1 - Q\left(\frac{\mu_0}{\sigma_0}\right) \tag{9-148}$$

当发"1"和发"0"等概率时，总的误码率为

$$P_e' = \frac{1}{2}\left(P_{e1} + P_{e0}\right) = \frac{1}{2}\left(1 + Q\left(\frac{\mu_1}{\sigma_1}\right) - Q\left(\frac{\mu_0}{\sigma_0}\right)\right) \tag{9-149}$$

把均值和方差及 $n_{10} = \dfrac{N_1}{B/2}$，$n_{00} = \dfrac{N_0}{B/2}$ 代入式（9-149），得到

$$P_e' = \frac{1}{2}\left(1 + Q\left(\sqrt{\frac{A^2TB}{2N_1}} + \sqrt{\frac{A_{j1}^2TB}{2N_1}}\cos\phi_{j1}\right)\right) - \frac{1}{2}Q\left(-\sqrt{\frac{A^2TB}{2N_0}} + \sqrt{\frac{A_{j0}^2TB}{2N_0}}\cos\phi_{j0}\right) \tag{9-150}$$

式中：B 为积分带宽，并且 $BT \approx 1$。这样，式（9-150）简化为

$$P_e' = \frac{1}{2}\left(1 + Q\left(\sqrt{\frac{A^2}{2N_1}} + \sqrt{\frac{A_{j1}^2}{2N_1}}\cos\phi_{j1}\right)\right) - \frac{1}{2}Q\left(-\sqrt{\frac{A^2}{2N_0}} + \sqrt{\frac{A_{j0}^2}{2N_0}}\cos\phi_{j0}\right) \tag{9-151}$$

或者

$$P_e' = \frac{1}{2}\left(Q\left(\sqrt{\frac{A^2}{2N_1}} + \sqrt{\frac{A_{j1}^2}{2N_1}}\cos\phi_{j1}\right)\right) + \frac{1}{2}Q\left(\sqrt{\frac{A^2}{2N_0}} - \sqrt{\frac{A_{j0}^2}{2N_0}}\cos\phi_{j0}\right) \tag{9-152}$$

考虑到单音干扰的初始相位是随机变量，总误码率应该修正为

$$P_e = \frac{1}{4\pi}\int_0^{2\pi}\left(Q\left(\sqrt{\frac{A^2}{2N_1}} + \sqrt{\frac{A_{j1}^2}{2N_1}}\cos\phi_{j1}\right)\right)\mathrm{d}\phi_{j1} + \frac{1}{4\pi}\int_0^{2\pi}Q\left(\sqrt{\frac{A^2}{2N_0}} - \sqrt{\frac{A_{j0}^2}{2N_0}}\cos\phi_{j0}\right)\mathrm{d}\phi_{j0} \tag{9-153}$$

下面分别讨论不同的干扰样式（策略）时 2PSK 系统的误码率。在 2PSK 检测器中，只有一个通道，因此引入"码元干扰"概念进行讨论，即分别讨论对于传号码元"1"和空号码元"0"干扰的情况。

1. 对传号码元的单音干扰

传号码元单音干扰是指用载波频率为 ω_0 的单音只对"1"码元比特进行的干扰。这种干扰是一种脉冲干扰，干扰信号只在出现"1"比特符号区间存在，而在"0"比特符号区间无

干扰信号存在。这时有：$A_{j0} = 0$，$N_1 = N_0 = N_t$，并且设 $A_{j1} = A_j$，$\varphi_{j1} = \varphi_j$，代入式（9-153）可以得到

$$P_e = \frac{1}{4\pi}\int_0^{2\pi} Q\left(\sqrt{\frac{A^2}{2N_t}} + \sqrt{\frac{A_j^2}{2N_t}}\cos\phi_j\right)\mathrm{d}\phi_j + \frac{1}{2}Q\left(\sqrt{\frac{A^2}{2N_t}}\right) \qquad (9\text{-}154)$$

2. 对空号码元的单音干扰

空号码元单音干扰是指用载波频率为 ω_0 的单音只对"0"码元比特进行的干扰。这种干扰也是一种脉冲干扰，干扰信号只在出现"0"比特符号区间存在，而在"1"比特符号区间无干扰信号存在。这时有：$A_{j0} = 0$，$N_1 = N_0 = N_t$，并且设 $A_{j0} = A_j$，$\varphi_{j0} = \varphi_j$，代入式（9-153）可以得到

$$P_e = \frac{1}{2}Q\left(\sqrt{\frac{A^2}{2N_t}}\right) + \frac{1}{4\pi}\int_0^{2\pi} Q\left(\sqrt{\frac{A^2}{2N_t}} - \sqrt{\frac{A_j^2}{2N_t}}\cos\phi_j\right)\mathrm{d}\phi_j \qquad (9\text{-}155)$$

可见，对传号和空号码元的单音干扰的误码率是相同的。因此，有时又将它们统称为单码元单音干扰，两者都是间断的（脉冲式）单音干扰。

3. 双码元单音干扰

双码元单音干扰是指用载波频率为 ω_0 的单音对"1"和"0"码元比特同时进行干扰，与单码元单音干扰不同，双码元单音干扰是一种连续单音干扰。这时有 $A_{j1} = A_{j0} = A_j$，$\varphi_{j1} = \varphi_{j0} = \varphi_j$，$N_1 = N_0 = N_t$，代入式（9-153）可以得到

$$P_e = \frac{1}{4\pi}\int_0^{2\pi}\left(Q\left(\sqrt{\frac{A^2}{2N_t}} + \sqrt{\frac{A_j^2}{2N_t}}\cos\phi_j\right) + Q\left(\sqrt{\frac{A^2}{2N_t}} - \sqrt{\frac{A_j^2}{2N_t}}\cos\phi_j\right)\right)\mathrm{d}\phi_j \qquad (9\text{-}156)$$

4. 对传号码元的噪声干扰

传号码元噪声干扰是指用中心频率为 ω_0 的窄带高斯噪声只对"1"码元比特进行的干扰。这种干扰是一种脉冲干扰，干扰信号只在出现"1"比特符号的区间存在，而在"0"比特符号的区间无干扰信号存在。这时有 $A_{j1} = A_{j0} = 0$，$N_1 = N_j + N_t$，$N_0 = N_t$，代入式（9-153）可以得到：

$$P_e = \frac{1}{2}\left(Q\left(\sqrt{\frac{A^2}{2(N_t + N_j)}}\right) + Q\left(\sqrt{\frac{A^2}{2N_t}}\right)\right) \qquad (9\text{-}157)$$

5. 对空号码元的噪声干扰

空号码元噪声干扰是指用中心频率为 ω_0 的窄带高斯噪声只对"0"码元比特进行的干扰。这种干扰是一种脉冲干扰，干扰信号只在出现"0"比特符号区间存在，而在"1"比特符号区间无干扰信号存在。这时有 $A_{j1} = A_{j0} = 0$，$N_0 = N_j + N_t$，$N_1 = N_t$，代入式（9-153）可以得到：

$$P_e = \frac{1}{2}\left(Q\left(\sqrt{\frac{A^2}{2N_t}}\right) + Q\left(\sqrt{\frac{A^2}{2(N_t + N_j)}}\right)\right) \qquad (9\text{-}158)$$

可见，对传号和空号码元的噪声干扰的误码率是相同的。因此，把它们统称为单码元噪声干扰，单码元噪声干扰是一种脉冲式的噪声干扰。

6. 双码元噪声干扰

双码元噪声干扰是指用中心频率为 ω_0 的窄带高斯噪声对"1"和"0"码元比特同时进行干扰，这种干扰是连续的噪声干扰。这时有 $A_{j1} = A_{j0} = 0$，$N_1 = N_0 = N_j + N_t$，代入式（9-153）可以得到

$$P_e = \frac{1}{2}\left(Q\left(\sqrt{\frac{A^2}{2(N_t + N_j)}}\right) + Q\left(\sqrt{\frac{A^2}{2(N_t + N_j)}}\right)\right) = Q\left(\sqrt{\frac{A^2}{2(N_t + N_j)}}\right) \tag{9-159}$$

7. 对 2PSK 通信信号干扰方法分析与比较

前面分析了几种针对 2PSK 系统的干扰样式，给出了相应的误码率的表达式。为了对这几种干扰样式的误码率性能进行比较，下面采用统一的信噪比 r_s、单音干扰的干信比 r_j 和噪声干扰的干信比 r_n 来表示，其定义为

$$r_s = \frac{A^2}{2N_t}, \quad r_j = \frac{A_j^2}{2A^2}, \quad r_n = \frac{2N_j}{A^2} \tag{9-160}$$

传号单音干扰：

$$P_e = \frac{1}{4\pi}\int_0^{2\pi} Q\left(\sqrt{r_s}\left(1 + \sqrt{r_j}\cos\phi_j\right)\right)d\phi_j + \frac{1}{2}Q\left(\sqrt{r_s}\right) \tag{9-161}$$

空号单音干扰：

$$P_e = \frac{1}{4\pi}\int_0^{2\pi} Q\left(\sqrt{r_s}\left(1 - \sqrt{r_j}\cos\phi_j\right)\right)d\phi_j + \frac{1}{2}Q\left(\sqrt{r_s}\right) \tag{9-162}$$

双码元单音干扰：

$$P_e = \frac{1}{4\pi}\int_0^{2\pi}\left[Q\left(\sqrt{r_s}\left(1 + \sqrt{r_j}\cos\phi_j\right)\right) + Q\left(\sqrt{r_s}\left(1 - \sqrt{r_j}\cos\phi_j\right)\right)\right]d\phi_j \tag{9-163}$$

单码元噪声干扰：

$$P_e = \frac{1}{2}\left[Q\left(\sqrt{\frac{r_s}{1 + r_s r_n}}\right) + Q\left(\sqrt{r_s}\right)\right] \tag{9-164}$$

双码元噪声干扰：

$$P_e = Q\left(\sqrt{\frac{r_s}{1 + r_s r_n}}\right) \tag{9-165}$$

可见，若干扰和信号载频相等，当干信比小于 0 dB 时，误码率很小，干扰无效，当干信比大于 2 dB 之后，误码率能够达到 10% 以上。相对于 2ASK 通信系统、2FSK 通信系统而言，2PSK 通信系统的抗干扰性能强。当干扰与信号之间的初始相差在 π/2、3π/2 时，误码率最小，而干扰与信号之间的初始相差在 0、π 附近变化，即移相键控干扰的载波与 2PSK 信号的载波同步时，误码率最大，干扰效果最好。而干扰和信号载频不相等的情况，载频差对干扰效果的影响与 2ASK 的分析方法相似。

小结

通信干扰是进攻性的通信对抗手段，通过主动产生具体样式的干扰信号，作用于通信设备的接收部分，产生压制性或欺骗性的干扰效果。可以用作干扰信号的波形很多，总希望能够找到干扰效率最高的干扰信号。要想获得高的干扰效率，针对不同的通信信号形式及接收方式，通常要相应地选择不同的干扰样式。因此，需要分析对通信信号进行干扰的干扰信号特性，得到适合于作为干扰信号的一般属性，为寻找最佳的干扰样式提供依据。

（1）对 AM 通信信号干扰的最佳干扰是 FM 干扰，对基带信号最好的干扰为噪声干扰，所以，对 AM 信号的最佳干扰样式为噪声调频干扰。

（2）对 FM 通信信号的干扰。单频正弦波和单音调频波对 FM 信号都能获得较好的干扰效果；但是，实验表明，噪声调频干扰效果比上述两种干扰样式都好。

（3）采用噪声调频信号干扰 SSB 信号的干扰效果较好。

（4）对 2ASK 的最佳干扰调制方式是振幅键控干扰样式。

（5）对于 2FSK 数字调制信号，采用单通道单音干扰、空闲通道单音干扰、双通道双音干扰、单/双通道噪声干扰、空闲通道噪声干扰，只要干信比大于−1 dB，其误码率就将高于 10%，得到很好的干扰效果。

（6）对于 2PSK 数字调制信号，采用传号单音干扰、空号单音干扰、双码元单音干扰、单码元噪声干扰、双码元噪声干扰，只要干信比大于 2 dB，其误码率就将大于 10%，得到很好的干扰效果。

习题

1. 影响干扰效果的因素有哪些？
2. 绝对最佳干扰、最佳干扰的定义是什么？
3. 简述对 AM、FM、SSB 的最佳干扰分别是什么。
4. 当采用噪声调频干扰 FM 话音通信时，如何选取干扰参数？
5. 简述对 2ASK、2FSK、2PSK 的最佳干扰是什么。
6. 对人工莫尔斯报的最佳干扰信号是什么？参数如何确定？
7. 频移键控干扰和同时击中的双频干扰对 2FSK 的干扰效果有何差异？
8. 干信比、干通比的含义是什么？

第10章 基本干扰方式

10.1 通信干扰体制

10.1.1 瞄准式干扰

1. 瞄准式干扰类型

用于干扰某一特定信道通信的干扰就是瞄准式干扰。瞄准式干扰按照其频率瞄准的程度又可以分为准确瞄准式干扰和半瞄准式干扰两种。

1）准确瞄准式干扰

准确瞄准式干扰是一种窄带干扰。当干扰频谱与信号频谱的带宽相等或近似相等，在频率轴上的位置以及出现的时间完全重合或近似于完全重合时，这种干扰就称作准确瞄准式通信干扰，简称瞄准式干扰。瞄准式干扰的频率关系示意图如图 10-1 所示。

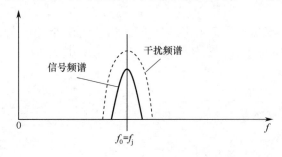

图 10-1　瞄准式干扰的频率关系示意图

2）半瞄准式干扰

半瞄准式干扰也是窄带干扰。若干扰频谱的宽度稍大于信号带宽，干扰频谱在频率轴上的位置完全覆盖信号，其出现的时间与信号近似于重合，则这种干扰叫作半瞄准式干扰。这种干扰的中心频率与通信信号频率不一定重合，并且干扰带宽与通信信号可能会部分重合，其频率关系示意图如图 10-2 所示。

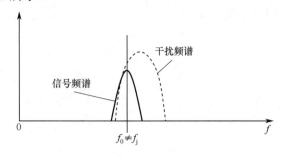

图 10-2　半瞄准式干扰的频率关系示意图

半瞄准式干扰的特点与瞄准式干扰基本相同，但是其干扰功率利用率比瞄准式低。它通常作为一种备用形式，当不能即时得到引导时可以发挥作用。

2. 瞄准式干扰的特点和要求

瞄准式干扰的主要优点：

- 能集中输出一个窄带的干扰功率谱；
- 采用最佳干扰实施对被干扰目标电台的干扰；
- 只作用于被干扰目标电台的一个通信信道，而不会影响到其他的信道。

瞄准式干扰的主要缺点：

- 要求干扰机具有快速调谐能力并能适时监测、调整频率重合情况，因此干扰设备复杂。
- 要想使干扰准确无误，需要精确的干扰频率引导，对干扰发射机的频率稳定度要求高。
- 只能应用于干扰一个或少量通信信道的场合，这就局限了它的使用范围。而且，干扰能量被集中在单一信道，有可能造成干扰资源的浪费。

对瞄准式干扰机的要求：

- 迅速截获、分选、识别信号，在短时间内确定被干扰目标信号及信号参数；
- 及时引导干扰发射机对准被干扰的目标信号；
- 选择、确定对目标信号的最佳干扰，尽可能地提高干扰效率；
- 保证足够的干扰功率；
- 在干扰实施过程中，随时监测被干扰目标的变化情况，及时调整、修正干扰。

3. 瞄准式干扰的间断观察

一旦瞄准式干扰机开始工作，就必须监视被干扰目标信号的频率，以便干扰机能够发射准确的干扰频率。

在干扰过程中对被干扰目标信号的观察，必须克服本身干扰机对接收机的影响。通常的做法是采用"间断观察"，即在干扰的过程中间断地停止干扰一小段时间，供接收机接收信号，以观察被干扰目标的情况。

10.1.2　拦阻式干扰

同时对某一频段内全部或多数信道的干扰称为拦阻式干扰。拦阻式干扰属于宽带干扰，其干扰频谱宽度远大于信号带宽，且干扰存在时间大于信号存在时间。也就是说，在频谱上和时间上都可以同时干扰多个通信信号的干扰，叫作拦阻式干扰。

拦阻式干扰依其频谱形式可分为连续频谱拦阻式干扰、部分频带拦阻式干扰和梳状谱拦阻干扰。连续频谱拦阻式干扰的频率关系示意图如图 10-3 所示。

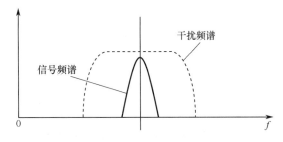

图 10-3　连续频谱拦阻式干扰的频率关系示意图

1. 拦阻式干扰的特点和要求

拦阻式干扰的主要优点：

- 不需要进行频率瞄准和频率引导设备，对支援要求不高；
- 可以对某一频段内所有目标信号实施压制性干扰；
- 设备简单，操作方便。

其主要缺点：

- 由于干扰功率占据了整个拦阻频段，干扰功率过于分散。若要保证对频段内每一个信道中的干扰功率都大到足以压制通信，则要求干扰机具有非常大的干扰功率。
- 由于拦阻式干扰不进行频率瞄准，不容易采用最佳干扰，干扰的盲目性比较大。所以，拦阻式干扰机的功率利用率比较低。
- 由于拦阻式干扰是针对拦阻频段内的全部信道，有可能影响到己方的通信。

对拦阻式干扰机的要求如下：

- 拦阻干扰频带要宽，且可调整，以适应不同频段干扰的需要；
- 拦阻带宽内，干扰频谱各分量的能量应尽可能相等，以保证对拦阻带宽内所有信道均匀的干扰能量；
- 干扰频谱中各干扰分量的频率间隔应与所干扰频段内信号的信道间隔相匹配，且间隔可调，以适应不同通信系统的信道间隔；
- 应具有一定的隐蔽干扰效果。

2. 最佳的拦阻式干扰

由拦阻式干扰的作用性质、特点以及对它的要求，可见最佳的拦阻式干扰应该是：

（1）具有宽的干扰频谱；

（2）在频谱带宽内具有相等的均匀频谱分量；

（3）各相邻频谱分量的间隔相等；

（4）在带外频谱分量则为零。

满足这样的频谱结构的干扰是最理想的拦阻式干扰。

10.1.3 多目标干扰

多目标干扰可以用一部干扰机有针对性地同时或快速交替干扰多个通信目标，它是一种介于窄带瞄准式干扰和宽带拦阻式干扰之间的一种多信道干扰技术。与窄带瞄准式干扰相比，多目标干扰仍具有针对性强的优点，同时它又能干扰多个目标信道，可以更充分地利用干扰资源。与宽带拦阻式干扰相比，多目标干扰有针对性地干扰同时工作的多个目标信号，克服了拦阻式干扰的盲目性；同时，除了被干扰的目标信道外，干扰频段范围内的其他信道不受干扰，所以不会影响己方的通信。多目标干扰实质是同时对多个目标信号的瞄准式干扰。

1. 主要要求

一般对多目标干扰的主要要求是：

（1）同等功率干扰目标数目尽量多；

（2）及时地干扰引导，迅速选择并确定各分路的干扰样式和参数；

（3）具有高的整机干扰功率和效率；

（4）邻道抑制要好。

2. 多目标干扰的三种方式

1）相加合成干扰

相加合成干扰是指在一部干扰机中有多个干扰激励器，各激励器输出的不同频率干扰信号相加合成后，同时由功率放大器放大输出。从理论上讲，这是一种最直观、最简单的多目标干扰方式，它具有良好的频域特性；但由于多个激励信号相加时，在出现各个信号同相的时刻，会形成很大的峰值，使时域波形急剧起伏，使得干扰波形的峰值因数很高。

峰值因数定义式如下：

$$\gamma = \sqrt{P_{\text{peak}}/P_{\text{av}}} = u_{\text{max}}/\bar{u} \tag{10-1}$$

式中：P_{peak} 表示信号的峰值功率，P_{av} 表示信号的平均功率；u_{max} 表示信号幅度的峰值，$\bar{u}$ 表示信号幅度的均方根。以多个单频信号的叠加为例。单个幅度为 A 的正弦信号峰值功率为 A^2，平均功率为 $A^2/2$，则峰值因数为 $\sqrt{2}$；两个相同振幅的正弦信号之和的峰值功率为 $(2A)^2$，平均功率为 A^2，则峰值因数为 2……以此类推，N 个相同振幅的正弦信号之和的峰值因数为 $\sqrt{2N}$。可见，随着正弦信号的叠加数量增加，其峰值因数也在急剧增大。

相加合成干扰存在以下不足：

（1）如果峰值电平超出功率放大器的线性范围，会引起信号失真，使得发射机的寄生输出增大。这不仅会浪费有用的干扰功率，还会造成对非目标信道的干扰。

（2）在保证信号峰值电平不超出功率放大器线性范围的条件下，信号的峰值因数越高，发射机输出的平均功率就越小。

（3）多路相加合成还会降低发射机的功率利用率。假设发射机峰值功率为 P_{m}，则对应的峰值电平为 $\sqrt{P_{\text{m}}}$。如果现在要同时发送 n 路信号，考虑各路信号同相叠加的情况，要保证峰值功率不超过限定值，则各路信号峰值电平就不能超过 $\sqrt{P_{\text{m}}}/n$，那么对应的各路信号峰值功率即为 P_{m}/n^2。因此，总的输出峰值功率就只有 P_{m}/n 了。由此可以看出：同时发送的路数越多，则功率利用率下降越多。

降低峰值因数的一个有效方法是进行正弦信号初始相位优化，即通过寻求一组初始相位 $\{\varphi_1, \varphi_2, \cdots, \varphi_N\}$，使峰值因数达到最小。对于频率等间隔的情况，可以采用随机初始相位补偿或者基于多相序列编码的峰值因数优化方法。按照多相序列编码优化方法，N 个离散谱线的相位由下式决定：

$$\varphi_n = \begin{cases} \dfrac{\pi}{N} n^2, & N\text{为偶数时} \\[2ex] \dfrac{\pi}{N} n(n+1), & N\text{为奇数时} \end{cases} \tag{10-2}$$

图 10-4 所示是 100 个幅度为 1 的频率等间隔正弦信号采用三种不同的相位补偿方法的合成信号波形。其中仿真参数如下：最低频率为 100 Hz，以频率间隔 5 Hz 向上递增。图 10-4（a）为全 0 初始相位补偿方法，峰值因数约为 11.7；图 10-4（b）为采用随机初始相位补偿方法，初始相位在 $(0, 2\pi)$ 均匀分布，峰值因数约为 4.3；图 10-4（c）采用基于多相序列补偿方法，

峰值因数约为 2.6。需要说明的是：由于随机初始相位补偿的补偿值在随机变化，因此其峰值因数也会发生变化，上述结果只是某一次的仿真结果。

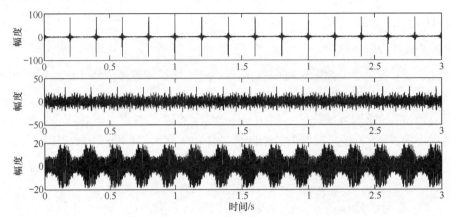

图 10-4　三种不同的相位补偿方法的合成信号波形

对于频率非等间隔的情况，还需要研究新的补偿方法。另外，也可以采用全局搜索优化方法，即：按照设定的相位搜索步长，对 N 个信号的初始相位进行遍历搜索，以找到最好的一组初始相位序列。这种方法在 N 较小时仍然是有用的。

2）时序干扰

时序干扰是把欲干扰的 n 个信道预先存入干扰机的控制器，当干扰机工作时，对 n 个信道依次轮流施放干扰。由于每一瞬间仅输出一路干扰信号，不存在多激励源相加问题，干扰机可以工作在最大功率状态。但对每一个被干扰的目标信号来说，时序干扰是不连续的间断干扰，为了不影响干扰效果，干扰的间隔时间不能过长。干扰间隔时间的长短取决于同时干扰的信道数目及在一个信道上干扰的持续时间。同时干扰的信道数目越多，干扰每一个信道的间隔时间就越长，则在每一个被干扰信道上持续干扰的相对时间就越短，对干扰效果的影响也越大。间隔时间的缩短也就意味着重复频率的提高。

理论研究表明：当干扰重复频率较高时，适当减小干扰占空比间断干扰的干扰效果基本不变。所以提高干扰重复频率，可适当增加干扰目标数目；但是，干扰目标数目也不能增加很多。当采用时序干扰时，同时干扰目标数目一般为 3~4 个。

3）多参数波形优化干扰

多参数波形优化干扰是利用数字射频存储技术，通过数值计算对多个干扰激励源的合成干扰波形优化的多目标干扰。波形优化过程一般包括建立优化模型、确定优化参数、选择目标函数、确定约束条件、设置初始状态、确定目标函数优化点及检验优化结果等。多参数波形优化干扰可克服相加合成干扰和时序干扰的缺陷，是一种很有潜力的多目标干扰技术。

各参数的调整可遵循以下原则：n 个干扰频率分别对准被干扰目标信号频率；选择与各目标相适应的最佳或绝对最佳干扰样式；同时干扰的各目标尽可能分配等同的干扰功率；在上述原则基础上调控合成干扰波形，使其尽可能平缓，以降低波形的峰值因数；抑制或消除邻道干扰等。

10.2　通信干扰样式

10.2.1　噪声调制类干扰

1. 噪声调幅干扰

噪声调幅干扰是一种常用的干扰样式，它利用基带噪声作为调制信号，对正弦载波信号进行调制，使载波信号的振幅随基带噪声做随机变化。其定义如下：

$$J(t) = \left[U_0 + U_{\mathrm{n}}(t) \right] \cos \left(\omega_{\mathrm{j}} t + \varphi \right) \tag{10-3}$$

式中：U_0 是载波振幅；ω_{j} 是干扰载波频率；$U_{\mathrm{n}}(t)$ 是基带噪声，假定它是均值为 0、方差为 σ_{n}^2 的平稳随机过程；φ 在 $[0, 2\pi]$ 内均匀分布，且与 $U_{\mathrm{n}}(t)$ 互不相关。

噪声调幅信号具有以下特点：

（1）已调波的功率谱由载波谱和对称旁瓣谱构成，旁瓣谱的形状与基带功率谱相似，但是强度减小为它的 1/4；

（2）已调波的带宽为基带噪声带宽的 2 倍；

（3）噪声调幅干扰信号的总功率为 $P_{\mathrm{j}} = \left(U_0^2 + \sigma_{\mathrm{n}}^2 \right) / 2 = P_0 \left(1 + m_{\mathrm{n}}^2 \right)$，即总功率等于载波功率 $P_0 = U_0^2 / 2$ 与基带噪声功率 $\sigma_{\mathrm{n}}^2 / 2$ 之和，其中 $m_{\mathrm{n}} = \sigma_{\mathrm{n}} / U_0$ 称为有效调制系数。

在实施压制干扰时，起主要作用的是旁瓣功率。增大有效调制系数 m_{n} 能够提高干扰有效功率即旁瓣功率，在具体实现上可以通过对基带噪声进行适当限幅以适当减小基带噪声的峰值系数。但是限幅不能太大，限幅过大会造成噪声出现平顶，影响干扰效果。通常为了兼顾功率和噪声质量两方面的要求，限幅后的噪声峰值系数取值为 1.4～2。

2. 噪声调频干扰

噪声调频干扰表示如下：

$$J(t) = U_{\mathrm{j}} \cos \left[\omega_{\mathrm{j}} t + 2\pi K_{\mathrm{FM}} \int_0^t u_{\mathrm{n}}(t') \mathrm{d}t' + \varphi \right] = U_{\mathrm{j}} \cos \left[\theta(t) + \varphi \right] \tag{10-4}$$

式中：U_{j} 是调频信号的幅度；ω_{j} 是干扰载波频率；$u_{\mathrm{n}}(t)$ 是基带噪声，假定它是均值为 0、方差为 σ_{n}^2 的平稳随机过程；φ 在 $[0, 2\pi]$ 内均匀分布，且与 $U_{\mathrm{n}}(t)$ 互不相关；K_{FM} 是调频斜率。

（1）当有效调频指数 $m_{\mathrm{fe}} = K_{\mathrm{FM}} \sigma_{\mathrm{n}} / \Delta F_{\mathrm{n}} \gg 1$（$\Delta F_{\mathrm{n}}$ 为基带噪声的功率谱宽）时，噪声调频信号的总功率为

$$P_{\mathrm{j}} = \int_0^\infty G_{\mathrm{j}}(f) \mathrm{d}f = U_{\mathrm{j}}^2 / 2 \tag{10-5}$$

即总功率等于载波功率，它与调制噪声功率无关，这一点与调幅信号不同；噪声调频信号的频谱宽度为

$$\Delta f_{\mathrm{j}} = 2\sqrt{2\ln 2} f_{\mathrm{E}} = 2\sqrt{2\ln 2} K_{\mathrm{FM}} \sigma_{\mathrm{n}} \tag{10-6}$$

式中，f_{E} 称为有效调频带宽。可以看出：噪声调频信号的频谱宽度与基带噪声带宽 ΔF_{n} 无关，而取决于基带调制噪声的功率 σ_{n}^2 和调频斜率 K_{FM}。

当有效调频指数 $m_{\mathrm{fe}} \gg 1$ 时，噪声调频信号具有很大的干扰带宽，因此称为宽带噪声调频信号，可用于施放宽带拦阻式干扰。

（2）当有效调频指数 $m_{fe} \ll 1$ 时，噪声调频信号的总功率仍然等于载波功率，但是噪声调频信号的功率谱按指数下降，且与调制噪声的带宽有关，此时噪声调频信号的谱宽为 $\Delta f_j = \dfrac{\pi f_E^2}{2\Delta F_n} = \pi m_{fe}^2 \Delta F_n$。

当 $m_{fe} \ll 1$ 时，噪声调频信号的带宽较窄，称为窄带噪声调频信号，可用于施放瞄准式干扰。

10.2.2 音频干扰

音频干扰是指使用单个正弦波或者多个正弦波的干扰信号。当只使用单个正弦波时，称为单音干扰；当使用多个正弦信号时，称为多音干扰。

1. 单音干扰

单音干扰就是一个单频连续波，也叫点频干扰，其时域表达式为

$$J(t) = U_j \sin(\omega_j t + \varphi) \tag{10-7}$$

式中，ω_j 是干扰信号频率。单音干扰主要用于对二进制数字调制信号的干扰，干扰空号或者传号中的一个。

2. 多音干扰

干扰机可以发射 $L > 1$ 个正弦信号，这些音频可以随机分布，或者位于特定的频率上。多音干扰是由 L 个独立的正弦波信号叠加而产生的，其时域表达式为

$$J(t) = \sum_{n=1}^{L} U_{j,n} \sin(\omega_n t + \varphi_n) \tag{10-8}$$

式中，ω_n 是干扰信号频率，φ_n 是初始相位。在多音信号中，如果各频率分量在频域等间隔分布，则第 n 个正弦信号的频率为 $f_n = f_s + n\Delta f$，其中 f_s 为初始频率，Δf 为频率间隔。L 个正弦信号的频率间隔可以很小，如果其带宽在一个信道带宽之内，此时称为单信道多音干扰。当这些正弦信号的频率等间隔排列，并且每个信道分配一个干扰频率时，就成为独立多音干扰。独立多音干扰是一种拦阻式干扰，它可以同时干扰多个通信信道。独立多音干扰实际上是梳状谱干扰的一种，只是它的每个谱峰只包含一根谱线，而梳状谱干扰的每个谱峰有一定带宽。

10.2.3 梳状谱干扰

梳状谱干扰是一种离散的拦阻式干扰。在噪声调频干扰中，宽带噪声调频干扰的功率谱是在某个频带内连续分布的。如果在某个频带内有多个离散的窄带干扰，形成多个窄带谱峰，则称之为梳状谱干扰。

1. 基本原理

梳状谱干扰信号的表达式为

$$J(t) = \sum_{n=1}^{L} J_n(t) = \sum_{n=1}^{L} A_n(t) \cos[\omega_n t + \varphi_n(t)] \tag{10-9}$$

式中：$J_n(t)$ 是第 n 个窄带干扰信号；$A_n(t)$ 是第 n 个窄带干扰信号的包络；$\varphi_n(t)$ 是第 n 个窄

带干扰信号的相位；ω_n 是第 n 个窄带干扰信号载波频率。

梳状谱干扰是 L 个窄带干扰信号的叠加。其中的几个主要参数可以灵活选择，如其频率间隔可以是等间隔的，也可以是不等间隔的；各窄带干扰的调制方式可以相同，也可以不同；各窄带干扰的带宽可以相等，也可以不等；各窄带干扰信号的幅度可以相同，也可以不同；其干扰频点可以灵活设置。

这种干扰实际上是一种频分体制，其时域是连续的，频域是离散的，它既可以用于常规通信信号的干扰，也可以用于跳频通信信号干扰，具有较强的适应性。它还具有很高的干扰效率。

2. 产生方法

从梳状谱干扰及其特点的分析中可以知道，它具有很好的干扰特性，但是产生它却是非常复杂的。图 10-5 所示为梳状谱干扰信号的直接产生模型，它需要 L 个不同的窄带干扰源。当 L 很大时，即使不进行参数调整，设备量也是十分可观的。

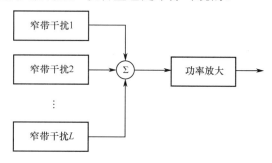

图 10-5　梳状谱干扰信号的产生模型

随着微电子技术的进步，用数字化方法产生梳状谱干扰成为可能。数字化梳状谱干扰产生的原理如图 10-6 所示。

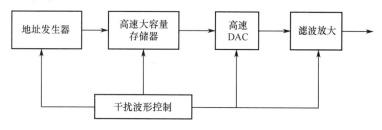

图 10-6　数字化梳状谱干扰产生的原理

数字化梳状谱干扰的产生可利用高速存储器和 DAC 实现，即在高速大容量存储器中预存或者加载合成后的 L 个窄带干扰数据，经过高速 ADC 转换成模拟信号，然后上变频到射频频率，经过功率放大后送给天线发射出去。

从 10.1.3 节可以知道，多路信号的简单叠加会造成峰值因数的急剧增大，如果不进行限制，将会对 DAC 和功率放大器的动态范围提出极高的要求。因此，需要对 L 个窄带干扰信号进行优化合成。

10.2.4　部分频带噪声干扰

部分频带噪声干扰是把噪声干扰施加在目标所用的多个但非全部的信道内。部分频带干扰是一种频分方式的干扰样式，有两种基本形式：一种是相邻信道部分频带干扰，另一种是不相邻信道部分频带干扰。

相邻信道部分频带干扰的干扰信号带宽连续覆盖其中的一部分信道，其频率关系如下：

$$P_{\mathrm{j}}(f)=\begin{cases}P_0(f), & \left(f_{\mathrm{j}}-\dfrac{\Delta f_{\mathrm{j}}}{2}\right)\leqslant f \leqslant \left(f_{\mathrm{j}}+\dfrac{\Delta f_{\mathrm{j}}}{2}\right)\\ 0, & \text{其他}\end{cases}$$ （10-10）

式中：f_{j} 是干扰信号中心频率；Δf_{j} 是干扰信号带宽，且干扰信号带宽大于若干个通信信道带宽。

不相邻信道部分频带干扰的干扰信号带宽覆盖其中的一部分信道，这些信道之间不相邻或者是间隔的：

$$P_{\mathrm{j}}(f)=\begin{cases}P_n(f), & \left(\tilde{f}_n-\dfrac{\Delta \tilde{f}_n}{2}\right)\leqslant f \leqslant \left(\tilde{f}_n+\dfrac{\Delta \tilde{f}_n}{2}\right), & n=1,2,\cdots,N\\ 0, & \text{其他}\end{cases}$$ （10-11）

式中：$\tilde{f}_n$ 是第 n 段干扰信号的中心频率，$\Delta \tilde{f}_n$ 是第 n 段干扰信号带宽（且大于若干个信道带宽），并且满足 $\left|\tilde{f}_{n+1}-\tilde{f}_n\right|>\dfrac{\Delta \tilde{f}_{n+1}+\Delta \tilde{f}_n}{2}$。

部分频带干扰的干扰带宽示意图如图 10-7 所示。

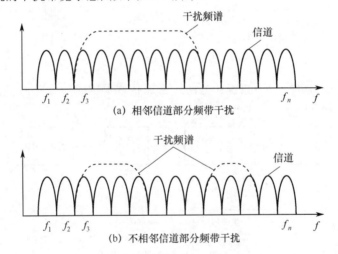

图 10-7　部分频带干扰的干扰带宽示意图

部分频带干扰是介于宽带噪声干扰和梳状谱干扰之间的一种干扰样式，它把干扰频带划分为一个或者多个子频带，每个子频带覆盖若干个信道，可以充分利用干扰能量。部分频带干扰的实现方法是对宽带噪声干扰输出进行滤波，保留其一个或者多个频带的输出。因为它能够把干扰能量集中到存在通信信号的若干个信道上，其干扰效率比宽带噪声干扰高，但是比梳状谱干扰低。

10.2.5　脉冲干扰

脉冲干扰是利用窄脉冲序列组成的干扰信号。脉冲干扰有两种形式，一种是采用无载波的极窄脉冲作为干扰信号，另一种是采用有载波的窄脉冲作为干扰信号。两种形式的脉冲干扰的原理是类似的，因此这里以无载波的窄脉冲序列为例进行讨论。

设窄脉冲序列为矩形脉冲，其脉冲宽度为 τ，脉冲重复周期为 T_r，幅度为 A，则它可以表示为

$$J(t) = \sum_{n=-\infty}^{\infty} Ag(t - nT_r) \tag{10-12}$$

式中，$g(t)$ 是宽度为 τ 的矩形脉冲。

窄脉冲干扰的两个重要参数是占空比和重复频率。其中，占空比为脉冲宽度与脉冲重复周期之比，即

$$\gamma = \tau / T_r \tag{10-13}$$

脉冲重复频率 F_r 是脉冲重复周期的倒数，也就是窄脉冲干扰的离散谱线间隔，即

$$F_r = 1/T_r \tag{10-14}$$

在应用脉冲干扰时，可以按照以下三种情况进行设计：

（1）利用周期窄脉冲实现单音干扰。这种情况只考虑使 $n=0$ 的中心谱线进入接收机，可以证明，用周期窄脉冲序列对窄带通信接收机进行有效干扰的条件为

$$\begin{cases} T_r B \leqslant 1 \\ P\tau^2 \geqslant P_0 T_r^2 \end{cases} \tag{10-15}$$

式中：τ 为干扰脉冲宽度；T_r 为干扰脉冲重复周期；B 为通信接收机带宽或者信道间隔；P_0 是连续波干扰时所需的干扰功率；P 为脉冲干扰的干扰功率。

（2）利用周期窄脉冲实现单信道多音干扰。这种情况是使多根谱线进入接收机带宽，以增加进入通信接收机的干扰能量，提高干扰效率。如果让 N 根谱线进入通信接收机，则需要满足以下条件：

$$(N-1)/B < T_r < (N+1)/B \tag{10-16}$$

此时，进入通信接收机的信号为 N 根谱线，相当于单信道多音干扰的效果。值得注意的是：N 值不能太大；N 值过大时，其峰值因数增大，干扰效果降低。

（3）利用周期窄脉冲实现独立多音干扰。这种情况是使每根谱线正好进入一个信道，即使谱线间隔等于信道间隔，实现独立多音干扰。如果让 N 根谱线进入 N 个信道，则需要满足以下条件：

$$F_r = B_{ch} \tag{10-17}$$

式中，B_{ch} 为信道间隔。当然，为了覆盖较宽的频带，脉冲宽度必须很窄。

10.2.6　相关型干扰

相关型干扰在频域上是瞄准的，它的中心频率与通信信号是重合的，在时域上为应答式或者转发式。相关型干扰的特点是干扰信号和目标信号具有某些相似的特征，但同时又包含难以识别的欺骗信息，目的是扰乱或欺骗敌方的接收机或操作员，使其得到虚假的信息，做出错误的判断或者决定。

干扰信号与目标通信信号的互相关性越强，相似程度越高，干扰效果也就越好。相关型干扰既是对目标信号的模拟，但同时又要做一定的"波形切割"。理论分析和仿真表明，干扰效果在干信比大于 1 时，就与干信比无关，而取决于干扰信号和目标信号之间的相似度，干扰的差错率随干扰信号和目标信号之间的互相关性增强而增大。

信号的相似度或者互相关性与干扰机的侦察引导系统的性能有关。它对侦察引导的测频精度、调制参数测量精度、调制类型识别概率等有较高的要求。侦察引导系统的引导精度越高，相似度就越高。

相关型干扰的实现方式主要有两种：应答式相关型干扰和转发式相关型干扰。应答式相关型干扰根据侦察引导系统的引导参数，产生相应的相关型干扰样式，因此又称为产生式干扰；转发式相关型干扰是将收到的目标信号进行适当的调制后，再发射出去。

小结

典型的通信干扰体制包括：瞄准式干扰、拦阻式干扰和多目标干扰。为满足通信干扰效果要求，需要合理地选用相应的通信干扰样式。通信干扰样式包括以下几种：

（1）噪声调制类干扰。利用基带噪声作为调制信号，对正弦载波信号进行幅度、频率或者相位调制。

（2）音频干扰。使用单个正弦波（单音干扰）或者多个正弦波（多音干扰）的干扰信号。

（3）梳状谱干扰。在噪声调频干扰中，宽带噪声调频干扰的功率谱是在某个频带内连续分布的。如果在某个频带内有多个离散的窄带干扰，形成多个窄带谱峰，则被称为梳状谱干扰，它是一种离散的拦阻式干扰。

（4）部分频带噪声干扰。把噪声干扰施加在目标所用的多个但非全部的信道内，是一种频分方式的干扰样式，有两种基本形式：一种是相邻信道部分频带干扰，另一种是不相邻信道部分频带干扰。

（5）脉冲干扰，即利用窄脉冲序列组成的干扰信号。有两种形式，其中一种是采用无载波的极窄脉冲作为干扰信号，另一种是采用有载波的窄脉冲作为干扰信号。

（6）相关型干扰。干扰信号和目标信号具有某些相似的特征，但同时又包含难以识别的欺骗信息。相关型干扰在频域上是瞄准的，它的中心频率与通信信号是重合的，在时域上为应答式或者转发式。

习题

1. 有哪些类型的通信干扰体制，它们各具有什么特点？
2. 试分析和比较噪声调频和噪声调幅干扰的特点。
3. 分析梳状谱干扰的产生方法。
4. 如何实现脉冲干扰？
5. 什么是多音干扰？
6. 如何实现部分频带噪声干扰？

第 11 章 通信干扰方程

11.1 电波传播方式与传播衰耗

频率从几十赫到 3 000 GHz 左右范围内的电磁波,称为无线电波或简称电波。由发射天线辐射的电波通过各种自然条件下的媒质到达接收天线的过程,称为无线电波传播。无线电波频率不同,其传播方式和传播特点也不同。

11.1.1 不同频段电波传播特点

1. 长波以下

长波(LF)以下为频率低于 0.3 MHz 的电波,这一频率范围的电波有两种主要的传播方式:一是按地球曲率以地面波的方式进行远距离传播;二是利用电离层与地面的反射,以天波的方式进行远距离传播。如果发射机的输出功率足够大,可进一步提高传播距离,有时可达到几千千米甚至上万千米。

2. 中波和短波

中波(MF)和短波(HF)覆盖 0.3 MHz~30 MHz 的频率范围。中波和短波同样能以地面波、天波的方式进行超视距、远距离的传播。利用电离层反射进行远距离传播,传播距离有时可达到几千千米。

3. 超短波

超短波覆盖 VHF(30~300 MHz)、UHF(300 MHz~3 GHz)的频率范围。该频段电波的传播具有以下特点:

(1)在信道噪声方面,大气噪声随频率的增加而减小,所以,100 MHz 以上的无线电通信质量比较高。

(2)超短波是在较稳定的下层大气层(对流层)传播的,基本上不受电离层的影响;但是,电波受到压力、温度、湍流和大气层层结现象的影响。

(3)该频段电波具有似光性,沿直线传播。因此,理论上,只要用频设备彼此不在光学视界范围之内就可以使用同一载频或工作于同一频率范围内。

(4)可用频段宽,通信容量大,能传输宽带信号。

(5)受视距限制,为实现远距离通信需采用中继。根据天线高度和地面情况的不同,每段接力线路的距离大约为 32~64 km,经过多个中继站转发可实现远距离通信。

对于视距通信,由于超短波通信是沿直线传播的,所以只受接收机视界内电子对抗干扰设备的干扰。对于 600 MHz 以下的接力通信,可以采用升空干扰的方式,以扩大干扰范围;对高于 600 MHz 的接力通信,由于天线的强方向性,通常要求在接收天线宽度很小的主瓣方向上施放干扰。同时,由于这个频段的接力电台配置的纵深较远,因此对通信干扰设备的配置有着严格的要求,以获得较好干扰效果。

4. 微波通信

微波通信信号（SHF/FHF 以上）为 1 GHz 以上的信号，有许多特性与甚高频和超高频信号相同。微波具有似光性，沿直线传播。微波不受电离层的反射，而受不透明物体的阻挡。微波接力通信系统既是民用也是军用通信的主要通信系统之一，采用强方向性天线，发射机功率低，通常为 1 W 左右。由于视距限制，必须用很多中继站进行接力，才能进行远距离通信。在军用通信中，近距离的微波接力战术通信应用也很普遍。

卫星通信系统就是利用人造地球卫星作为中继站的一种特殊形式的微波中继通信系统。它相当于把微波中继站的位置极大地提高，有力地克服了微波中继通信的单跳距离近的缺点。

电波自地球站发出，经过低层空间的对流层、平流层和电离层而到达外层空间，经通信卫星上的空间转发器转发，电波又从外层空间传播到地面，完成传递信息的作用。其电波的传播形式属于空间直射波传播，通常天线都具有较强的方向性。卫星通信具有传送距离远、通信容量大、信号带宽宽、信道参数稳定等特点。卫星通信在军用及民用通信方面都已获得广泛应用。

在军事上，卫星通信适用于战略通信和战术通信，保证地面、航空兵、水面舰艇等作战兵力间的通信。

卫星通信比较容易受到干扰。如同对散射通信系统的干扰一样，升空干扰也是对卫星通信系统非常有效的干扰方式。对于战术卫星通信而言，由于发射功率小，天线呈弱方向性，天线方向图夹角通常大于 10°，干扰更容易一些。为了压制某一战区的战术卫星通信，只需用飞机或其他飞行器携带干扰设备，在该地区实施同载频的干扰即可。如飞机或飞行器在该地区盘旋且有足够高度，是可以对这一地区卫星通信接收机实施有效干扰的。如飞机高为 h =10 000 m，干扰范围的半径可达 350 km。同样干扰较之目标信号可获得较大的路径上的增益。干扰飞行器与同步卫星（离地面距离为 36 000 km）比较，干扰机高度在 10 km 时，有 71 dB 增益。飞机飞行高度为 1 km 时与近轨道卫星（离地面距离约为 200 km）相比有 46 dB 增益。如果卫星天线比干扰设备天线增益高 20 dB，则对同步卫星而言干扰有 51 dB 的净增益，对近轨道卫星而言有 26 dB 净增益。这就是说，如果卫星发射机功率为 1 000 W，对于近轨道而言干扰功率只需有 2.5 W，就能使目标接收机处的干扰强度与目标信号的强度相同。

5. 激光通信

激光只限于视线传播，在通信领域有着广泛的应用前景。激光通信具有通信容量大、方向性强、传输速率高、信道带宽宽、信道特性稳定可靠等特点。目前，激光通信已应用于空间（如卫星与卫星之间）通信。

激光传输过程中，大气衰减大，受障碍物体遮拦。由于激光无法穿过不透明物体，可以用投放不透明物体破坏激光通信。但对于投放的要求将十分严格，由于激光的方向性强，必须将不透明物体投放到激光波束内，并能有效阻挡视距通路，才可能使干扰奏效。

11.1.2　电波传播方式

电波传播方式可以归纳成如下几类：

- 地面波传播；
- 天波传播；

- 视距传播；
- 散射传播。

1. 地面波传播

地面波又称为表面波。电波沿着地球表面进行传播，传播特性主要决定于大地的电特性。这种传播方式的主要特点是信号比较稳定，在传播路径无障碍物的条件下，不存在多径效应，受气象条件的影响相对较小。地面波传播特别适宜于长波及超长波的传播，在军用短波和超短波小型电台进行近距离通信中也有着广泛的应用。地面波传播路径如图 11-1 所示。

图 11-1　地面波传播路径

2. 天波传播

天波传播的路径如图 11-2 所示。

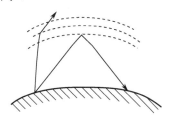

图 11-2　天波传播路径

电波经由发射天线向空间辐射，向高空方向传播，在高空被电离层反射后到达接收点。因此，电离层特性是影响天波传播特性的主要因素。天波传播方式的传输损耗小，利用电离层的反射，可以以较小的功率实现远距离超视距通信；但信号不稳定，传播时会产生多种效应。军用通信中主要用于短波远距离通信。

3. 视距传播

视距传播是指发射天线和接收天线间能相互"看见"的距离内，电波直接从发射点传播到接收点的传播方式，又称为直接波传播。视距传播大体分为三类：

第一类是地面上（地-地通信）的视距传播，其电波传播路径分为两路：一路由发射天线直接到达接收天线，称为直射波；另一路经地面反射到达接收天线，称为反射波。

第二类是地面与空中目标（地-空通信，如地空引导通信）的视距传播，只有直射波传播方式。

第三类是空中目标间（空-空通信，如作战飞机间的空空协同通信）的视距传播，也只有直射波传播方式。

视距传播的特性受对流层的影响，地-地传播还要受到大地电特性的影响。这种传播方式的主要特点是信号较稳定，地-地传播受地形地物影响大。视距传播主要用于超短波和微波通信的地面中继通信，以及地-空和空-空通信。卫星通信的传播方式也是视距传播的一种。

4. 散射传播

散射传播主要是由于电波投射到低空大气层或电离层的不均匀电介质时产生散（反）射，

其中一部分到达接收点的超视距传播方式。散射传播有对流层散射、电离层散射、流星余迹散射及人造反射层等传播方式，其中以对流层散射应用最为普遍。这种传播方式，通信容量较大，可靠性较高，单跳跨距可达 300~800 km，主要用于无法建立超短波、微波中继站的地区以及部分高纬度地区。

散射通信实际应用的主要是对流层散射通信系统。

对流层散射靠大气对流层密度变化，使不能在电离层中传播的信号发生前向散射。接收信号的强度，与对流层受照射区域所散射的能量有关，信号的振幅起伏较大。如果发射和接收都用定向天线，并且都对准对流层中同一点，就可进行可靠的通信。接收的信号主要取决于：发射功率、天线增益、地面站间的距离、信号频率、散射体高度、发射波束和接收波束之间的散射角等。对流层散射通信路径损耗很大，通常采用大功率发射机、高增益天线和内部噪声低的灵敏接收机，也可用分集接收克服衰减的影响。

散射通信用于战略通信和战术通信。水域宽阔的地方，因微波通信需要的中继站无法建立，大都采用对流层散射通信。荒无人烟的地方由于视距通信设备或电缆设备难于维护，也要用到对流层散射通信系统。不过自从卫星通信问世以来，散射通信的应用已大为减少。

对散射通信系统的干扰，如果设法使干扰设备置于目标接收机天线的照射区内，无疑干扰将是可能的，并且干扰设备的功率可以远小于散射通信发射机的功率。为使干扰设备置于接收天线照射区内，意味着使干扰机升空。如图 11-3 所示，其中 A 点为被干扰目标信号发射点，B 为接收点，C 为升空干扰点，可见干扰较之目标信号可获得较大的路径上的增益，尤其是考虑散射损耗后。

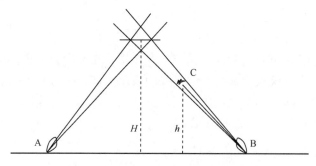

图 11-3　散射通信及升空干扰示意图

散射通信的传播损耗由两部分组成：自由空间传播损耗和散射损耗。当干扰传播距离小于散射信号传播距离之半时，由于接收功率与传播距离的平方成反比关系，干扰在距离上可获得的增益在 6 dB 以上。如果干扰距离仅为信号传播距离的四分之一，那么干扰将获得 12 dB 的增益。

对散射通信系统实施干扰，除了升空干扰方式外，利用地面干扰也是可能的。此时干扰以地波传播为主，干扰功率与传播距离的四次方成反比。为了达到有效的干扰，除了增加干扰发射功率外，还应该尽量使干扰机的部署靠近目标接收机。当干扰距离较近时，实施干扰是可能的。此外，散射通信所使用的频率通常是固定的，这也有利于对散射通信的侦察与干扰。

11.1.3　电波传播衰耗

电波传播衰耗是影响通信干扰效果的主要因素。在分析电波传播环境对干扰效果的影响，进行通信有效干扰压制区计算、通信干扰有效辐射功率估算时，都要涉及电波传播衰耗问题。本节主要讨论无线电通信中最常用的 HF（3~30 MHz）传播和 VHF/UHF（30~3 000 MHz）传播。用路径损耗来表征电波传播过程中路径给电波传播带来的衰减。为了给出简洁明了的概念，首先给出自由空间的传播，这是一种理想的情况，实际的传播衰耗则针对不同的传播方式在此基础上加衰减因子给出。

1. 自由空间传播衰耗

自由空间，严格来说应指真空，但实际上通常是指充满均匀、无耗媒质的无限大空间。自由空间具有各向同性，电导率为零，相对介电系数和磁导率都恒为 1 的特点。所以，自由空间是一种理想情况。

实际电波传播总要受到存在的媒质或障碍物的不同程度的影响。在具体研究无线电波传播时，为了能够为各种传播情况提供一个比较标准，并简化各种传播路径损耗的计算，明确自由空间传播的概念非常重要。

设一点源天线（即无方向性天线）置于自由空间中，如果天线辐射功率为 P_r（W），均匀分布在以点源天线为中心的球面上，则距离天线 r 处的球面上的功率流密度（即坡印廷矢量值）为：

$$S = \frac{P_r}{4\pi r^2} \quad \left(\mathrm{W/m^2}\right) \tag{11-1}$$

许多情况下，特别是在超短波以上的波段中比较电波传播情况时，常常用自由空间基本传输损耗来表达。自由空间基本传输损耗 L_{af} 表示发射机与接收机之间的信号衰减，定义为增益系数 $G_T = 1$ 的发射天线的输入功率 P_T 与增益系数 $G_T = 1$ 的接收天线的输出功率 P_R 之比，即：

$$L_{af} = \frac{P_T}{P_R}, \ G_T = G_R = 1 \tag{11-2}$$

由天线理论，接收天线接收空间电磁波功率的能力可用有效接收面积 A_c 来表示。A_c 与接收天线增益系数 G_R、工作波长 λ 存在如下关系：

$$A_c = \frac{G_R \lambda^2}{4\pi} \tag{11-3}$$

则接收天线接收的信号功率 P_R 为：

$$P_R = SA_c = \left(\frac{\lambda}{4\pi r}\right)^2 P_T G_T G_R \tag{11-4}$$

将式（11-4）代入式（11-2），得：

$$L_{af} = \left(\frac{4\pi r}{\lambda}\right)^2 \tag{11-5}$$

用分贝（dB）表示：

$$L_{af}(\mathrm{dB}) = 10\lg\frac{P_T}{P_R} = 20\lg\left(\frac{4\pi r}{\lambda}\right) \tag{11-6}$$

或

$$L_{af}(\mathrm{dB}) = 32.4\ \mathrm{dB} + 20\lg(f/\mathrm{MHz}) + 20\lg(r/\mathrm{km}) \tag{11-7}$$

自由空间是理想介质，它不吸收电磁能量。自由空间路径损耗是指球面波在传播过程中，随着传播距离的增大，能量自然扩散，它反映了球面波的扩散损耗。自由空间路径损耗

上 L_f 只与频率 f 和传播距离 r 有关。

得到自由空间的基本传输损耗后，就可以以此为基础求得考虑其他因素后的电波传播路径损耗。

2. 短波（HF）传播

短波（HF，3~30 MHz）传播方式有天波和地面波两种，下面分别讨论这两种传播方式。

1）地面波传播

当天线低架于地面，且最大辐射方向沿地面时，这时主要是地面波传播。这种传播方式，信号稳定，且基本不受气象条件影响，但地面波传播时接收功率 P_R 与传播距离 r 的四次方成反比。随着电波频率的增高路径损耗迅速加大，一般用于几十千米以内的近距离通信。

2）天波传播

利用电离层反射实现短波天波通信至今已有几十年的历史，但由于电离层的随机变异性，人们对电离层的研究还未达到十分清楚与完备的地步，认识也不完全一致。因此，对HF 天波传播的路径损耗的计算至今尚未获得一种严格满意的计算方法。我国电波研究人员根据国际无线电咨询委员会第 252-2 号报告《估算 2~30 兆赫天波场强路径损耗计算的暂行方法》及我国上空电离层状况，提出了一种工程计算方法——天波传播的路径损耗是工作频率、传输模式、通信距离和时间的函数，其定义式如下：

$$L(\text{dB}) = L_{af}(\text{dB}) + L_a(\text{dB}) + L_g(\text{dB}) + Y_p(\text{dB}) \tag{11-8}$$

式中：L_a 为电离层吸收损耗；L_g 为多跳模式的地面反射损耗；Y_p 为额外系统损耗。

3）HF 传播中的静区

在 HF 无线电通信或广播中，天波是不能到达跳距以内的区域的，而地面波则随距离的增加场强急剧衰减。因此，在跳距以内存在着地面波和天波均不能到达的区域，这个区域就称为静区。假设发射天线是无方向性的，则静区就是围绕发射机的某一环形区域，在这个区域内收不到任何信号，如图 11-4 所示。

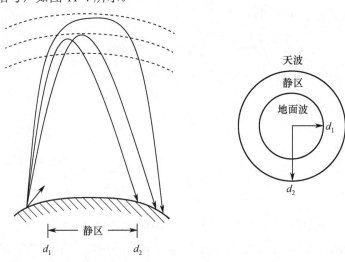

图 11-4　天线无方向性时，短波传播的静区

静区的大小取决于内半径 d_1 和外半径 d_2。d_1 由地面波传播条件而定,与昼夜时间无关,但随着频率的增加,地面波衰减增大,内半径 d_1 迅速减小。外半径 d_2 是由天波传播的跳距决定的,它与昼夜时间及工作频率都有关系。

此外,HF 传播中会有严重的衰落现象。当衰落出现时,损耗会有所变化,损耗的变化范围可达 30 dB 以上。因此,发射的信号功率只有增大到所期望的差值,才能在出现最大衰落损失时确保接收点有足够的功率。

3. 超短波传播

地面上大多数超短波(VHF/UHF,30 MHz~3 GHz)频段的电波传播为地-地视距传播模式,此外还有地面与空中目标的地空视距传播模式及空中的空空视距传播模式。地空模式和空空模式一般不受地形的影响,故可直接使用自由空间传播模式。地-地传播则要考虑地形的影响,它的路径损耗与发射机和接收机间的路径逼近无线电视距的程度有关。无线电视距指的是发射机天线与接收机天线之间电波传播路径上无障碍物的一条路径,如果存在障碍物,就不能假定它是无线电视距。确定电波传播是否是无线电视距,首先要确定地球表面是否会影响电波的传播。由于地球是球形,凸起的地表面会挡住视线。此时发射天线与接收天线之间的无线电视距满足:

$$r(\text{km}) \leqslant 4.12\left(\sqrt{h_\text{T}(\text{m})} + \sqrt{h_\text{R}(\text{m})}\right) \tag{11-9}$$

式中:h_T、h_R 分别为发射、接收天线的高度,单位为 m。

地-地视距传播时衰减因子 W 为:

$$W = \frac{E}{E_0} = 2\left|\sin\frac{2\pi h_\text{T} h_\text{R}}{\lambda r}\right| \tag{11-10}$$

式中:E 为接收点场强;E_0 为自由空间传播时的场强。

当 $r \gg h_\text{T}$、$r \gg h_\text{R}$ 时,

$$W \approx \frac{E}{E_0} = \frac{4\pi h_\text{T} h_\text{R}}{\lambda r} \tag{11-11}$$

在此情况下,地-地视距传播的路径损耗为:

$$L(\text{dB}) = L_\text{af}(\text{dB}) - W(\text{dB}) = 120\ \text{dB} + 40\lg r - 20\lg(h_\text{T} h_\text{R}) \tag{11-12}$$

式中:r 单位为 km,h_T、h_R 单位为 m。

可见路径损耗与传播距离的四次方成正比,随传播距离增加损耗迅速增大。

11.2 通信干扰方程与通信干扰有效辐射功率

11.2.1 通信干扰方程

在通信干扰方程反映了有效干扰条件下,通信发射机、通信接收机和通信干扰机三者的空间关系如图 11-5 所示。

在有效干扰条件下,通信接收机接收到的干信比应当满足:

$$\text{JSR} = \frac{P_\text{rj}}{P_\text{rs}} \geqslant K_\text{j} \tag{11-13}$$

式中：P_{rj}、P_{rs}分别为通信接收机输入端的干扰信号功率和目标信号功率，其计算公式分别为

$$P_{rj} = P_j G_j G_{rj}(\theta) \gamma_j \varphi_j(R_j) B_{rj} \tag{11-14}$$

$$P_{rs} = P_t G_t G_{rt} \varphi_t(R_t) \tag{11-15}$$

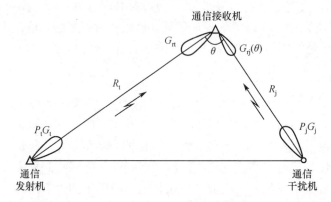

图 11-5　通信发射机、通信接收机和通信干扰机三者的空间关系

式（11-14）和式（11-15）中变量的含义如下：

- P_t为通信发射机发射功率；

- G_t为通信发射天线增益，在通信发射天线主瓣对准通信接收天线的情况下，取通信发射天线最大增益；

- G_{rt}为通信接收天线在通信发射机方向上的增益，在通信接收天线主瓣对准通信发射天线的情况下，取通信接收天线最大增益；

- R_t为通信发射机与通信接收机之间的距离；

- $\varphi_t(R_t)$为通信路径传播衰耗，与R_t和电磁波传播条件有关；

- P_j为通信干扰发射机发射功率；

- G_j为通信干扰发射天线增益，在通信干扰发射天线主瓣对准通信接收天线的情况下，取通信干扰发射天线最大增益；

- $G_{rj}(\theta)$为通信接收天线在通信干扰机方向上的增益，因为通信接收天线主瓣通常对准通信发射天线，因此$G_j(\theta)$与通信接收机对通信发射机、通信干扰机的张角θ有关；

- R_j为通信干扰机与通信接收机之间的距离；

- γ_j为干扰信号与通信接收天线由于极化不同引起的极化损失，其取值范围为 0~1；

- $\varphi_j(R_j)$为干扰路径传播衰耗，与R_j和电磁波传播条件有关；

- $B_{rj} = \Delta f_r / \Delta f_j$为干扰信号带宽与通信接收机带宽不一致（一般干扰带宽Δf_j大于通信接收机带宽Δf_r）所引起的带宽失配损耗，与干扰信号、通信接收机的频率特性有关，其取值范围为 0~1。

将式（11-14）、式（11-15）代入式（11-13），得到通信干扰方程：

$$\text{JSR} = \frac{P_{rj}}{P_{rs}} = \frac{P_j G_j G_{rj}(\theta) \gamma_j \varphi_j(R_j) B_{rj}}{P_t G_t G_{rt} \varphi_t(R_t)} \geqslant K_j \tag{11-16}$$

下面根据通信信号、干扰信号传播路径的不同，给出干信比（JSR）的计算公式。

（1）通信信号与干扰信号均为自由空间传播的情况。在此情况下：

$$P_{rj} = P_j G_j G_{rj}(\theta) \gamma_j \frac{\lambda^2}{\left(4\pi R_j\right)^2} B_{rj} \tag{11-17}$$

$$P_{rs} = P_t G_t G_{rt} \frac{\lambda^2}{\left(4\pi R_t\right)^2} \tag{11-18}$$

因此得到：

$$\text{JSR}_1 = \frac{P_{rj}}{P_{rs}} = \frac{P_j G_j G_{rj}(\theta)\gamma_j B_{rj} R_t^2}{P_t G_t G_{rt} R_j^2} \tag{11-19}$$

（2）通信信号与干扰信号均为平面地上的地波传播的情况。当通信距离和干扰距离满足 $R_j < 80/\sqrt[3]{f}$ 和 $R_t < 80/\sqrt[3]{f}$，f 为电磁波频率（MHz）时，就属于这种情况。在此情况下，

$$\text{JSR}_2 = \frac{P_{rj}}{P_{rs}} = \frac{P_j G_j G_{rj}(\theta)\gamma_j B_{rj} R_t^4}{P_t G_t G_{rt} R_j^4} \tag{11-20}$$

（3）通信信号为平面地上的地面波传播，干扰信号为自由空间波传播的情况。战术上常用的一种干扰运用方式为升空干扰地对地战术通信，它就属于此情况。在此情况下，

$$\text{JSR}_3 = \frac{P_{rj}}{P_{rs}} = \frac{P_j G_j G_{rj}(\theta)\gamma_j B_{rj} R_t^4 A}{P_t G_t G_{rt} R_j^2} \tag{11-21}$$

式中，A 为地面波的衰减因子。

11.2.2　通信干扰有效辐射功率

通信干扰方程是一个重要的方程式，它是进行通信干扰有效辐射功率计算和通信干扰有效压制区计算的基础。本节讨论通信干扰有效辐射功率的计算。

通常把发射机输出功率 P 与发射天线增益 G 的乘积称为有效辐射功率（ERP），并且表示为：

$$\text{ERP} = PG \tag{11-22}$$

对于给定的干扰对象，当通信干扰设备与目标设备的配置关系确定时，通信干扰有效辐射功率将由实现有效干扰的干信比决定。当干扰目标给定和干扰样式确定后，所需的干信比就是干扰压制系数 K_j，将干信比 $\text{JSR} = P_{rj}/P_{rs}$ 用干扰压制系数 K_j 代替，距离比用干通比 $C = R_j/R_t$ 代替，并考虑通信接收天线是水平全向，即 $G_{rj}(\theta) = G_{rt}$，则可利用式（11-19）、式（11-20）、式（11-21）得到通信信号与干扰信号均为自由空间传播，通信信号与干扰信号均为平面地上的地波传播，以及通信信号为平面地上的地面波传播而干扰信号为自由空间波传播三种情况下的通信干扰有效辐射功率计算公式，分别为：

$$\text{ERP}_{j1} = K_j \cdot \text{ERP}_t \cdot C^2 \cdot \frac{1}{\gamma_j B_{rj}} \tag{11-23}$$

$$\text{ERP}_{j2} = K_j \cdot \text{ERP}_t \cdot C^4 \cdot \frac{1}{\gamma_j B_{rj}} \tag{11-24}$$

$$\text{ERP}_{j3} = K_j \cdot \text{ERP}_t \cdot C^4 \cdot \frac{1}{A\gamma_j B_{rj}} \cdot \frac{1}{R_j^2} \tag{11-25}$$

式中，$\text{ERP}_t = P_t G_t$ 为通信发射方的有效辐射功率。

11.3　通信有效干扰压制区

通信有效干扰压制区直观反映了通信干扰对通信系统有效压制的区域范围。

在未受干扰，且通信发射机位置固定情况下，能使通信畅通的通信接收机所在位置构成的区域称为自然通信区，记为 Q_N。一般地，在地形和传播条件各向同性时，设通信发射天线最大增益 G_t 对准通信接收机，通信接收天线最大增益 G_{rt} 对准通信发射机，则自然通信区是以通信发射机为中心的一个圆。该圆的半径即为最大通信距离 R_{max}。

在有效干扰条件下，要求到达通信接收机输入端的干信比满足式（11-13）的要求。在通信发射机、通信干扰机位置固定的情况下，在自然通信区内，能够使式（11-13）成立的通信接收机部署位置形成的区域，称为通信干扰有效压制区，记为 Q_Y；将使式（11-13）成立的通信接收机部署位置形成的区域记为 Q'_Y，则：

$$Q_Y = Q'_Y \cap Q_N \tag{11-26}$$

通信有效干扰压制区的计算，关键在于求解有效干扰压制区的边界。在有效干扰压制区边界上，通信发射机、通信接收机、通信干扰机的位置和能量满足干扰方程：

$$\frac{P_j G_j G_{rj}(\theta)\gamma_j \varphi_j\left(R_j\right) B_{rj}}{P_t G_t G_{rt}\varphi_t\left(R_t\right)} = K_j \tag{11-27}$$

下面在不同电波传播方式和不同通信接收天线的情况下，进行通信有效干扰压制区的计算。计算中，假设通信发射天线和干扰发射天线将主瓣对准通信接收天线，通信接收天线采用水平面各向同性的鞭状天线。一般情况下，近似认为通信发射机、通信接收机、通信干扰机在同一平面上。

1. 通信信号和干扰信号均为自由空间传播的情况

通信信号和干扰信号均为自由空间传播时，令 $B_{rj} = \Delta f_r / \Delta f_j$，则由式（11-19）得：

$$\frac{P_j G_j G_{rj}(\theta)\gamma_j R_t^2 \Delta f_r}{P_t G_t G_{rt} R_j^2 \Delta f_j} = K_j \tag{11-28}$$

当通信接收天线为水平面各向同性的鞭状天线时，$G_{rj}(\theta) = G_{rt}$。令

$$C^2 = \frac{P_j G_j \gamma_j \Delta f_r}{P_t G_t \Delta f_j K_j} \tag{11-29}$$

那么式（11-28）可简化为：

$$C^2 R_t^2 = R_j^2 \tag{11-30}$$

以通信发射机 T 为原点，指向干扰机 J 的方向 TJ 为 x 轴，建立直角坐标系（如图 11-6 所示），通信有效干扰压制区边界上的点的坐标 (x, y) 满足方程：

$$C^2\left(x^2 + y^2\right) = \left(d - x\right)^2 + y^2 \tag{11-31}$$

式中，d 为通信发射机与通信干扰机之间的距离。

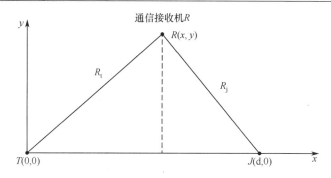

图 11-6　通信发射机、通信接收机、通信干扰机空间位置关系示意图

当 $C \neq 1$ 时，由式（11-31）得：

$$\left(x - \frac{d}{1-C^2}\right)^2 + y^2 = \frac{C^2}{\left(1-C^2\right)^2} \cdot d^2 \tag{11-32}$$

从而得到一个以 $\left(\dfrac{d}{1-C^2}, 0\right)$ 为圆心、$\dfrac{Cd}{\left|1-C^2\right|}$ 为半径的圆。

（1）当 $C > 1$ 时，表明干扰较强。通信畅通区是以 $\left(\dfrac{d}{1-C^2}, 0\right)$ 为圆心 O_1、$\dfrac{Cd}{C^2-1}$ 为半径的圆，该圆包围着通信发射机 T，但圆心不是 T；圆的外部为通信有效干扰压制区。这说明，干扰较强时，只有在通信发射机周围的一个圆内通信是畅通的，如图 10-7 所示。

（2）当 $C < 1$ 时，表明干扰较弱。通信有效干扰压制区是以 $\left(\dfrac{d}{1-C^2}, 0\right)$ 为圆心 O_2、$\dfrac{Cd}{1-C^2}$ 为半径的圆的内部；圆的外部为通信畅通区。可以看出，通信有效干扰压制区为一个封闭的单连通区域，如图 10-8 所示。

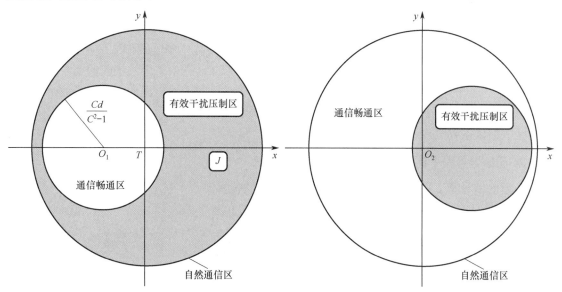

图 11-7　$C>1$ 时的通信有效干扰压制区　　　图 11-8　$C<1$ 时的通信有效干扰压制区

（3）当 $C=1$ 时，通信有效干扰压制区边界为 $x = d/2$，即通信发射机与通信干扰机连接线段

的中垂线。靠近通信发射机的一侧为通信畅通区，靠近通信干扰机的一侧为通信有效干扰压制区，如图 10-9 所示。

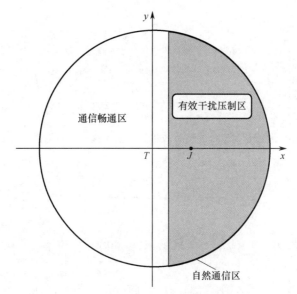

图 11-9　$C=1$ 时的通信有效干扰压制区

将 $C=1$ 时有效通信干扰功率与通信信号功率的比值称为临界比，记为 Γ。由式（11-29），令 $C=1$ 可得：

$$\Gamma = \frac{\Delta f_j K_j}{\Delta f_r \gamma_j} \tag{11-33}$$

当 $\frac{P_j G_j}{P_t G_t} > \Gamma$ 时，干扰较强；当 $\frac{P_j G_j}{P_t G_t} < \Gamma$ 时，干扰较弱；当 $\frac{P_j G_j}{P_t G_t} = \Gamma$ 时，干扰达到临界值。在这几种情况下，通信有效干扰压制区有着明显的区别。

与雷达有效干扰压制区不同，通信畅通区和通信有效干扰压制区既可以是开放区域，也可以是封闭区域，而雷达有效干扰压制区总是一个开放区域。这是由于雷达接收的信号是二次反射信号，而接收的干扰总是直接波。因此，在距离雷达很远的区域出现的目标在雷达上产生的信号总是弱于干扰。通信接收机接收的信号和干扰则都是直接波，因此，在距离通信发射机很远的区域通信接收机接收的信号可以弱于干扰，也可以强于干扰。

2. 通信信号和干扰信号均为地面波传播的情况

当通信信号和干扰信号均在战术地域进行地面波传播时，干扰方程为：

$$\frac{P_j G_j G_{rj}(\theta) \gamma_j R_t^4 \Delta f_r}{P_t G_t G_{rt} R_j^4 \Delta f_j} = K_j \tag{11-34}$$

通信接收天线为水平面各向同性的鞭状天线时，$G_{rj}(\theta) = G_{rt}$。令

$$C = \sqrt{\frac{P_j G_j \gamma_j \Delta f_r}{P_t G_t \Delta f_j K_j}} \tag{11-35}$$

则干扰方程可简化为：

$$C^2 R_t^4 = R_j^4 \tag{11-36}$$

建立以 T 为原点、TJ 为 x 轴的直角坐标系，通信有效干扰压制区边界上的点的坐标 (x, y) 满足方程：

$$C\left(x^2 + y^2\right) = (d - x)^2 + y^2 \tag{11-37}$$

式中，d 为通信发射机与通信干扰机之间的距离。

当 $C \neq 1$ 时，式（11-37）变为：

$$\left(x - \frac{d}{1-C}\right)^2 + y^2 = \frac{C}{(1-C)^2} d^2 \tag{11-38}$$

这是以 $\left(\dfrac{d}{1-C}, 0\right)$ 为圆心、$\dfrac{\sqrt{C}d}{|1-C|}$ 为半径的圆。

（1）当 $C > 1$ 时，表明干扰较强，通信有效干扰压制区是以 $\left(\dfrac{d}{1-C}, 0\right)$ 为圆心、$\dfrac{\sqrt{C}d}{C-1}$ 为半径的圆的外部，如图 11-10 所示。

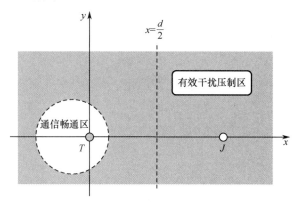

图 11-10　$C>1$ 时通信有效干扰压制区（阴影部分）图形（地面波、鞭状天线）

（2）当 $C < 1$ 时，表明干扰较弱，通信有效干扰压制区是以 $\left(\dfrac{d}{1-C}, 0\right)$ 为圆心、$\dfrac{\sqrt{C}d}{1-C}$ 为半径的圆的内部，如图 11-11 所示。

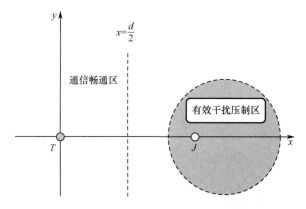

图 11-11　$C<1$ 时通信有效干扰压制区（阴影部分）图形（地面波、鞭状天线）

（3）当 $C=1$ 时，通信有效干扰压制区边界为 $x=d/2$，压制区是通信发射机和通信干扰机所连线段中垂线靠近通信干扰机的一侧。该情形与自由空间波传播时极为相似，如图 11-12 所示。

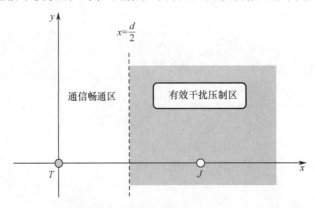

图 11-12　$C=1$ 时通信有效干扰压制区（阴影部分）图形（地面波、鞭状天线）

3. 通信信号为平面地上的地面波传播、干扰信号为自由空间波传播的情况

采用升空干扰的战术方法对战术地域内敌方的地对地通信实施干扰，其好处是：敌方通信信号的传播为地面波，衰耗相对要大，而干扰信号的传播是自由空间传播，衰耗较小。

通信接收天线为水平面各向同性的鞭状天线时，$G_{rj}(\theta)=G_{rt}$，并近似认为通信发射机、通信接收机、通信干扰机在同一平面。干扰方程为：

$$\frac{P_j G_j \gamma_j R_t^4 \Delta f_r}{P_t G_t R_j^2 \Delta f_j A} = K_j \tag{11-39}$$

令

$$C = \sqrt{\frac{P_j G_j \gamma_j \Delta f_r}{P_t G_t \Delta f_j A K_j}} \tag{11-40}$$

则式（11-39）变为：

$$C^2 R_t^4 = R_j^2 \tag{11-41}$$

建立以 T 为原点、TJ 为 x 轴的直角坐标系，通信有效干扰压制区边界上点的坐标 (x,y)，则 (x,y) 满足方程：

$$C^2 \left(x^2+y^2\right)^2 = (d-x)^2 + y^2 \tag{11-42}$$

解此方程，得到通信有效干扰压制区如图 11-13 所示。其中，大圆为通信干扰机配置于 J 点，即干扰信号和通信信号均为地面波时的通信有效干扰压制区边界，边界内部是通信畅通区，外部是通信有效干扰压制区。由图 11-13 可以看出：采用升空干扰方式，通信畅通区大大缩小，通信有效干扰压制区变大；这主要是由于地面波传播的衰减要比自由空间波传播的衰减大。

这时存在的另一个现象是：即便干扰较弱，通信有效干扰压制区也是一个开区域，即位于边界曲线的外部。也就是说，把通信接收机配置在远离通信发射机的地方时，由于通信信号与距离四次方成反比衰减，通信干扰信号与距离平方成反比衰减，最终干扰功率总可以强于信号功率的缘故。

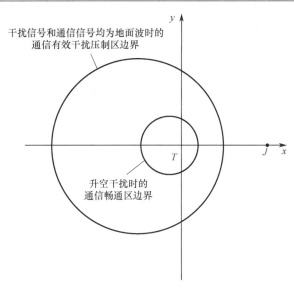

图 11-13　升空干扰时的通信有效干扰压制区

小结

通信干扰方程反映了有效干扰条件下，通信发射机、通信接收机和通信干扰机三者的空间能量关系。从通信干扰方程中可以看出，达到有效干扰所需的干信比，与以下因素有关：通信发射机发射功率、通信发射天线增益、通信接收天线在通信发射机方向上的增益、通信发射机与通信接收机之间的距离、通信干扰发射机发射功率、通信干扰发射天线增益、通信接收天线在通信干扰机方向上的增益、通信干扰机与通信接收机之间的距离、干扰信号与通信接收天线由于极化不同引起的极化损失、干扰信号带宽与通信接收机带宽不一致引起的带宽失配损耗。此外，还需要考虑长波、中波、短波、超短波、微波信号的传播特性，以及电波传播衰减与路径损耗。

利用通信干扰方程可以进行通信干扰有效辐射功率、通信干扰距离和通信有效干扰压制区的计算与分析。其中，通信干扰有效辐射功率是通信干扰系统设计的重要依据；通信有效干扰压制区直观反映了通信干扰对通信系统有效压制的区域范围，便于进行通信对抗战术定量分析与效能评估。通信有效干扰压制区的计算，关键在于求解有效干扰压制区的边界。在有效干扰压制区边界上，通信发射机、通信接收机、通信干扰机的位置和能量要满足干扰方程的要求。

习题

1. 简述不同频段的干扰特点。

2. 设通信发射天线在通信接收方向的增益为 3 dB，通信接收天线在通信发射方向的增益为 3 dB，通信距离为 20 km，通信发射机功率为 1 W；干扰天线在通信接收方向的增益为 5 dB，通信接收天线在干扰发射方向的增益为 0 dB，干扰距离为 20 km，干扰发射机功率为 10 W。请计算在自由空间传播模式下的通信接收机输入端的干信比。

3. 通信干扰方程的本质内涵是什么？

4. 通信信号和干扰信号均为自由空间波传播时，通信发射电台的位置为（0,0），发射功率为 125 W，使用鞭状天线，天线增益为 7 dB，高度为 10 m，信号采用垂直极化，波长为 5 m；通信接收电台也采用鞭状天线，天线增益为 2 dB，接收带宽为 3 kHz，灵敏度为-90 dBW，压制系数为 3；通信干扰机位置为（8 km,0），发射功率为 200 W，干扰天线为对数周期天线，天线增益为 20 dB，天线高度为 20 m，采用瞄准式干扰，干扰带宽为 10 kHz，干扰信号极化方式为垂直极化。

（1）根据通信发射机和敌方干扰机的位置，绘制通信畅通区和干扰压制区；

（2）当干扰功率为 40 W 时，绘制通信畅通区和干扰压制区。

第12章 对新体制通信系统的侦察和干扰

12.1 对直扩通信的侦察和干扰

12.1.1 直扩通信的基本概念

直接序列扩谱通信，简称直扩通信，其理论依据是香农信息论，即理想通信的方式是噪声通信。为了物理可实现性，后来人们采用了伪噪声，并在直扩通信系统中用不同的伪噪声码（Pseudo Noise，PN）代替伪噪声。

直扩通信在发送端用高速率伪噪声码（有时也称为 PN 码、伪随机码、伪码，或伪随机序列、伪码序列）对要发送的信息码流进行频谱扩展，扩展后的信号频谱密度大大降低，其宽度与伪噪声码相同。这种频谱扩展可以在基带、中频或射频进行，因而构成不同的扩谱体制。由于伪噪声序列频谱宽度远大于信号带宽，其功率谱密度大大降低。在接收端，根据扩谱位置的不同，接收机在发端相应的位置进行解扩，即与一个相同的伪噪声码相乘，将扩谱后的宽带信号还原成窄带信号，再经滤波、解调、再生单元恢复信息数据。而其他信号经过解扩，即与一个相同的伪噪声码相乘，频谱被扩展，对一个有限带宽的信号，扩展后谱密度就会下降，经窄带滤波，其能量就会大大减小，这就是扩频通信的抗干扰原理。如上所述，直扩通信的扩谱可在基带或高频（中频或载频）进行，其原理框图分别如图 12-1、图 12-2 所示。

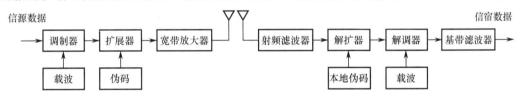

图 12-1 在射频进行扩谱和解扩的直扩通信原理框图

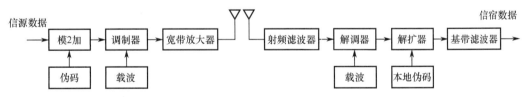

图 12-2 在基带进行扩频和解扩的直扩通信原理框图

设二进制信源数据为 $m(t)$，二进制 PN 序列为 $p(t)$，它们取值皆可为+1 或−1，分别用"1"和"0"表示，并设 $m(t)$ 码元宽度为 T，$p(t)$ 码元宽度为 τ，且二者可靠同步，即 $m(t)$ 的每个码元被宽度为 τ 的 n 个 PN 码分割，$\tau = T/n$。

不失一般性，设载波为 $A\cos(\omega t)$，则发射机发射的扩谱信号可表示为

$$S(t) = Am(t)p(t)\cos(\omega t) \tag{12-1}$$

设扩频后的信号带宽为 B_s，是消息带宽 B_m 的 n 倍，即

$$B_s = 2/\tau = 2n/T = nB_m \tag{12-2}$$

考虑干扰信号和噪声，接收端收到的信号经解调变为

$$r(t)= S(t)+J(t)+n(t) \tag{12-3}$$

式中：$S(t)=Am(t)p(t)$ 是解调后的信号，$J(t)$ 是解调后的干扰信号，$n(t)$ 是解调后的噪声。$r(t)$ 被接收机的本地伪码解扩，在输出端得

$$r_o(t)= r(t) \cdot p(t) = S_o(t)+J(t)p(t)+n(t)p(t) \tag{12-4}$$

干扰信号和噪声谱被扩展为 $J(t)p(t)$ 和 $n(t)p(t)$。因 $p(t)$ 只取+1 或−1，$p^2(t)=1$，则输出消息信号为

$$S_o(t) = S(t)p(t) = Am(t) \tag{12-5}$$

总的输出 $r_o(t)$ 经基带滤波器滤波，滤除 B_m 以外的信号，获得消息信号 $Am(t)$，滤波后的干扰能量受到很大衰减，信号能量则无损失，因而信干比得到了提高。

无论是对连续的模拟信号还是离散的数字系统，信噪比（SNR）都是接收机正确接收的依据。因此，用信噪比的改善程度来衡量系统的处理增益是恰当的。根据上面的结论，可知扩频系统的处理增益为

$$G_p = 10 \lg \frac{S_o/N_o}{S_i/N_i} \tag{12-6}$$

式中，S_o/N_o 和 S_i/N_i 分别为解扩器输出和输入信噪比。假定系统是无耗的，且输入端的噪声频谱足够宽，则解扩器输入和输出的噪声功率谱密度 n_0 不变。输入和输出的信号功率不变，皆为 S，输入和输出的噪声功率分别为 $n_0 B_s$ 和 $n_0 B_m$。因此扩频系统的处理增益为

$$G_p = 10 \lg \frac{S/(n_0 B_m)}{S/(n_0 B_s)} = 10 \lg n \tag{12-7}$$

12.1.2 直扩信号的侦察

对直扩信号的检测不同于对常规信号的检测，由于扩频信号的低谱密度和宽带特性，使它的检测变得困难。因此，这种信号被称为低检测概率信号，或低概率截获信号。同时，通信侦察的检测又不同于通信接收的检测。通信接收端的检测是在通信双方约定的情况下进行的，即接收端对通信信号的各项参数以及通信协议是清楚的，对扩频伪码是已知的。对扩频通信接收机而言，扩频信号的检测可以看成是扩频码的捕捉，接收机一旦完成捕捉，其输出就有很高的信噪比，这时就可以用常规的信号检测方法判断信号的有无。因此，对通信而言，检测可以简化为同步码的捕捉。

对于侦察而言，可以分成两种情况进行讨论。一种是侦察者掌握了通信接收方的先验知识，另一种是全然不知通信接收方的先验知识。

对通信对抗侦察而言，往往是在对 DS 信号一无所知的情况下接收 DS 信号的，这就使得对 DS 信号的侦察变得十分困难。根据 DS 信号的特点，用普通侦察接收机是无法接收 DS 信号的，这是因为：

（1）DS 信号一般频带较宽，而普通侦察接收机大多为窄带接收机，在工作频带上二者不相适应；

（2）DS 信号虽然是一种 2PSK 信号，但信号电平很低，往往淹没于噪声之中；

（3）扩频码在军用通信中是属于严格保密的内容，并且可以人为地加以改变。

在全然不知通信接收方的先验知识的情况下，扩频信号的检测就变得困难了。为了检测直扩信号，首先接收机必须具有等于或大于扩频信号带宽的宽带系统，并且能设法使信号恰恰落到接收机带宽内。在接收机不是全开的情况下，这通常是靠步进搜索来实现的。只有在

接收信号落到接收机带宽内的前提下，才能进一步判定扩频是否存在。由于接收机带宽较宽，进入接收机的信号可能是多个，因此，这时已无法用瞬时采样电平判断信号的有无。在使用频域搜索接收机时，可根据直扩信号频谱的特点，在已获得的频谱中去寻找直扩信号。当接收信号电平较高时，可以在显示器上看到某一较宽频率范围的信号电平，平稳地高于基底噪声，就可初步判定有扩频信号的存在。在直扩信号谱密度很低，接收信号被淹没在基底噪声里，很难从显示器上看出信号特征时，对扩频通信信号检测常常需要能量累积，即在一段时间内，将多次采样信号的能量进行累积，能量积累到一定值后来判定信号的存在。这种方法，除了对高斯白噪声进行平均外，不能更有效地抑制噪声的存在和影响。这种方法在信噪比很低时，需时很长。

侦察 DS 信号的一条有效途径，就是设法使侦察接收机靠近 DS 发射机。例如，用升空侦察，由于升空增益可以达到几十分贝，这样有可能侦收到比较强的 DS 信号，则可以按 2PSK 信号的接收方法来处理 DS 信号。还可以用投掷侦察设备的方法，对 DS 信号进行侦收和记录。但是，使侦察接收机靠近 DS 发射机，不是任何情况下都可以实现的。因此，多数情况下是在远距离上侦察微弱的 DS 信号，其难点就是如何从噪声中发现 DS 信号的存在并从中检测出来。

为了较快检测扩频信号，需要采用其他方法，以下是几种可能的检测方法：

（1）倍频检测法；

（2）功率谱集平均的检测法；

（3）相关检测法；包括时域自相关检测法、谱相关检测法、空间相关检测法等；

（4）倒谱检测法；

（5）利用小波变换检测扩频信号。

倍频检测法最简单，但必须剔除单频信号和窄带信号，其检测深度即信噪比太低，检测效果不佳。功率谱集平均的检测法与倍频检测法相似，方法简单，但信噪比太低检测效果也不佳。时域自相关检测法利用直扩信号的自相关延时实现检测，但其相关峰受调制信号影响，在低信噪比条件下，效果也不理想。谱相关检测法的检测性能较好，但实时实现困难。倒谱检测法相对而言效果较好，在信噪比较低的情况下，也有较好的检测效果，并且能对扩频信号的参数进行估测。小波变换法具有良好的空间局部化性质，利用小波变换分析信号的奇异性（即奇异点的位置和奇异度的大小）是比较有效的，但检测深度也比较低。当然，还可以举出一些检测方法，但都存在这样或那样的问题，由此可见，直扩信号的检测，特别是低信噪比直扩信号的检测，仍然是有待深入研究的课题。当前情况是对于信噪比不太低的信号，采用倍频或功率谱累积方法，对于信噪比较低的信号采用倒谱检测。

DS 信号的参数估计包括信号的调制参数和伪码参数。除信号电平以外，信号的其他参数都采用谱分析技术。其中心频率、信号带宽、功率重心频率、幅度重心频率和最大功率值频率等都可通过分析其谱结构得到。对于伪码速率，可通过信号的频谱第一零点获得，伪码长度可通过信号的倒谱获得。在获得直扩信号的载频、扩频码速率和信息码元宽度的基础上，利用信息码元宽度通常为地址码周期的整数倍（通常是 1），并且两者的起止时间保持同步这些条件获得信息码。如果伪码是 m 序列，采用比特延迟相关法，求得一定码元后，可以求得伪码序列，据此还可以求得信息码。

下面具体介绍两种方法：平方倍频检测法和自相关检测法。

1. 平方倍频检测法

平方倍频检测法的原理框图如图 12-3 所示。

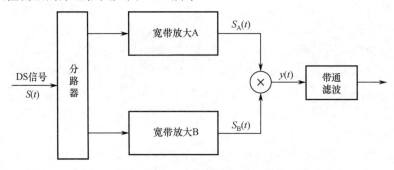

图 12-3　平方倍频检测法原理框图

它将接收到的 DS 信号分为两路，分别进行宽带放大，两路宽带放大具有完全相同的特性。设输入信号为：

$$S(t)=A_c m(t)p(t)\cos(\omega_c t) \tag{12-8}$$

式中：A_c 为载波振幅；ω_c 为载波角频率；$m(t)$ 为信息码，取值为±1，其码元速率和码元宽度分别用 R_m 和 T_m 表示；$p(t)$ 为扩频码，取值为±1，其码元速率和码元宽度分别用 R_p 和 T_p 表示。一般，$T_m/T_p=N$（正整数），为扩频码长度。

经过两路宽带放大后，输出为：

$$S_A(t)=S_B(t)=KA_c m(t)p(t)\cos(\omega_c t) \tag{12-9}$$

式中，K 为宽带放大增益。将 $S_A(t)$ 和 $S_B(t)$ 送入相乘器，整理后输出为：

$$y(t) = S_A(t)S_B(t) =[A_m m(t)p(t)\cos(\omega_c t)]^2 \tag{12-10}$$

式中，$A_m=KA_c$。因为 $p^2(t)=m^2(t)=1$，则有：

$$y(t) = \frac{1}{2}A_m^2 + \frac{1}{2}A_m^2 \cos(2\omega_c t) \tag{12-11}$$

从式（12-11）可以看出：该检测方法利用了信号的自相关性，把宽带的 DS 信号变为了直流分量和窄带的单频信号，从而实现了能量的聚焦。再经过窄带滤波器后就能够将 $2\omega_c$ 分量检测出来，并测出 ω_c 的值。

考虑噪声影响，两路宽带放大后的输出为：

$$X_A(t)=S_A(t)+n_A(t), \quad X_B(t) = S_B(t)+n_B(t) \tag{12-12}$$

则经过相乘器后输出为：

$$y_n(t) = X_A(t)X_B(t) = S_A(t)S_B(t)+S_A(t)\cdot n_B(t)+S_B(t)n_A(t)+n_A(t)n_B(t) \tag{12-13}$$

其中包含 4 项：第一项为信号的平方项，得到 $2\omega_c$ 分量；第二、三项为信号与噪声的互项，由于信号与噪声不相关，因此相乘后的输出仍然为宽带噪声，经窄带滤波后大部分被滤除；第四项为两路噪声相乘项，仍然占据很宽的频带，大部分能量会被窄带滤波器滤除。因此，即使考虑噪声的影响，窄带滤波器的输出仍可获得较高的信噪比，有利于 $2\omega_c$ 分量的检测和估计。

该方法需要注意两点：

（1）由于 DS 信号的载波频率是未知的，因此应采用具有搜索功能的窄带滤波器来选择 $2\omega_c$；

（2）如果有多个不同载频且互不相关的 DS 信号进入通带，那么相乘器的输出会包含各个 DS 信号的二倍载频，以及直流分量和不同 DS 信号相乘的多个宽带信号。

这是一种有效的 DS 信号检测方法，技术实现较容易，可以测量 DS 信号载频，不能测量其他技术参数。

2. 自相关检测法

自相关检测法的原理框图如图 12-4 所示。

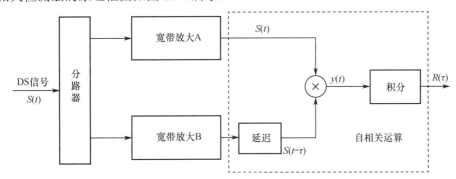

图 12-4　自相关检测法原理框图

输入 DS 信号经过两路宽带放大后，一路经过延迟 τ，两路信号相乘后得到：

$$y(t) = S(t)S(t-\tau) \tag{12-14}$$

然后对 $y(t)$ 求自相关：

$$R(\tau) = \frac{1}{T} \int_0^T S(t) S(t-\tau) \mathrm{d}t \tag{12-15}$$

最后对自相关输出进行峰值检测来实现对 DS 信号的侦察。

自相关检测法利用了 DS 信号扩频码的伪随机性，即：当时延 τ 等于 DS 信号的一个周期长度时，其自相关函数 $R(\tau)$ 出现峰值；扩频码的周期一般等于信息码的宽度。

考虑到噪声的影响，自相关运算的输出包含 3 项：第一项是 DS 信号自相关项，由于 DS 信号周期性特点，信号的自相关函数是不变的，并存在周期性峰值；第二项是信号与噪声的互相关项，在低信噪比条件下，其值小，可忽略；第三项是噪声的自相关项，对于平稳白噪声而言，不具备周期性特点，并且不同时刻的噪声是互不相关的，不会出现周期性峰值。

既然自相关检测法利用的是 DS 信号的周期特性，一般情况下，扩频码周期等于信息码的宽度，因此，通过峰值搜索，能够测量扩频码周期及信息码速率。

12.1.3　直扩通信的干扰

如上所述，直扩通信系统之所以得到发展和应用，除了它具有低功率谱密度而不易检测的特性外，还因为它具有很好的抗人为干扰性能。应该说抗干扰特性的获得来自处理增益，为了分析直扩通信系统对各种人为干扰的响应，可以采用数学分析的方法，计算各种人为干扰下误码率的大小；或者反之，在误码率相同时，找出相同条件下各种人为干扰需要的干扰压制比。采用数学方法，常受某些条件限制，而且计算复杂，概念也不够清晰。为此这里采用定性的方法，从直扩系统对各种人为干扰处理增益的不同来比较各种人为干扰的作用，所得结论是完全相同的。

众所周知，干扰是干扰通信的接收，接收设备的好坏直接影响干扰效果。为了说明有干扰作用时，直扩系统接收机的工作情况，将其简化为图 12-5 所示的模型，在各种人为干扰下，进入接收机的干扰远大于进入接收机的噪声，因此下面的讨论忽略了系统噪声的影响。显然，在有噪声条件下，只会增加干扰效果。

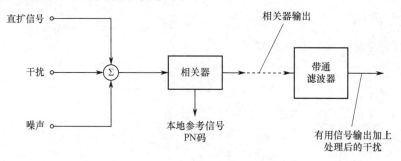

图 12-5　直扩系统接收机简化模型

在无干扰且忽略噪声的情况下，一部直扩系统接收机能够很好地恢复接收信号，其频谱变化如图 12-6 所示。图 12-6 中从左至右依次为相关器输入信号功率谱、输出功率谱和滤波器输出功率谱。

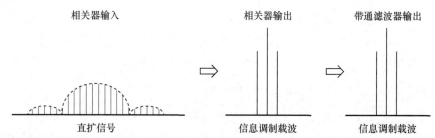

图 12-6　直扩系统接收机节点频谱

下面讨论各种人为干扰下，直扩接收设备的处理增益，从而得出各种干扰的干扰效果。

1. 单频和窄带干扰

设窄带干扰带宽为 B_j，单频干扰是其特例，带宽最小。输入至相关器的干扰信号的平均功率为 J，则相关器输出的干扰信号为 $J(t)p(t)$。无论是单频还是窄带信号，其频谱都被扩展了，如图 12-7 和图 12-8 所示；其带宽近似等于伪码序列带宽，即 $B_j' = B_z + B_j \approx B_z$。由于干扰信号频谱被扩展，滤波器输出的干扰功率与滤波器带宽 B_m 有关，等于 $(J/B_z)B_m = J/n$。由于频谱呈辛格函数形状，在干扰中心频率与信号中心频率相同或相近时，滤波器输出的干扰功率略大于上述的平均值。干扰中心频率偏离很大时，输出干扰功率会小些。上面给出的值是按平均功率计算的结果。由此可以求得直扩系统对干扰的处理增益分别为：

单频干扰
$$G_p = 10\lg\frac{S}{J/n} - 10\lg\frac{S}{J} = 10\lg n = M \tag{12-16}$$

窄带干扰
$$G_p = 10\lg\frac{S}{J/(n+\Delta)} - 10\lg\frac{S}{J} = 10\lg(n+\Delta) > M \tag{12-17}$$

式中，$\Delta = B_j/B_m$ 是干扰信号带宽与信号带宽之比。

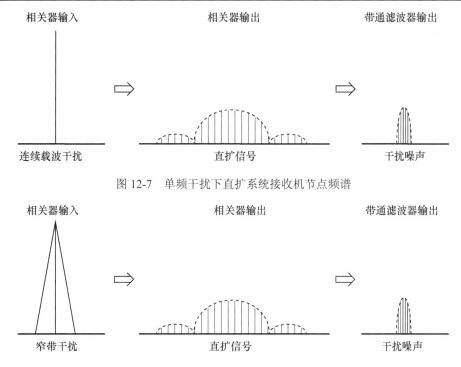

图 12-7　单频干扰下直扩系统接收机节点频谱

图 12-8　窄带干扰下直扩系统接收机节点频谱

2. 宽带干扰

宽带干扰的最佳带宽应等于伪码序列的带宽 B_z，再宽势必被接收机滤波器所抑制。在实际中，不应排除有更宽的干扰信号，有时干扰带宽仅占 B_z 的一部分。为了讨论问题方便，下边只讨论 $B_j = B_z$ 的情况。仍设干扰平均功率为 J，则相关器输出的干扰信号 $J(t)p(t)$ 带宽变为 $2B_z$（如图 12-9 所示），滤波器输出的谱密度为 $J/(2n)$。因此有

$$G_p = 10\lg \frac{S}{J/(2n)} - 10\lg \frac{S}{J} = 10\lg n + 3 \text{ dB} = M + 3 \text{ dB} \tag{12-18}$$

由此可见，采用宽带干扰，欲达到同样的干扰效果，其功率要比单频干扰增加 1 倍（即增加 3 dB）。

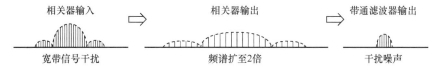

图 12-9　宽带干扰下直扩系统接收机节点频谱

3. 多频与多重窄带干扰

设接收机前端带宽近似等于伪码序列带宽，在此频率范围内有若干个窄带或单频干扰信号，它们的带宽 $B_{ji} \ll B_z$（$i=1,2,3,\cdots,n$），则称之为多重窄带或多单频干扰信号。当将其送入相关器后，多重窄带中的每个窄带信号，或多单频干扰信号的每个单频频谱都被扩展为 B_z。相关器输出的合成干扰信号带宽可能达到 $2B_z$。这种情况发生在有两个信号恰好位于接收机带宽的边缘的条件下。在一般情况下，解扩后干扰信号频谱被扩展为 B_{jz}，其宽度为

$$B_z < B_{jz} < 2B_z \tag{12-19}$$

其窄带滤波器输出的干扰功率为 $\dfrac{J}{B_{jz}}B_m$。相应地有

$$\frac{J}{2n} \leqslant \frac{J}{B_{jz}} \cdot B_m < \frac{J}{n} \qquad (12\text{-}20)$$

由此可知其处理增益的范围为

$$M < G_p \leqslant M + 3 \text{ dB} \qquad (12\text{-}21)$$

双音干扰下直扩系统接收机节点的频谱如图 12-10 所示。

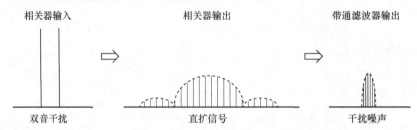

图 12-10 双音干扰下直扩系统接收机节点的频谱

4. 相关伪码扩频干扰

相关伪码扩频干扰是指进入通信接收机的干扰信号和有用信号具有完全相同的扩频码型，两者精确同步，且载波相同。因此，干扰信号将与有用信号一样被解扩和被恢复。就是说，干扰与信号一样经相关器和滤波器后，不被衰减。直扩系统对其处理增益为 G_p=0 dB。

可见，在这种干扰下，接收机无处理增益而言，无疑它是一种最佳干扰样式。然而，采用这种干扰方式需要完全掌握通信系统所使用的扩频码，同时使进入接收机的干扰和有用信的扩频码同步。这显然是十分困难的，甚至是不可能的。因为首先破译伪码本身就是十分困难的；其次是即使掌握了扩频码，使其与信号扩频码同步则更困难。但是，如果在通信的同步捕捉过程中，干扰信号较强，就可能使接收机与干扰同步，这时通信将完全遭到破坏，干扰效果是最佳的。

应该指出，当不能完全掌握通信伪码序列时，采用一种与其有一定相关性的伪码序列，在同步较好时也能达到令人满意的干扰效果。在通信系统使用的伪码序列不长时，这种短的伪码乘以干扰信号时，系统解调性能就会变坏，产生干扰。这是因为二者的相关性产生重复相关包络，这个互相关函数不能积分到 0。因此，它能引起假同步，或在解调器中引起偏差。

5. 转发式干扰

转发式干扰是一种将通信信号接收下来，改变其调制或进行一定的处理，放大后再发射出去，用以干扰该通信的干扰方式。

假定转发式干扰机和通信系统的设备配置如图 12-11 所示，其中 r_s 为通信距离，r_j 和 r_t 分别为干扰机至接收机和发射机的距离。设 T 为干扰机对信号处理时间，τ 为码序列码元宽度，c 为光速，则有

$$\frac{r_j + r_t - r_s}{c} + T \leqslant \eta\tau \qquad (12\text{-}22)$$

式中，η 为小于 1 的分数。

　　由伪码自相关函数特性可知，相关函数值随 η（转发时间延迟的量度）变小而接近最大值。当 $\eta=0$ 时，$G_p=0$，即无处理增益。η 较小时处理增益也较小。当 η 不超过 0.5 时，$G_p<3\ dB$，在这种情况下转发式干扰显然是一种易于奏效的干扰方式。

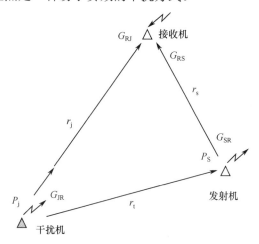

图 12-11　设备配置示意图

　　实际上，当 τ、T 和 η 确定后，上述表达式意味着转发式干扰机必须位于以接收机和发射机为焦点的一个椭圆内。举一个例子来看看这个椭圆的范围到底有多大。

　　设 $\tau=1\ \mu s$，$T=0.1\ \mu s$，$\eta=0.5$，则

$$r_j + r_t - r_s \leqslant 120\ m \tag{12-23}$$

通常，r_s 总是很大的，即使战术通信也在 10 km 以上，可见这是个极为窄小的椭圆范围，只有干扰机位于椭圆内，干扰才是有效的。一般 τ 值可能比 1 μs 更小，则要求干扰机处理时间更小。即使处理时间为零，要求的两条路径差也很小，可能小到几米，也就是说，只有当干扰机位于通信路径上时，干扰才能有好的干扰效果。

　　另外，需要说明如下几点：

　　（1）上述的定性分析，是假定接收机是一个纯线性系统，实际上接收机的非线性会使干扰与信号相互作用，产生新的干扰成分，使信号恢复受到影响，甚至破坏其同步，使接收性能变坏。因此，可以说实际的干扰效果要比上述情况好。

　　（2）干扰信号的功率电平比信号功率高 G_p 时，直扩系统已无法工作。

　　（3）直扩接收机的远近效应，通常可使干扰信号电平在较低时就能达到好的干扰效果。

12.2　对跳频通信的侦察和干扰

12.2.1　跳频通信基本概念

　　跳频是最常用的扩频方式之一，其工作原理是指收发双方传输信号的载波频率按照预定规律进行离散变化的通信方式，也就是说，通信中使用的载波频率受伪随机变化码的控制而跳变。从通信技术的实现方式来说，"跳频"是一种用码序列进行多频频移键控的通信方式，也是一种码控载频跳变的通信系统。

　　跳频通信系统的原理框图如图 12-12 所示，在发送设备中，利用伪随机码控制发射频率

合成器的频率，使发射信号的频率按照通信双方事先约定好的协议（跳频图案）进行随机跳变。在接收端，接收机混频器的本振也是按照相同的规律跳变，如果接收频率合成器的频率和发射信号的频率变化完全一致，那么就可以得到一个固定频率的中频信号，进一步可以解调信号，使得收发双方频率一致的过程称为跳频码同步。

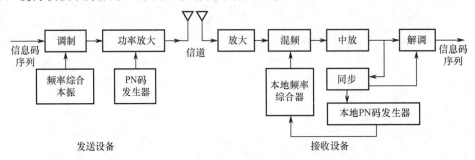

图 12-12　跳频通信系统原理框图

从时域上来看，跳频信号是一个多频率的频移键控信号；从频域上来看，跳频信号的频谱是一个在很宽频带上以不等间隔随机跳变的信号。与定频通信相比，跳频通信比较隐蔽也难以被截获。只要对方不清楚载频跳变的规律，就很难截获通信内容。同时，跳频通信也具有良好的抗干扰能力，即使有部分频点被干扰，仍能在其他未被干扰的频点上进行正常的通信。由于跳频通信系统是瞬时窄带系统，它易于与其他的窄带通信系统兼容，也就是说，跳频电台可以与常规的窄带电台互通，这时只要它的载频不跳变就可以了。

当其组成跳频网工作时，全网按预先设定的程序，自动操控网内所有台站同步改变频率，并在每个跳频信道上短暂停留。周期性的同步信令从主站发出，指令所有的从站同时跳跃式更换工作频率。

通信收发双方同步地按照事先约好的跳频图案进行跳变，这种跳频方式称为常规跳频（Normal FH）。随着现代战争中的电子对抗越演越烈，在常规跳频的基础上又提出了自适应跳频。它增加了频率自适应控制和功率自适应控制两方面。

跳频系统频率合成器产生的频谱和跳频信号的频谱如图 12-13 所示。理想的频率合成器产生的频谱是离散的、等间隔的、等幅的线谱，占用的频带 $B=f_N-f_1+\Delta F$，每个频率之间的间隔为 ΔF，某一时刻的频率是 N 个频率中的一个，由 PN 码决定。

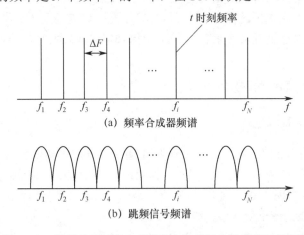

图 12-13　跳频系统频率合成器产生的频谱和跳频信号的频谱

将载波频率随时间变化的规律绘成图，就得到所谓的跳频图案。典型的跳频图案如图 12-14 所示。

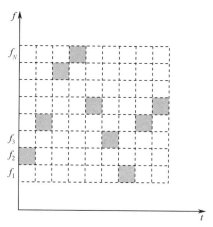

图 12-14　典型的跳频图案

在跳频通信中，跳频图案反映了通信双方的信号载波频率的规律，保证了通信方发送频率有规律可循，但又不易被对方所发现。常用的跳频码序列是基于 m 序列、M 序列、RS 码等设计的伪随机序列。这些伪随机码序列通过移位寄存器加反馈结构来实现，结构简单，性能稳定，能够较快实现同步。它们可以实现较长的周期，汉明相关特性也比较好，但是当存在人为的故意干扰（如预测码序列后进行的跟踪干扰）时，这些序列的抗干扰能力较差。

随着跳频技术的不断发展，其应用也越来越广泛。战术电台中采用跳频技术的主要目的是提高通信的抗干扰能力。早在 20 世纪 70 年代，就开始了对跳频系统的研究，现已开发了跳频在 VHF 波段（30～300 MHz）的低端 30～88 MHz、UHF 波段（300 MHz 以上）以及 HF 波段（1.5～30 MHz）的应用。随着研究的不断深入，跳频速率和数据速率也越来越高，现在美国 Sanders 公司的 CHESS 高速短波跳频电台已经实现了 5 000 跳/s 的跳频速率，最高数据速率可达到 19 200 b/s。Link-16 是美国和北大西洋公约的主要战术数据链，它工作在 960~1 215 MHz，传输速率为 28.8~238 kb/s，采用 TDMA 方式组网，具有跳扩频相结合的抗干扰方式，跳频速率为 76 923 次/s。

12.2.2　跳频序列

用来控制载波频率跳变的多值序列称为跳频序列。跳频序列由跳频指令发生器产生，通常它利用伪码发生器实现。伪码发生器在时钟脉冲的驱动下，不断地改变码发生器的状态，不同的状态便对应于不同的跳频频率。跳频电台通常利用伪码发生器作为频率合成器的跳频指令，当伪码发生器的状态伪随机地变化时，频率合成器输出的频率也在不同频率点上伪随机地跳变。

伪随机序列也称伪码，它是既具有近似随机序列（噪声）的性质，而又能按一定规律（周期）产生和复制的序列。因为随机序列是只能产生而不能复制的，所以称其是"伪"的随机序列。常用的伪随机序列有 m 序列、M 序列和 RS 序列。

m 序列由线性反馈的多级移位寄存器产生，线性反馈的 N 级移位寄存器产生的序列的最大长度（周期）是 2^{N-1} 位，所以 m 序列称为最大长度线性移位寄存器序列。如果反馈逻辑中的运算含有乘法运算或其他逻辑运算，则称作非线性反馈逻辑。由非线性反馈逻辑和移位寄存器构成的序列发生器所能产生最大长度序列，就称为最大长度非线性移位寄存器序列，或称为 M 序列，M 序列的最大长度是 2^N。利用固定寄存器和 m 序列发生器可以构成 RS 序列发生器。

m 序列的优点是容易产生，自相关性好，且是伪随机的。缺点是可供使用的跳频图案少，互相关特性不理想，又因为它采用的是线性反馈逻辑，就容易被破译，其保密性、抗截获性差。由于这些原因，在跳频系统中一般不采用 m 序列作为跳频指令码。M 序列是非线性序列，可用的跳频图案很多，跳频图案的密钥量也大，并有较好的自相关和互相关特性，所以它是较理想的跳频指令码。其特点是硬件产生时设备较复杂。RS 序列的硬件产生比较简单，可以产生大量的可用跳频图案，适用于跳频控制码的指令码序列。

在跳频序列控制下，载波频率跳变的规律称为跳频图案。当使用不同的伪码发生器时，频率合成器实际所产生的跳频图案也是不同的。一个好的跳频图案应考虑如下几点：

（1）图案本身的随机性要好，要求参加跳频的每个频率出现概率相同；随机性好，抗干扰能力也强。

（2）图案的密钥量要大，要求跳频图案的数目要足够多，这样抗破译能力强。

（3）图案的正交性要好，使得不同图案之间出现频率重叠的机会要尽量小，这样将有利于组网通信和多用户的码分多址。

由于跳频图案的性质主要是依赖于伪码的性质，因此选择伪码序列成为获得好的跳频图案的关键。

12.2.3　跳频网台的组网方式

跳频通信电台的组网，主要包括频分组网和码分组网两大类。

频分组网：与常规通信设备频分组网类似，不同的跳频网络使用不同的跳频频率。常用的实现方法有两种：

（1）将工作频段划分为多个分频段，不同的跳频网络工作在不同的分频段；

（2）在全频段内选取频率，但各跳频网络的跳频频率表彼此没有相同的频率。

码分组网：所有跳频网络在相同的跳频频率表上跳频，不同的跳频网络使用不同的跳频序列，依靠跳频序列的正交性或准正交性来区分不同的跳频网络。

在实际应用中，通常将频分组网和码分组网结合使用：首先在可用的工作频段上按照频分组网方式编制出多个跳频频率表，将跳频网络数量基本均分在各跳频频率表上；然后在各跳频频率表上进行跳频码分组网。

根据是否具有统一的时间基准，跳频码分组网方式可分为同步组网和异步组网。同步组网时，各跳频网络具有统一的时间基准。异步组网时，各跳频网络没有统一的时间基准。

根据跳频序列的汉明相关性能，跳频码分组网方式可分为正交组网和非正交组网。非正交组网时，任意两个跳频网络可能在同一时间跳变到同一频率上。因此可能存在相互干扰。正交组网时，任意两个跳频网络通常不可能在同一时间跳变到同一频率上，不存在相互干扰。只有在各跳频网络具有统一的时间基准时才能实现正交组网，没有统一的时间基准，任意两个跳频网络之间通常会发生频率碰撞。

综合考虑上述两种情况可知，跳频码分组网方式有：

- 同步正交组网；
- 同步非正交组网；
- 异步非正交组网。

12.2.4 跳频同步的方法

在跳频通信系统中，根据接收端获得同步信号方法的不同，跳频同步方法也不同，大体可分为：独立信道法、同步字头法（前置同步法）、参考时钟法、自同步法、FFT 捕获法和自回归谱估计法，以及组合同步法等。一个含有发射端的典型跳频同步系统的组成原理框图如图 12-15 所示。接收端主要由接收前端、混频器、频率合成器、跳频码发生器、码元同步器、跳频同步器、解扩解调器等组成。

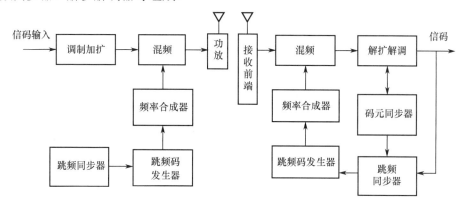

图 12-15　跳频同步系统组成原理框图

1. 独立信道法

利用一个专门的信道来传送同步信号，接收端从此信道中接收发送端传送来的同步信号后，依照同步信号的指令，设置接收端的跳频图案、频率序列和起止时刻，并校准接收端的时钟，在规定的起跳时刻开始跳频通信。这种方式的优点是传送的同步信号量大，同步建立的时间短，并能不断地传送同步信号，保持系统的长时间同步。

通常，发端可以利用固定信道采用两种方法发射同步信号：

（1）连续不断地发射；

（2）分时或猝发发射。

最简单的独立信道法是发送基准法，即除了发射载有信息的信号外，还发射一路基准信号，基准信号与信号的区别只是后者与前者差一个中频，且无信息信号调制。接收端将两路信号输入相关器，得到固定的中频信号，剩下的工作就与一般接收机一样了。

该方法的缺点是，需要专门的信道来传送同步信号，因此它占用频率资源和信号功率。另外，由于通常采用固定信道发送，其同步信号传送方式不隐蔽，即使是分时发射或猝发也易于被敌方发现和干扰，这使得跳频抗干扰性能丧失殆尽。加之有的通信系统（如短波）难以提供专门的信道，因此独立信道法的应用受到了限制。

2. 同步字头法（前置同步法）

在跳频通信之前，选定一个或几个频道先传送一组特殊的携带同步信号的码字，收端收到后解码，依据同步信息使收端本地跳频器与接收信号同步。同步信息除位同步、帧同步外，主要应包括跳频图案的实时状态信息或实时的时钟信息。实时时钟信息包括年、月、日、时、分、秒、毫秒、微秒、毫微秒等；状态信息是指伪码发生器实时的码序列状态。根据这些信息，收端就可以知道当前跳频驻留时间的频率和下一跳驻留时间应当处在什么频率上，从而使收发端跳频器协调工作，接收机与接收信号同步。

因为该方法是在通信之前先传送同步码字，故称同步字头法，也称前置同步法。美国哈里斯公司生产的 PRC—117 电台就是采用了这种猝发式同步字头法，且在同步码中采用了前向纠错码，因而抗干扰能力很强。当跳速为 200 跳/s 时，信噪比为 7dB 时，有 70%的频率被干扰，仍能建立同步。同步时间约为 200～300 ms。

同步字头法如果在一个固定信道发射同步信号，其性质与独立信道法相同。如果在多个信道同时发射则更易被敌方发现和干扰，显然是不可取的。

该方法虽然不需专门的同步信号信道，而是利用通信信道来传送同步信号，但它还是挤占了通信信道频率资源和信号功率，所以它的缺点与独立信道法相似。为了使同步信号隐蔽，应采用尽量短的同步字头。但是同步字头太短又使同步序列的长度变短，因而易于破译。虽然如此，一般同步字头都较短，以便快速实现同步。采用同步字头法的跳频系统为了能保持系统的长时间同步，以及后入网电台的需要，还需在通信过程中，插入一定的同步信号码字。

同步字头如果采用跳频发射，它也需要建立同步，这通常采用自同步法实现，这种组合方法在下边介绍。

3. 自同步法

自同步法是将发送端跳频信号中隐含的同步信号设法提取出来，控制接收跳频器，以实现跳频同步。

自同步法在节省频率资源和信号功率方面以及抗干扰能力上都优于上述两种方法，因而应用较为普遍。根据在接收信号中提取同步信号方法的不同，自同步方式也有不同。等待式自同步法和扫描（搜索或滑动）式自同步法就是其中的典型方法。

1）等待式自同步法

在跳频通信中，通信的双方首先约定频率集、码序列、起跳频率、步进、频段、保护频率、保护频段等。通信的双方按此设置后，接收方就可采用等待自同步法完成跳频同步。

2）步进串序捕获自同步法

步进串序捕获自同步法亦称扫描（搜索或滑动）式自同步法，它是利用 PN 码的自相关性，使本地PN码的相位不断移动，当接收机的输入信号与接收机的本振信号在相关器内做相关处理，输出一个中频信号，经解扩和解调所得输出超出门限时，即认为两序列的相位一致，就可认为捕获成功。如果不满足门限条件，则同步控制单元使PN码序列步进到下一个状态，频率合成器变到下一个频率，继续上述过程，直到满足捕获条件，完成捕获。然后根据控制单元的指示进入跟踪的过程，从而实现同步。

这种方法简单、可靠、易实现，但其捕获时间会随码序列长度的增加而增加，在周期长、相位差大时，初始同步过程会过长。

4. 参考时钟法（TOD）

即通过某种算法向所有网络分配一个公共时基（TOD），该时基对用户透明，任何一个新的电台不需准备和申请就能入网。如果公共时基精度和稳定度足够高，这种方法可以将跳速提高，同步时间缩短。目前全球定位系统（GPS）的时统就满足该要求，其对所有的 GPS 用户一致，且其时间精度非常高，因此用 GPS 生成网时来实现跳频同步是一种很好的同步方法。用该方法可以避免其他同步方法在提高跳速和增加跳频周期时所遇到的许多困难，从而能极快地实现跳频同步，同时也可以实现长跳频周期。

5. 匹配滤波器法

用 n 个匹配滤波器来接收跳频信号，只要接收到的跳频信号频率序列与滤波器频率序列相同，跳频信号便被捕获，进而实现同步。该方法具有实时、快速捕获的性能，但需要大量的匹配滤波器和延时线，其电路设备比较复杂。该同步法用于跳频序列的周期不能太长。

在实际中，常用一个声表面波滤波器代替上述的 n 组滤波和延时电路完成上述功能。这种方法简单、可靠、易实现、捕获时间短但频率集数量受到限制。

6. 其他同步方法

实现跳频同步的方法还有 FFT 捕获法和自回归谱估计法等，它们都是通过数据处理估测出瞬时跳变的频率，找到瞬时相位，从而完成码捕获的。一般而言，其实现较复杂，目前应用还较少，这里就不详细介绍了。

7. 组合同步法

组合同步法是将上述几种方法组合起来实现跳频同步。例如，将 TOD 法和自同步法组合可大大减少搜索时间，将同步头法和自同步法组合可使同步易于实现；具体采用哪种同步方法或哪种同步组合，可根据实际要求来确定。

将同步字头法和自同步法组合，可将这两种方法的优缺点进行互补，从而既可获得高的跳频速率和多的跳频频道数，也具有很强的抗干扰能力，同时其实现电路也较简单。但这种方法如果每次都从一个频点开始，虽然在起始频点遭到干扰的可能性很小，但一旦遇到干扰，整个通信系统就会被破坏。

在实际应用（如战术跳频系统）中，常综合使用参考时钟法、同步字头法、自同步法三种同步方法。根据精确时钟和扫描完成捕获，利用自同步法完成同步字头同步，并获取同步信息，从而完成收发双方的同步。

12.2.5　跳频信号的侦察

了解干扰对象信号特征是实施干扰的前提，对于跳频信号特征的了解是采用侦察方法进行的。由于跳频信号的特点，使得对跳频信号的侦察不同于对定频信号的侦察。

对跳频通信信号的侦察主要包括对跳频信号的截获、网台分选、参数测量、信号解调等任务。经过长时间对跳频信号对抗技术的研究，在信号截获、网台分选、参数测量方面已取得许多研究成果，有些成果已被应用到侦察设备中。在跳频信号解调方面，能够实现对模拟话音调制的跳频信号解调，但对数字调制的跳频信号解调仍有待于进一步研究。下面主要介绍对跳频信号的截获和网台分选问题。

1. 对跳频信号侦察系统的基本要求

对跳频通信信号的侦察系统应具备下述基本要求：

（1）截获概率高。通常要求截获概率应大于 90%。

（2）响应速度快。例如，对于低跳速 50 h/s 的跳频通信信号，其驻留时间大约是 18 ms；当采用跟踪式干扰时，如果留出一半的时间作为干扰时间，则要求干扰引导设备在 9 ms 以内完成信号搜索截获、分选识别和干扰引导；对于高速跳频通信信号，要求的干扰引导时间更短，难度极高。

（3）频率测量的分辨率和精度高，通常要求干扰引导设备的频率分辨率 $\Delta f \leqslant 300$ Hz。

（4）瞬时动态范围大。侦收跳频信号时，要求侦察接收机具有大的瞬时动态范围，一般要求大于 80 dB。目前要实现这个要求困难比较大。

（5）灵敏度高。一般要求侦察接收机灵敏度优于 -100 dBm。

2. 对跳频（FH）信号的截获

由于 FH 信号的瞬时频率不断快速跳变，所以截获 FH 信号比定频信号困难得多。对跳频信号在整个跳频范围的快速搜索截获，是对跳频信号侦察的先决条件。为了在一跳的驻留时间内或更短的时间截获跳频信号，必须采用快速搜索截获接收机。从理论上，截获 FH 信号可以采用压缩接收机、信道化接收机、声光接收机、数字接收机以及由不同体制构成的组合接收机。目前实际应用较多的是压缩接收机和前端信道化的数字接收机。纯信道化接收机因设备量太大，近期难以成为对 FH 信号侦察的实用装备。声光接收机因受工艺水平的限制，目前尚未达到用于侦察 FH 信号的实用程度。压缩接收机因具有很高的频率搜索速度和频率分辨能力，技术上已经比较成熟，只要配置适当的数字终端处理设备和显示设备，就可用于对 FH 信号的侦察。但是，因压缩接收机会丢失信号的调制信息，不能用于解调 FH 信号，并影响对信号某些技术参数的测量。就性能而言，宽开数字化接收机具有较高的灵敏度、较大的动态范围和最快的搜索截获速度，因此被普遍应用。另外，某些形式的组合接收机当前在技术上较易实现。

组合接收机有不同的组合形式，下面介绍一种组合方案——信道化-FFT 方案。信道化-FFT 组合接收机的组成框图如图 12-16 所示。前端由多路接收信道实现信道化，再经并行 FFT 和 DSP 处理，其结果用显示器显示出来。

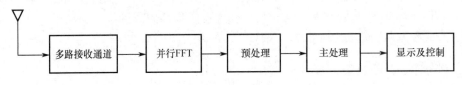

图 12-16　信道化-FFT 接收机方案

以截获频率在 30~90 MHz、信道间隔为 25 kHz 的 FH 信号为例，若采用纯信道化接收机需要 2 400 个并行信道，设备量太大，不能适应实用的要求。若采用 FFT 接收机，目前的高速 DSP 器件性能满足不了处理上述信号的要求。采用信道化-FFT 方案，只要进行合理设计，就可解决以上的矛盾。若信道化部分采用三个并行信道，每个信道的频率覆盖范围为 20 MHz。对于 20 MHz 的频率范围用一路 FFT 处理仍有困难，方案中将 20 MHz 又划分为 10 路，每路覆盖 2 MHz。为了减少设备量，10 路信号用 5 个并行的 FFT 器件处理（如图 12-17 所示），即把 10 路信号两两配对分成 5 组，每组有两路信号分别送到复 FFT 处理器的实部和虚部进行 FFT 变换，这样并行的 FFT 器件和预处理器件在数量上就减少了一半。经 FFT 后得到信号的实部 $S_r(k)$ 和虚部 $S_i(k)$，然后在预处理器中分别计算出两路信号的功率谱。

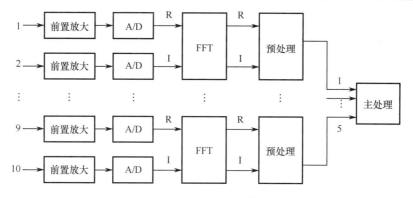

图 12-17　并行 FFT 处理单元组成

该方案中，由于前端采用信道化电路，对 FH 信号进行非搜索式截获，实时性非常好。接收机的反应速度主要决定于后面的数字处理速度。

很显然，要想截获到跳频信号，搜索速度是最重要的。由于跳频信号在每个频率（信道）上驻留时间短，如果在它的一个驻留时间你都发现不了它，那就谈不上对其进行侦察了。即使接收设备具有能在它的驻留时间发现它的搜索截获速度，对于采用时域相关法分选信号也还是不够的。那么需要怎样的搜索截获速度呢？

在采用时间相关方法进行分选时，要求的搜索截获速度与要求的时间分辨率直接相关。信道间隔大，搜索速度高，反之则低。这个搜索速度的要求，或时间分辨率的要求，与我们要分选的信号跳速直接相关。如果要分选的跳频信号跳速很慢，各跳频网起跳时间相差也大，时间分辨率就允许低些，反之就要高些。对短波通信，信道间隔较小，如 1 kHz，接收机搜索速度慢，信号环境又较恶劣，但它的跳频范围往往较小，每秒几十兆赫到几百兆赫通常就可满足要求。对 VHF 及以上频段，信道间隔较大，通常为 25 kHz 跳频范围较宽，要求搜索速度为每秒数百吉赫到数千吉赫。

一般而言，有了足够高速的搜索截获接收机，跳频信号的搜索截获就能很好地完成。

3. 对 FH 信号的分选

在实际的通信对抗环境中，电磁环境十分复杂，密集的定频信号、噪声信号、外界干扰信号、各种突发信号以及多个跳频网台的跳频信号交织在一起，搜索截获是对每个信道的搜索。因此，截获的信号是在所有信道截获的信号，使得侦察接收机对跳频信号的检测和分选变得十分艰难。

1）跳频网台分选基本概念

跳频网台分选的目的就是在这样复杂的电磁环境下，在剔除定频信号、随机噪声信号、突发信号，检测出跳频信号的基础上，将交织混合在一起的不同跳频网台的跳频信号分选出来，完成跳频网台的分选。

为了分选，首先要了解接收机所接收信号之间的区别和它们的不同特点，然后才能进行分选。各种被截获的信号可能包括以下几种：

（1）定频（固定信道）信号。定频信号指信号在某一信道连续存在，存在时间在 3 s 以上的信号。如语音广播信号和电视信号就是持续时间很长的信号。另一种信号是断续出现，中断时间可长可短的信号。如指挥控制通信，战场上的语音通信等。这类信号都表现为频率为一常数，或者说占有固定信道，在时间频率图上，呈平行于时间轴的直线，或断续的直线。

（2）猝发信号。这种信号持续时间很短，大约在数十至数百毫秒量级。且一次出现，下一次不知道什么时候再出现。

（3）脉冲信号。这种信号持续时间更短，往往在微秒量级。大约在 0.1～10 s，并且信号周期重复，重复频率为 1 kHz 左右。雷达信号就是这种信号。

（4）扫频信号。这是一种频率随时间线性变化的信号，如扫频干扰信号。

（5）各种各样的随机噪声和人为、非人为的干扰信号。随机噪声呈闪烁状，与其他信号无明确的时间相关性，持续时间呈随机分布。非人为的干扰信号规律性差，而人为干扰有一定规律性，并且与通信信号相关。

（6）跳频信号。除了上述信号外就是跳频信号，它具有与上述各种信号都不同的特点。这些特点包括以下几方面：

- 信号频率在不同信道间跳变；
- 信号在每个信道驻留时间相等（或成倍数关系，通常是相等）；
- 在一个信道持续时间的结束，就是在另一个信道工作的开始，二者在时间上接续，或有很小的时间中断（如微秒量级中断），或中断时间是有规律的，如为驻留时间的 10%；
- 信号跳变的信道个数（通常称为频率集）一定，且周期重复；
- 频率变化速率在每秒几次至数万次。

根据跳频信号的特点，以及它与其他信号的不同点，就可以将跳频信号从其他信号中分选出来。

每个跳频通信网台特有的基本特征参数包括：

（1）跳频速率：跳频信号在单位时间内的跳频次数。

（2）驻留时间：跳频信号在一个频点停留的时间，其倒数是跳频速率，它和跳频图案直接决定了跳频系统的很多技术特征。

（3）频率集：跳频电台所使用的所有频率的集合构成跳频通信网台的频率集，其完整的跳频顺序构成跳频图案。这些频率的集合称为频率集，集合的大小称为跳频数目（信道数目）。

（4）跳频范围：又称为跳频带宽，表明跳频电台的工作频率范围。

（5）跳频间隔：跳频电台工作频率之间的最小间隔，或称频道间隔。

上述参数中的跳频范围、跳频间隔、跳频图案、跳频速率是跳频通信网台的"指纹"参数，是通信侦察系统进行信号分选的基础。

2）跳频网台分选方法概述

分选过程首先是使用快速搜索截获接收机，截获整个频率范围内的所有信号。由于截获或扫描是周期进行的，对于扫描接收机，一次扫描就能依次给出与时序相对应的频率由低到高的信号，不断地扫描就可将一直存在的信号接续起来，形成时频图。对于宽开接收机，截获是对信号一段时间的截取，然后进行 FFT 处理得到频域信号。连续不断地截取与处理，就可使一直存在的信号接续起来，形成信号的时频图。可见，对信号的截获是间断进行的，为了确定信号的存在时间频率图，记录、存储和处理所有数据是必要的。这些处理结果可以显示或打印出来，这样就可以一目了然地看到所有信号的时频图。与此同时，还应对某个信号的幅度和其他特征进行记录和存储。截获时间在时间允许的条件下应尽可能长些，至少要长于一个最长跳频周期。如果截获时间长于两倍跳频周期，还可对频率集进行确认，使获得的频率集更准确。其次是对截获的信号进行分选，剔除非跳频信号。最后再对跳频信号进行分选。分选在时频不能奏效时，那就需要使用信号的方向特征，或幅度特征，或信号的其他细微特征进行，通过这些过程就可获得各跳频网台的频率集、驻留时间、跳频周期等参数。

在侦察接收机的时间分辨率很高的情况下，例如其分辨率高于不同跳速信号的驻留时间差，通过时域特性对其进行分选，相对而言是比较容易的。如果侦察接收机的时间分辨率，小于两个网台所发射信号到达侦察接收机的时间差，就可以通过时域特性将这两个网台分选开来。对于多网同时工作的同跳速非正交跳频网，如果它们之间具有这种时间关系，仍能将其区分开来，则在假定各跳频网起跳时间是正态分布的情况下，区分同时工作同跳速的多个非正交跳频台的概率公式为

$$P_d = \left(1 - T_t/T\right)^{(N/2)(N-1)} \tag{12-24}$$

式中：T_t 为接收机对整个跳频范围的一次搜索截获处理时间，可以称其为搜索接收机的时间分辨率；T 为跳频信号每跳驻留时间；N 为跳频通信网台个数。这意味着要求分选的网台多，即 N 较大时，各发射机起跳时间差小，正确分选概率降低；时间分辨率 T_t 与驻留时间 T 之比越小，正确分选的概率就高，反之就小。当然，要能分开两个电台发出的信号，至少在时域上要差一个时间分辨率。

在对多网台进行分选时还有噪声影响，其他信号的影响，包括它们时域的重叠，这些都会导致对某一跳的分选错误。为了克服这一问题，可以采用如下方法进行进一步分选：

（1）对长时间的搜索截获的结果，利用跳频频率集的周期重复特性进行进一步分析，从而提高分选的正确性。

（2）利用信号来波的方向特性，将那些时域无法区分的网台分开。

（3）利用信号的幅度特性进行进一步分选。通常某一电台发射的信号，其幅度尽管在频段范围内有所差别，但这种差别较小，因而侦察接收机接收的信号幅度也差别较小。而侦察接收机在接收不同电台发射的信号时，它们的幅度往往有较大不同，这种特性可用于进一步分选。但必须注意同一网中，不同电台发射的信号到达接收点的场强是不同的。

（4）利用信号的形式如调制方式、调制指数和信号带宽等，也可以进行进一步分选，因为同一网的电台发出的信号具有相同的信号形式。

如上所述，对于正交跳频网，跳频网台共用同一频率集，在同一时统控制下，按跳频图案同时改变频率，避免碰撞。要区分它们技术难度就相当大，用时间相关性对其区分只在特定条件下可行，许多时候是不行的，这时需要利用上述方法的后三种。

3）跳频网台的到达时间分选法

到达时间（TOA）分选法是到达时间与驻留时间分选法的简称，是利用同一跳频网（台）信号出现时间上的连续性和跳频速率的稳定性对跳频信号进行分类。其依据是：同一跳频网（台）的跳频信号的跳速恒定不变，且每一跳都具有相同的驻留时间和频率转换时间。

到达时间分选法的基本思路是：检测出每个跳频信号的出现时刻和消失时刻，根据同网台信号在出现时间上的连续性以及跳频速率的相对稳定性，把出现时间或消失时刻满足一定相关特征的信号归入一类，以达到跳频网台分选的目的。

这种分选方法的优点是对恒跳速跳频网台分选能力较强；缺点是对侦察系统时间测量精度要求高，不具备对变速跳频网与正交跳频网的分选能力。接收系统的时间分辨率直接决定

着分选能力。

图 12-18 示出了一种利用到达时间法进行网台分选的方法。

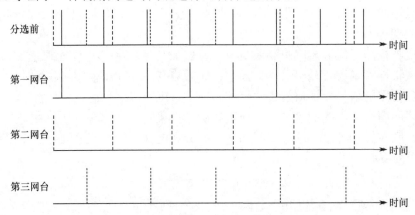

图 12-18　利用到达时间法进行网台分选的方法

假定在规定时间内有 N 个频率的信号到达，分别记下它们的到达时间和信号驻留时间。分选的步骤是：

（1）对信号驻留时间进行比较，找出 N 个信号中驻留时间最小且相等的那些，如有 M 个，排成一个序列。

（2）计算 M 序列中相邻两个信号的到达时间间隔，以此为窗口尺度，分选出所有相同跳频周期的信号，完成一个网台的信号分选。

（3）在提取出第一网台信号之后剩下 $N-M$ 个信号中，重复进行前面两个步骤，完成第二网（台）的分选……以此类推，直至分选完毕。

若几个非正交跳频网的跳速相同，由于非正交跳频网的网与网之间互不相干，可以按到达时刻建立相应频率表，每张频率表就是一个同跳速的非正交跳频网。

4）跳频网台的到达方向分选法

跳频网台的到达方向（DOA，方位）分选法的依据是：同一网台信号来波方位相同，不同网台信号来波方位不同。其基本思路是：实时测量出跳频信号的来波方位，按照跳频信号的来波方位把同一来波方位的跳频信号归入同一类，如图 12-19 所示。

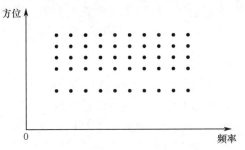

图 12-19　信号方位、频率图

这种分选方法的优点是分选方法简单，实时性好；缺点是对侦察系统的测向能力要求较高，当不同网台信号的来波方位趋向一致或网台移动时，分选效果较差。

来波方位分选法的分选能力主要取决于跳频测向设备的测向速度和精度。测向速度直接决定该分选方法对跳速的分辨率；测向精度直接决定该分选方法的空间分辨能力。

利用信号辐射源所在的方位进行分选，理论分析和实验都表明它是一种非常有效的方法。当然，为了保证时间分辨率，确定信号辐射源所在方位的测向应是实时的扫频测向。利用幅度特性有时也是可行的，它具有简单和实时性好的优点。利用信号形式往往比较麻烦，并且这种同步正交网又往往具有相同的信号形式，故一般较少采用。如果利用信号细微特征进行进一步分选，又有实时性差的缺点。因此，利用信号来波的方向特性，将那些时域无法区分的网台分开是较好的方法。

5）跳频网台的综合分选法

综合分选法是综合利用跳频信号来波方位、到达时间、驻留时间、跳跃相位和信号幅度等信号特征和技术参数之间的关系对跳频信号归类的分选方法。这种分选方法的基本思路是：按照同一跳频网信号之间的相关关系来实现信号分类。即有相关关系的信号归入一类，不具有相关关系的信号相互分开。

这种分选方法的优点是综合利用了跳频信号的所有可用信号特征和技术参数之间的相关性，分选能力较强；缺点是对侦察系统的信号技术参数的测量能力要求较高。

目前，在跳频侦察系统中运用最多的分选方法是综合分选法。尽管从理论上讲，综合分选法可以解决网台分选问题，但因受各种客观条件的制约，目前的跳频侦察系统还无法完全解决跳频网台分选问题，尤其是对变跳速和自适应跳频网台的分选问题。跳频网台分选技术仍是制约跳频通信侦察系统发展的重要技术问题。

12.2.6　跳频通信的干扰

1. 基本概念

跳频是最常用的扩频方式之一，其工作原理是指收发双方传输信号的载波频率按照预定规律进行离散变化的通信方式，也就是说，通信中使用的载波频率受伪随机变化码的控制而跳变。从通信技术的实现方式来说，"跳频"是一种用码序列进行多频频移键控的通信方式，也是一种码控载频跳变的通信系统。

从时域上来看，跳频信号是一个多频率的频移键控信号；从频域上来看，跳频信号的频谱是一个在很宽频带上以不等间隔随机跳变的信号。其中：跳频控制器为核心部件，包括跳频图案产生、同步、自适应控制等功能；频率合成器在跳频控制器的控制下产生所需载频频率；数据终端包含对数据进行差错控制。

与定频通信相比，跳频通信比较隐蔽也难以被截获。只要对方不清楚载频跳变的规律，就很难截获通信内容。同时，跳频通信也具有良好的抗干扰能力，即使有部分频点被干扰，仍能在其他未被干扰的频点上进行正常的通信。由于跳频通信系统是瞬时窄带系统，它易于与其他的窄带通信系统兼容，也就是说，跳频电台可以与常规的窄带电台互通，这时只要它的载频不跳变就可以了。

当其组成跳频网工作时，全网按预先设定的程序，自动操控网内所有台站在一秒钟内同步改变频率多次，并在每个跳频信道上短暂停留。周期性的同步信令从主站发出，指令所有的从站同时跳跃式更换工作频率。

通信收发双方同步地按照事先约好的跳频图案进行跳变，这种跳频方式称为常规跳频（Normal FH）。随着现代战争中的电子对抗越演越烈，在常规跳频的基础上又提出了自适应跳频。它增加了频率自适应控制和功率自适应控制两方面。在跳频通信中，跳频图案反映了通信双方的信号载波频率的规律，保证了通信方发送频率有规律可循，但又不易被对方所发现。常用的跳频码序列是基于 m 序列、M 序列、RS 码等设计的伪随机序列。这些伪随机码序列通过移位寄存器加反馈结构来实现，结构简单，性能稳定，能够较快实现同步。它们可以实现较长的周期，汉明相关特性也比较好，但是当存在人为的故意干扰（如预测码序列后进行的跟踪干扰）时，这些序列的抗干扰能力较差。

随着跳频技术的不断发展，其应用也越来越广泛。战术电台中采用跳频技术的主要目的是提高通信的抗干扰能力。早在 20 世纪 70 年代，就开始了对跳频系统的研究，现已开发了跳频在 VHF 波段（30～300 MHz）的低端 30～88 MHz、UHF 波段（300 MHz 以上）以及 HF 波段（1.5～30 MHz）的应用。随着研究的不断深入，跳频速率和数据速率也越来越高，现在美国 Sanders 公司的 CHESS 高速短波跳频电台已经实现了 5 000 跳/s 的跳频速率，最高数据速率可达到 19 200 b/s。

2. 跳频通信干扰的一般方法

1）频率域干扰方法

如果通过侦察或监测掌握了信号的跳频范围和它的各项参数，就可以针对整个频率范围采用拦阻式干扰对其实施干扰。这时只要压制比达到一定数值就可使干扰奏效。当然这时付出的功率就会很大。例如信号在 10 MHz 范围内跳变，信号带宽为 12.5 kHz，信道带宽为 25 kHz，全频率范围共有 400 个信道。如果信号的一个跳变周期，在 400 个信道的每个信道驻留一次。这时按压制系数为 1 计算，需要的拦阻式干扰功率为信号功率的 800 倍。如果采用梳状干扰，信号带宽也采用 12.5 kHz，则需要的拦阻式干扰功率为信号功率的 400 倍。如果信号只使用 400 个信道中的 100 个信道，则干扰功率还要提高 4 倍。设信号功率为 5 W，干扰机的功率需要达到 16 kW，至少也要 8 kW。这样大功率的发射，不仅破坏了一个跳频通信网，也破坏了其他用户对这一频段的使用。除非特殊需要和军事用途外，在频率管理中是绝对不允许的。

为了减小干扰功率，经过研究和实验，人们发现只干扰部分信道就可以破坏跳频通信。实验表明，当 50% 的信道受到拦阻式干扰时，通信就会遭到完全破坏。就是说只要有 50% 的时间是干扰压制了信号，干扰就有效。

可以发现，当一个地域有多个跳频网在工作时，如果它们工作于相同频段且采用正交跳频方式，那么，采用多部干扰机，每部干扰机负责对一定数量的信道实施干扰，可以大大减少每部干扰机的干扰功率。会使干扰效果更好。这时可按干扰机数量，将该频段划分成相应数量的小频段，例如干扰机为 4 部，各跳频通信网的工作频率范围是 6.4 MHz，则可将其分为 4 段，每段为 1.6 MHz。4 部干扰机每部负责干扰 1.6 MHz。在通过侦察已将非跳频信号排除在外，跳频通信的工作信道清楚的情况下，每部干扰机需要干扰的信道将大为减少。如每个信道为 25 kHz，1.6 MHz 范围共有 64 个信道。如果只干扰 50% 的信道，实际上，每部干扰机只对 32 个信道实施干扰就可以了。这就大大减小了每部干扰机干扰信道数量和频率变化范围。

在干扰机数量更多的情况下，每部干扰机负责干扰的信道数量就会进一步减少，这种多干扰机形成的半拦阻式干扰效果会更好。

2）时间域干扰方法（一）：跟踪干扰

如上所述，跳频信号从一个长于一个伪码周期的时间来观察，是一个宽带信号。但以一个驻留时间来观察，它就是一个在时间域不断变化的窄带信号。如果用一个与其相同带宽的窄带干扰信号，在时间域跟踪其变化实施干扰，这就是通常说的跟踪式干扰。这时跳频通信的扩频增益就不存在了，需要的干扰功率就与一般的窄带瞄准式干扰没什么不同了。如果通信条件与干扰条件相同，压制系数为 1 时，干扰信号有效干扰所需的干扰功率与通信发射机相同就可以达到目的。跟踪式干扰解决了需要功率过大的问题。

剩下的问题就是干扰机如何跟踪信号的问题了。如果我们能使跟踪的干扰信号与通信信号同步地被通信接收机接收，那么欲达到相同的干扰效果需要的干扰功率、干扰信号参数等，就与窄带瞄准式干扰情况完全相同了。

然而，这几乎是办不到的。因为即使通过侦察或监测已经掌握了通信跳频频率集和通信时的跳频规律即跳频时序，也仍然难以做到这一点。图 12-20 所示是跟踪式干扰机与通信设备的几何配置图。

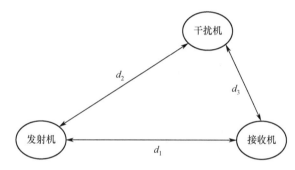

图 12-20 跟踪式干扰机与通信设备的几何配置

首先我们来回顾一下跟踪式干扰的工作流程。通信发射机发出通信信号，该信号经距离为 d_2 的传播到达干扰机，所需时间为 t_2，假定干扰机的侦察设备不失时机地截获到了该信号，干扰机即时发出干扰，干扰信号经距离为 d_3 的传播到达接收机，所需时间为 t_3。此时通信信号经距离为 d_1 的传播早已到达接收机，所需时间为 t_1。由于电波的传播是按光速直线传播的，而 $d_2+d_3 > d_1$，则 $t_2+t_3 > t_1$，换句话说，通信信号早于干扰信号到达接收机。如果考虑干扰的侦察设备处理时间 t_p，干扰的滞后时间是 $t_2+t_3-t_1+t_p$。假定传播距离差是 5 km，延时为 17.8 μs，如果干扰机从接收到发出干扰信号需要时间是 50 μs（包括信号建立、采样处理等），则总计时间大约在 70 μs。换句话说，即使干扰机的引导设备在预先知道的跳频通信的频率点守候，并且在收到通信信号后马上引导干扰机发出干扰，干扰信号也比通信信号晚 70 μs 到达接收机，所以完全的同步是不可能的。

另一方面，这个干扰距离差可能更长，如可能是 10~15 km 等，这时的延时就会增加。同时，在对网络通信实施干扰时，一点发射多点接收，这个延时对不同接收地点的接收机是不相等的。

虽然我们不能百分之百地对通信的每个频点的驻留时间都实施干扰，研究和实验都表明，干扰通信的每个频点的部分驻留时间也能使干扰有效。表 12-1 给出了干扰奏效需要干扰的信道数和每个驻留时间受干扰的时间。从中不难看出：干扰奏效不需要对 100%的信道和 100%的驻留时间进行干扰。能干扰的信道多，要求干扰每个驻留时间的百分比就低；反之，能干扰的信道少，要求干扰每个驻留时间的百分比就高。

表 12-1　干扰奏效条件

干扰信道所占百分比	干扰时间占每个信道驻留时间的百分比
50%	90%
75%	50%
100%	30%

必须指出，对跳频通信的干扰必须是建立在预先侦察，并获得其频率集和跳频规律的情况下才可能进行。此时，引导设备发现通信正在某个信道工作，就可以启动干扰设备，按预先已知的频率集实施干扰。干扰一段时间（如 1 s），停止干扰，通过引导接收机观察通信是否在进行，并且确认其是否按原来的频率集工作。如果通信还在进行，并且频率集未变，就可以继续实施干扰。采用这种方法，已能对低速和中速的跳频通信进行有效干扰。

3）时间域干扰方法（二）：双频冗余跟踪干扰

为了能对高速跳频通信实施干扰，必须考虑电波传播和干扰设备的处理时间引起的延时。干扰时必须有一个提前量。如果只对一个点对点的通信实施干扰，并且已知设备的开设位置，提前量可以很方便地计算出来。按此提前量施放干扰，就可以保证很好的干扰效果。如果不知道通信设备的位置，或通信是一个由多个用户组成的网，提前量就无法确定。

为了保证高比率地干扰每个驻留时间，采用双频冗余跟踪干扰策略是一种可行的办法。这时要求干扰设备有两个激励源或用两部干扰机，同时发射两个不同信道干扰信号，干扰时对频率集中的两个相邻的跳频点实施干扰。图 12-21 所示是双频冗余跟踪干扰方式示意图。其中横轴是时间轴，纵轴是频率轴。在图 12-21 中，一个方块表示一个信道，粗线表示跳频信号，细线表示干扰信号；跳频通信信号按频率集跳变，干扰机同时交替发射两个信号，干扰时间完全覆盖信号发射时间，既有提前量又有滞后量，保证了跳频信号每个频点都能被干扰。

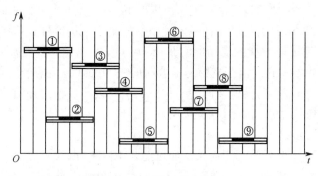

图 12-21　双频冗余跟踪干扰方式示意图

例如，第一个激励源发出的干扰信号干扰第一个跳频点，干扰时间有一定的提前量（如提前半个驻留时间），还有一定的滞后量（如滞后半个驻留时间），干扰时间为两个信号驻留时间。第二个激励源产生的干扰信号干扰第二个跳频点。干扰信号发出时间滞后前一个干扰信号一个驻留时间，干扰时间为两个驻留时间。接着第一个激励源由第一个频点跳到第三个频

· 244 ·

点发射干扰信号，时间长是两个信号驻留时间，对第三个频点实施干扰。接着第二个激励源由第二个频点跳到第四个频点发射干扰信号，时间长是两个信号驻留时间，对第四个频点实施干扰。以此类推，循环往复。干扰一段时间（如 1 s），停止干扰，通过引导接收机观察通信是否在进行，并且确认其是否按原来的频率集工作。如果通信还在进行，并且频率集未变，就可以继续实施干扰，从而达到破坏通信的目的。

采用这种方法，由于干扰时间有冗余，覆盖整个信号驻留时间就有了保障。当然，这个冗余如何设置应根据具体情况而定。图 12-21 中的干扰与信号驻留时间关系是一个示意图，实际上二者可能在较前的时间，或较后的时间重合。但无论如何，在一个频点上，如果能保证干扰时间覆盖信号驻留时间，干扰就会有效。采用这种方法实施干扰，有可能对高达上千跳的高速跳频通信进行有效干扰。这种干扰方法的缺点是设备变得复杂了，需要两个干扰激励源，或两部干扰机，干扰功率也要增加一倍。

3. 跳频同步的干扰

对于用于数字通信的跳频通信，与一般的数字通信系统相比，跳频系统除要求实现载波同步、位同步、帧同步外，还必须实现跳频同步。由于跳频系统的载频按伪随机序列变化，为此，收信机在任何时间的工作频率必须与要接收的信号频率相同，才能实现电台间的正常通信。不仅对数字通信的跳频通信，而且对模拟跳频通信也是如此。因此跳频通信系统正常工作的必要前提是接收机的工作频率必须跟着信号频率跳变，这种跳频频率相同、跳频图案一致、跳频速率和相位相同，就是所谓的跳频同步。这要求收发两个跳频器所产生的跳频信号频率的跳变规律有确定的关系，也就是要求收发两端的 PN 码相同，码元速率一样，码元的起止时刻匹配。因此，跳频同步也称码序列同步，或 PN 码同步。

如上所述，只有建立了跳频同步，跳频系统才能正常工作，同步建立的快慢，同步系统的抗干扰能力，直接影响着整个跳频系统的性能，因此它已成为跳频通信的关键技术。与此同时，通信对抗的电子攻击策略之一就是破坏通信的同步。对跳频通信，破坏跳频同步也就破坏了跳频通信。为此，分析跳频同步的方法，研究破坏其同步的方法，乃是通信干扰的任务。

跳频同步是实现跳频通信的前提，破坏了跳频通信的跳频同步，就破坏了跳频通信。根据以上分析可以知道，要想破坏跳频同步，首先必须知道通信方所使用的跳频方法，只有清楚对方的跳频同步方法，才能有针对性和有效地去干扰它。为此，必须用快速宽开接收机将通信方的跳频同步方法分析清楚，然后根据不同的跳频同步方法，采用相应的干扰方法对其实施干扰：

（1）独立信道同步的干扰方法。由于它是利用一个专门的信道来传送同步信号，收端从此信道中接收发端送来的同步信号，因此只要有效干扰此信道就可破坏其跳频同步。对于发送基准的独立信道同步法，也可采用同样方法实施干扰。

（2）同步字头法的干扰。要想对同步字头法实施干扰，首先必须知道通信是如何将同步字头传到接收方的。如果它每次都是以一个固定频率发射，这时干扰就比较容易，只要针对这个频率实施干扰就可以了。如果是在几个频率中的一个频率上发射，就要求搜索接收机实时发现传送同步字头的信号，并能及时实施干扰。如果采用自同步法实施短码同步，并发射同步字头，就应破坏自同步，或实施跟踪干扰。

（3）自同步法的干扰。无论是对等待式，还是对步进串序捕获式，或是快速扫描式自同步法，都只能是针对发射信号的形式和接收方式，采取快速发现，及时发出干扰信号，破坏其同步的建立。干扰可以是跟踪式，或部分拦阻式。当跳频同步码是短码时，可采用延时转发，使其对延时码同步，也可达到破坏跳频同步的目的。这是因为如果通信接收设备与延时转发信号同步，产生的触发 PN 码的信号就会有一个相应的延时，接收设备就不能与接收信号同步，从而破坏了跳频同步。

（4）参考时钟同步法的干扰。如果通信双方采用全球定位系统（GPS）定时，假定收发距离为 30 km，接收延时 100 μs 对于低于每秒 1 000 跳的跳频信号，这个延时不影响同步。这时只能采用干扰全球定位系统（GPS）的信号来破坏通信跳频同步。

（5）匹配滤波器同步法的干扰。匹配滤波器法由于受到器件的限制，码长较短，通过事先侦察可以掌握其各项参数，干扰方发射相同的同步码，使其与干扰信号同步就可破坏接收设备的同步。也可采用转发发送方信号，使其对转发信号同步，同样可破坏通信的跳频同步。

（6）组合同步法的干扰。对于组合同步法的干扰应视不同组合分别予以考虑，重点应放在破坏初始同步捕获的破坏上，从而破坏其跳频同步。例如，对双码同步方法，就应该重点破坏短码的同步。

应该指出，对跳频通信而言，破坏跳频同步对通信的破坏是致命的，它将完全破坏通信的进行。而对通信信号接收的破坏，只是破坏其可懂度和增加误码率，因此，在实施干扰时，破坏跳频同步应该优先考虑。

小结

扩频通信具有很强的抗截获和抗干扰能力。在对扩频通信实施侦察和干扰时，需要针对不同的信号形式、不同的解扩方法、不同的同步方法，采用不同的侦察和干扰方法。

对直接序列扩频通信的干扰方法主要有相干干扰、拦阻干扰、转发干扰等。其中，相干干扰是在知道扩频码结构的情况下，以此扩频码调制到干扰信号上去，使直扩接收设备几乎 100% 的接收干扰信号，从而以最小的功率达到有效干扰目的；拦阻干扰是在得不到扩频码结构的情况下，只要知道直扩信号的载波频率和扩频周期，或者直扩信号分布的频段，采用高斯白噪声调制的大功率拦阻干扰，特别是梳状谱干扰，也能取得一定的效果；转发干扰也是在得不到扩频码结构的情况下，只要知道扩频周期，把截获的直扩信号进行适当延迟，再以高斯白噪声调制经功率放大后发射出去，就产生了接近直扩通信所使用的扩频码结构的干扰信号，其效果介于相干干扰和拦阻干扰之间。

对跳频通信的干扰方法有跟踪干扰、同步系统干扰、阻塞干扰等。跟踪干扰需要及时截获和跟踪跳频信号，对干扰实施引导，因而对侦察引导的反应速度要求很高，主要用于应对低跳速的跳频通信。同步系统干扰这种方法的关键，就是要查找和识别传送同步信号频道、发送时刻和发送规律，但在实时系统中很难做到。阻塞干扰在目标跳频电台的整个频段或者部分频段实施，拦阻的带宽与跳频的速率有直接关系。

习题

1. 简述对直扩信号有何侦察方法。
2. 分析针对直扩通信的转发式干扰的布站位置要求，并举例说明。

3. 对 FH 信号进行网台分选的技术参数有哪些？各自含义是什么？

4. 设某超短波通信电台的频率范围为 30～90 MHz，信道间隔为 25 kHz，本振换频时间为 100 μs，搜索驻留时间为 1 000 μs。如果利用窄带频率搜索接收机，试问该接收机的本振频率点数为多少？频率搜索时间是多少？并分析减小频率搜索时间的可能途径。

5. 对跳频通信进行干扰的方法有哪些？

6. 分析双频冗余跟踪干扰的基本原理。

参 考 文 献

[1] 冯小平，李鹏，杨绍全．通信对抗原理．西安：西安电子科技大学出版社，2009．

[2] 王铭三．通信对抗原理．北京：解放军出版社，1999．

[3] 吴利民．认知无线电与通信电子战概论．北京：电子工业出版社，2015．

[4] 王红军，戴耀，陈奇．舰艇电子对抗原理．北京：国防工业出版社，2016．

[5] 朱庆厚．通信干扰技术及其在频谱管理中的应用．北京：人民邮电出版社，2011．

[6] 周建军，崔麦会，陈超．海战场侦察技术概论．北京：国防工业出版社，2013．

[7] 张冬辰，周吉．军事通信．第二版．北京：国防工业出版社，2008．

[8] 王继祥．通信对抗干扰效果客观评估．北京：国防工业出版社，2012．

[9] 姚富强．通信抗干扰工程与实践．第2版．北京：电子工业出版社，2012．

[10] 周一宇．电子对抗原理与技术．北京：电子工业出版社，2014．

[11] 熊群力．综合电子战．北京：国防工业出版社，2008．

[12] 司锡才．现代电子战导论（上）．哈尔滨：哈尔滨工业大学出版社，2012．

[13] 郭黎利，孙志国．通信对抗应用技术．哈尔滨：哈尔滨工程大学出版社，2007．

[14] Poisel R A．通信电子战原理．第二版．聂皞，等，译．北京：电子工业出版社，2013．

[15] 张明友．雷达-电子战-通信一体化概论．北京：国防工业出版社，2010．

[16] 杨小牛．通信电子战——信息化战争的战场网络杀手．北京：电子工业出版社，2011．

[17] Poisel R A．通信电子战系统目标获取．楼财义，陈鼎鼎，等，译．北京：电子工业出版社，2008．

[18] Graham A．通信、雷达与电子战．汪连栋，等，译．北京：国防工业出版社，2013．

[19] Poisel R A．电子战目标定位方法．第2版．王沙飞，等，译．北京：电子工业出版社，2014．

[20] Poisel R A．天线系统及其在电子战系统中的应用．胡来招，等，译．北京：电子工业出版社，2014．

[21] Poisel R A．现代通信干扰原理与技术．陈鼎鼎，等，译．北京：电子工业出版社，2005．

[22] 苟彦新．无线电抗截获抗干扰通信．西安：西安电子科技大学出版社，2010．

[23] 符小卫．机载探测与电子对抗原理．西安：西北工业大学出版社，2013．

[24] East P W．微波系统设计工具与电子战应用．第二版．刘洪亮，译．北京：电子工业出版社，2014．

[25] 刘聪锋．无源定位与跟踪．西安：西安电子科技大学出版社，2011．

[26] 赵惠昌，张淑宁．电子对抗理论与方法．北京：国防工业出版社，2010．

[27] Poisel R A．电子战接收机与接收系统．楼才义，等，译．北京：电子工业出版社，2016．

[28] 王旭．基于小波变换的通信信号特征提取与调制识别[D]．贵州大学电子科学与信息技术学院，2009．

[29] 许丹．辐射源指纹机理及识别方法研究[D]．国防科学技术大学，2008．

[30] Choe H C，et al. Novel identification of intercepted signals from unknown radio transmitters. Proceedings of SPIE - The International Society for Optical Engineering, 1995, 2491(1): 504-517.

[31] Toonstra J, Kinsner W. Transient analysis and genetic algorithms for classification. WESCANEX 95. Communications, Power, and Computing. Conference Proceedings. IEEE. IEEE, 1995, 2: 432-437.

[32] Shaw D, Kinsner W. Multifractal modelling of radio transmitter transients for classification. WESCANEX 97: Communications, Power and Computing. Conference Proceedings. IEEE. IEEE, 1997: 306-312.

[33] Hall J, Barbeau M, Kranakis E. Detection of Transient in Radio Frequency Fingerprinting using Phase Characteristics of Signals. IEEE Proceedings of WOC, 2003: 13-18.

[34] Hall J, Barbeau M, Kranakis E. Enhancing Intrusion Detection in Wireless Networks Using Radio Frequency Fingerprinting. IEEE Proceedings of ICCIIT. 2004: 22-24.

[35] 王且波，罗来源. 基于信号脉冲前沿波形的辐射源识别. 无线电通信技术，2005，31(6)：54-57.

[36] Shaw D, Kinsner W. Multifractal Modeling of Radio Transmitter Transients for Classification. IEEE Conference on Communications, Power and Computing, 1997: 306-312.

[37] Ureten O, Serinken N. Detection of radio transmitter turn-on transients. Electronic Letters,1999, 35(23): 1996-1997.

[38] 陆满君，詹毅，司锡才，等. 基于瞬时频率细微特征分析的 FSK 信号个体识别. 系统工程与电子技术，2009，31(5)：1043-1046.

[39] Kennedy I O, Scanlon P, Mullany F J, et al. Radio Transmitter Fingerprinting: A Steady State Frequency Domain Approach. IEEE Vehicular Technology Conference, 2008: 1-5.

[40] Xu Shuhua, Xu L, Xu Z, et al. Individual radio transmitter identification based on spurious modulation characteristics of signal envelop. Military Communications Conference. IEEE, 2008: 1-5.

[41] 蔡忠伟，李建东. 基于双谱的通信辐射源个体识别. 通信学报，2007，28(2)：75-79.

[42] 陈慧贤，吴彦华，钟子发. 分形在电台细微特征识别中的应用. 数据采与处理，2009，24(5)：687-693.

[43] Liedtke F F. Computer simulation of an automatic classification procedure for digitally modulated communication signals with unknown parameters. Signal Processing, 1984, 6(4): 311-323.

[44] Kim K, Polydoros A. Digital modulation classification: the BPSK versus QPSK case. Military Communications Conference, 1988. Milcom 88, Conference Record. Century Military Communications - What's Possible?. IEEE, 1988, 2: 431-436.

[45] Nandi A K, Azzouz E E. Automatic analogue modulation recognition. Signal Processing, 1995, 46(2): 211-222.

[46] Azzouz E E, Nandi A K. Automatic identification of digital modulation types. Signal Processing, 1995, 47(1): 55-69.

[47] Nandi A K, Azzouz E E. Modulation recognition using artificial neural networks. Signal Processing, 1997, 56(2): 165-175.

[48] 黄春琳，邱玲，沈振康. 数字调制信号的神经网络识别方法. 国防科技大学学报，1999(2)：58-61.

[49] 黄春琳，周一宇，沈振康. 模拟调制信号的神经网络识别方法. 电子对抗，1993(3)：13-18.

[50] Ananthram Swami, Brian M. Sadler. Hierarehieal digital modulation Classification using mulants. IEEE Trans. Commun. 2000, 48(3): 416-429.

[51] 陈卫东，杨绍全. 多径信道中 MPSK 信号的调制识别算法. 通信学报，2002，23(6)：14-21.

[52] Mobasseri B G. Digital modulation classification using constellation shape. Signal Processing, 2000, 80(2)：251-277.

[53] Hsue S Z, Soliman S S. Automatic modulation classification using zero crossing. Radar & Signal Processing, IEE Proceedings F, 1990, 137(6): 459-464.

[54] 王洪. 宽带数字接收机关键技术研究及系统实现[D]. 电子科技大学，2007.

[55] 梁瑞麟. 舰载电子侦察接收设备所面临的挑战及相应措施. 舰船电子对抗，2011，34(1)：38-41.

[56] 陶然，邓兵，王越. 分数阶傅里叶变换理论及应用. 北京：清华大学出版社，2009.

[57] Sejdić E, Djurović I, Stanković L. Fractional Fourier transform as a signal processing tool: An overview of recent developments[J]. Signal Processing, 2011, 91(6): 1351-1369.

[58] 李鹏，武胜波. 比幅法测向及其误差分析. 电子元器件应用，2009，11(10)：89-92.